普通高等教育农业部"十三五"规划教材

植物学实验教程

主　编　陆自强

副主编　陈惠萍　李德荣

　　　　杨　芳　李孙文

中国农业大学出版社

·北京·

内 容 简 介

全书内容包括植物学验证性实验、植物学综合性实验、植物学基本实验技术、附录四大部分，其中验证性实验设21个实验，综合性实验设12个实验。验证性实验主要涉及植物个体发育过程中的形态结构特征、植物界的系统发育与进化、不同植物类群以及典型而有代表性科的识别特征与分类。综合性实验强调植物的外部形态与内部结构的一致性、植物形态结构与功能的一致性、植物形态结构与环境的相关性，着力培养学生的观察能力、操作能力和研究能力。此外，基本实验技术及附录介绍了研究和学习植物学相关知识所必需的实验技术与方法等内容。

本书可作为高等农林院校大农学类各专业、师范院校和综合性大学生物学等专业植物学实验教材，亦可供其他相关专业师生使用和参考。

图书在版编目(CIP)数据

植物学实验教程/陆自强主编. —北京：中国农业大学出版社，2012.5(2022.1重印)

ISBN 978-7-5655-0496-9

Ⅰ.①植… Ⅱ.①陆… Ⅲ.①植物学-实验-高等学校-教材 Ⅳ.①Q94-33

中国版本图书馆CIP数据核字(2012)第029430号

书　　名 植物学实验教程
作　　者 陆自强　主编

策划编辑 申海涛　孙　勇　　**责任编辑** 韩元凤
封面设计 郑　川　　**责任校对** 陈　莹　王晓凤
出版发行 中国农业大学出版社
社　　址 北京市海淀区圆明园西路2号　　**邮政编码** 100193
电　　话 发行部 010-62818525，8625　　读者服务部 010-62732336
编辑部 010-62732617，2618　　出 版 部 010-62733440
网　　址 http://www.cau.edu.cn/caup　　**e-mail** cbsszs@cau.edu.cn
经　　销 新华书店
印　　刷 北京时代华都印刷有限公司
版　　次 2012年5月第1版　　2022年1月第5次印刷
规　　格 787×980　16开本　17.5印张　310千字
定　　价 40.00元

编写人员

主　编　陆自强(云南农业大学)

副主编　陈惠萍(海南大学)

　　　　李德荣(江西农业大学)

　　　　杨　芳(云南农业大学)

　　　　李孙文(云南农业大学)

参　编　黄　瑾(海南大学)

　　　　代卫东(云南农业大学)

　　　　尤丽莉(海南大学)

　　　　王　静(江西农业大学)

　　　　杨　燕(云南农业大学)

　　　　王建军(云南农业大学)

　　　　黄　鹤(云南农业大学)

　　　　丁联成(云南农业大学)

　　　　岳灵芝(内蒙古农业大学)

　　　　张海涛(云南农业大学)

主　审　郭凤根(云南农业大学)

前　言

植物学是农学类专业学生必修的专业基础课程，是学习后续课程和进行科研、生产工作的基础。植物学实验是植物学教学中的一个重要环节，它不仅是理论知识的验证与补充，同时又是培养学生科学思维方法、科学研究方法、观察与分析能力以及实际动手能力的重要手段。

近年来，随着我国高等教育教学改革的不断深入，各高校农学类专业的课程体系作了较大的调整，强化了实践教学，综合性、设计性实验比重逐渐增加。为此，在中国农业大学出版社的支持、指导和帮助下，由云南农业大学、海南大学、江西农业大学等学校共同编写了这本《植物学实验教程》。

本教材是在各校植物学教学大纲基础上，以内部实验教材为蓝本，对实验内容做了必要的补充和扩展。本教材具有以下特点：安排了培养学生基本实验技能的验证性实验，增加了与农科类专业生产实际相关的综合性实验和研究性实验，旨在培养学生综合分析能力和创新能力，激发学生的学习兴趣，为培养学生的综合素质奠定良好的基础；在部分实验中，增加了连续徒手切片的内容，有利于学生建立植物器官的整体性概念；每个实验均设计了引导学生思考与讨论的问题，以培养学生的观察能力及分析能力，同时还拓展了实验教学内容，增强了实验教学与理论教学的联系；书中图片很多都是在显微镜下拍摄的照片，直接针对教学内容，能够真实反映各结构的特征，可提高学生的学习效率；附有植物学基本实验技术、植物学实验常用试剂与染料、被子植物分科检索表等内容，可以作为工具书使用。

本教材由植物学验证性实验、植物学综合性实验、植物学基本实验技术、附录4部分组成。其中验证性实验设21个实验，综合性实验设12个实验。本教材可供高等农、林、医药院校相关专业师生使用，也可供中学生物学教师用作教学参考书。各学校可以根据本校《植物学》教学大纲、实验条件及本地植物种类等不同要求，增减实验内容或选择其他本地易找到的实验材料完成实验。

本教材第一章实验一、二、三、四、五、二十、二十一，第二章实验一、二、三、四及第三章第一节由海南大学编写；第一章实验六、七、八、九、十、十八、十九，第二章实验九、十、十一、十二及第三章第二节由江西农业大学编写；第一章实验十一、十二、十三、十四、十五、十六、十七、二十一（泽泻科），第二章实验五、六、七、八，第三章第三节及附录由云南农业大学编写。最后由陆自强对全书统稿。

为了突出本教材的实用性，部分内容及图片借鉴了国内外的相关教材和专著，特在此说明，并向这些资料的作者表示诚挚的谢意。本书由云南农业大学郭凤根教授担任主审，在编写过程中得到了他的精心指导和帮助，在此表示衷心的感谢。

由于编者水平和实践经验有限，书中难免有错误和疏漏之处，恳请大家批评指正，以利于我们不断修正和改进。

编　者

2011 年 12 月

目 录

第一章　植物学验证性实验

实验一　植物细胞基本结构的观察

一、实验目的与要求

1. 了解光学显微镜的构造，熟练使用光学显微镜。
2. 学习制作临时装片。
3. 观察植物细胞，掌握植物细胞基本结构。

二、实验用品与材料

1. 实验用品

药品：碘-碘化钾溶液、水。

用具：显微镜、盖玻片、载玻片、吸水纸、纱布、刀片、镊子等。

2. 实验材料

新鲜材料：洋葱鳞茎。

三、实验内容及方法步骤

（一）临时装片的制作方法

临时装片是用新鲜的植物材料切成薄片，放在载玻片上的水滴中，加盖盖玻片做成的玻片标本。其方法如下：

（1）清洁玻片。用干净纱布清洁玻片时，左手拇指和食指夹住载玻片两侧边缘，右手将纱布夹住玻片上下两面，朝一个方向擦干净为止。擦盖玻片时，右手大拇指和食指用纱布夹住盖玻片，左手拿住盖玻片两侧并转动，擦时手指用力要轻而均匀，否则容易损坏玻片。

（2）滴液。用吸管吸取水，滴一滴于载玻片中央。

（3）放置材料。用镊子取切好的植物薄片或表皮等材料，放置于载玻片上的水滴中，注意勿使材料重叠或皱缩。

(4)加盖玻片。用镊子夹住盖玻片一侧,使另一侧先接触盖玻片水滴的边缘,再慢慢放下盖玻片以利排除空气,防止气泡产生。如果盖玻片下水分多溢出盖玻片外,可用吸水纸从盖玻片一侧吸去溢出的水分。若水未充满盖玻片则可从一侧滴入一滴水,以赶走气泡便于观察。

(5)显微镜观察。先低倍物镜观察,在低倍观察基础上,如放大倍数不够,可进行高倍观察。

(二)用洋葱鳞叶表皮观察植物细胞的基本结构

1. 制作洋葱鳞叶表皮临时装片

(1)将载玻片和盖玻片擦干并在载玻片中央加一滴水或稀蔗糖水溶液。

(2)取材。剥去洋葱鳞茎外部的老鳞叶。取一片鲜嫩的鳞叶,用刀片将凹面处的表皮划破成边长 3～5 mm 的小块,用镊子撕下表皮小块并将其浸入载玻片上的水滴中,再用镊子和解剖针将材料展平。

(3)加盖玻片制成临时装片。

2. 观察植物细胞的基本结构

将洋葱鳞叶表皮临时装片放在显微镜载物台中央,用低倍物镜观察,可见洋葱鳞叶表皮像一个网状结构,每一个"网眼"即是一个细胞(图 1-1-1)。洋葱鳞叶表皮是由一层细胞构成的。转动标本推动器移动装片,选择几个清楚的细胞置于视野中央,换用高倍物镜仔细观察一个植物细胞的基本结构(图 1-1-2),识别下列各部分:

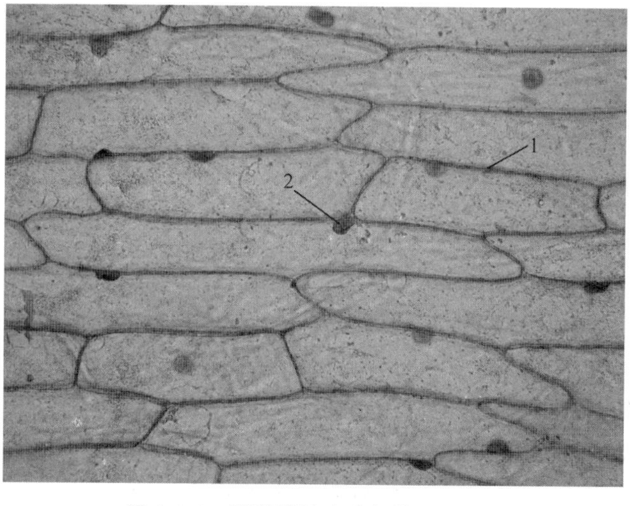

图 1-1-1　洋葱鳞叶表皮细胞(100×)

1. 细胞壁　2. 细胞核

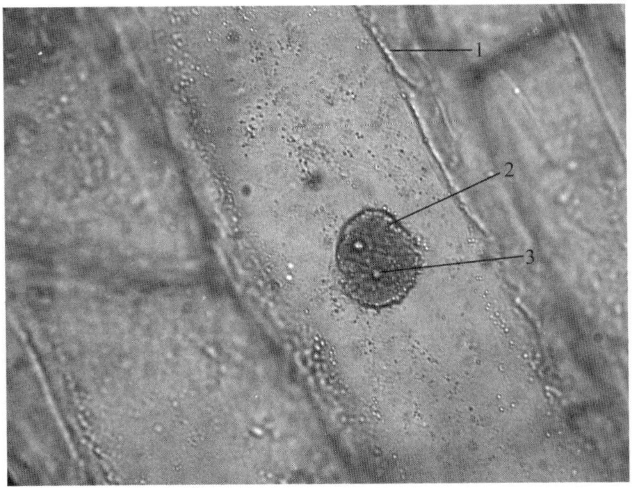

图 1-1-2 洋葱鳞叶表皮细胞(400×)

1. 细胞壁 2. 细胞核 3. 核仁

(1)细胞壁 细胞壁是位于植物细胞最外层的一个坚韧的外壳,是植物细胞特有的结构。由于细胞壁比较透明,因此只能看到细胞的侧壁。两个相邻细胞之间的细胞壁实际上有 3 层,即各个细胞的初生壁和连接两个相邻细胞的胞间层。但由于普通光学显微镜难以分辨胞间层,故在显微镜下观察时,两个相邻的细胞间似乎只有一层细胞壁。

(2)细胞核 在光学显微镜下可观察到细胞中有一个圆形或椭圆形的小球体,该小球体就是细胞核。在成熟的植物细胞中,由于中央大液泡的形成,细胞核总是位于细胞的边缘,紧贴着细胞壁。当细胞核贴近细胞的侧壁时,只能见到它的窄面(呈椭圆形);当细胞核贴近细胞的上下面壁时,就可以看到核的宽面(呈圆形)。因此,细胞核实际上是扁圆形的小球体。在细胞核中还可以看到 1～3 个核仁(图 1-1-2)。

(3)细胞膜 又称为质膜,是包围于细胞质外面的一层膜,由于它很薄,通常又紧贴细胞壁,因此在光学显微镜下较难观察到正常细胞的质膜。如果实验中采用高浓度溶液处理材料,使原生质体失水收缩,与细胞壁发生分离(即质壁分离),就可以看到质膜的外面。

(4)细胞质 充满于细胞膜和细胞壁之间的物质是细胞质。细胞质包括胞基质和细胞器两部分。胞基质是看不出特殊结构的细胞质部分,细胞器就包含在胞基质中。在显微镜下能观察到的洋葱鳞叶表皮细胞中的细胞器有白色体和中央大液泡。胞基质中有一些无色透明的小颗粒就是白色体。中央大液泡位于细胞中间，占据细胞的绝大部分体积，把胞基质和其他细胞器挤成紧贴细胞壁很薄的一层，因此细胞质的中间部分较亮，边缘部分较暗。成熟的植物细胞具有中央大液泡是植物细胞与动物细胞重要区别之一。

为了更好地观察植物细胞的基本结构，在观察完新鲜的洋葱鳞叶表皮细胞之后，可用碘-碘化钾溶液染色，使细胞核和细胞质的形态更为清晰。染色时可先在盖玻片一侧滴上一滴碘-碘化钾溶液，在盖玻片的另一侧用吸水纸吸去盖玻片下面的水分，把染液吸入盖玻片下，使材料着色。染色后，细胞核呈深黄色，细胞质呈淡黄色。

四、重点与难点

重点：光学显微镜下可以观察到植物细胞结构特点。

难点：细胞内部结构与功能之间的相互关系。

五、课堂作业

绘 1～2 个洋葱鳞叶表皮细胞图并引线注明各部分名称。

六、思考与讨论

1. 洋葱表皮细胞是否具有细胞核？你所制作的临时装片上每个洋葱表皮细胞都具有细胞核吗？为什么？

2. 观察临时装片上的洋葱细胞，它们的细胞核是位于细胞的哪个位置？为什么？

实验二　植物细胞的质体、后含物、纹孔及胞间连丝的观察

一、实验目的与要求

1. 认识植物细胞中 3 种质体的形态及功能。
2. 认识植物细胞中常见后含物的种类及鉴定方法。
3. 学习显微化学鉴定技术。
4. 了解纹孔及胞间连丝的形态特征及生理功能。

二、实验用品与材料

1. 实验用品

药品：蒸馏水、苏丹Ⅲ溶液、碘-碘化钾溶液。

用具：显微镜、镊子、单面刀片、双面刀片、吸水纸。

2. 实验材料

新鲜材料：马铃薯块茎、大豆或花生种子、蓖麻种子、番薯叶、紫万年青叶、闭鞘山姜叶片、红辣椒果皮。

永久制片：柿胚乳细胞永久制片。

三、实验内容及方法步骤

（一）植物细胞质体和纹孔的观察

1. 观察番薯叶肉的叶绿体

用撕片法撕取番薯叶叶肉，制成临时制片，首先在显微镜下观察，找到标本最清晰的部位，并且使它处于视场中央，然后更换高倍镜观察，在细胞中可以观察到许多绿色的呈球状或杆状的结构，这就是叶绿体。

2. 观察紫万年青下表皮细胞中的白色体

白色体为不含色素的最小一类质体，多存在于植物体幼嫩或不见光部的细胞中，有些植物叶表皮细胞也有，白色体在细胞核周围，呈无色透明圆球状颗粒。

用撕片法撕取紫万年青下表皮，制成临时制片，首先在显微镜下观察，找到标本最清晰的部位，并且使它处于视场中央，然后更换高倍镜观察，在高倍镜下能观察到许多有色的细胞（细胞液中溶有花青素而呈现的颜色），观察细胞核周围，可看到有无色、圆球状颗粒——白色体，在细胞质的其他地方也可以看到少量白色体。

3. 观察红辣椒果皮细胞中的有色体及细胞壁上的初生纹孔场

有色体常存在于花瓣或成熟的果实细胞中。

取红辣椒果皮，做徒手切片或直接刮取一点果皮，制作成临时制片，首先在低倍镜下观察，选取薄而清晰的区域转换到高倍镜下观察，可以看到许多橘红色颗粒状或杆状的有色体（图 1-2-1）。

在观察有色体的同一临时制片上，红辣椒果皮细胞的细胞壁厚度不均匀，细胞壁呈腊肠状或念珠状，凹陷的结构称为初生纹孔场。

（二）植物细胞后含物的观察

1. 观察马铃薯块茎细胞内的淀粉粒

马铃薯块茎的薄壁组织细胞中充满了淀粉粒，是观察淀粉粒的良好实验材料。

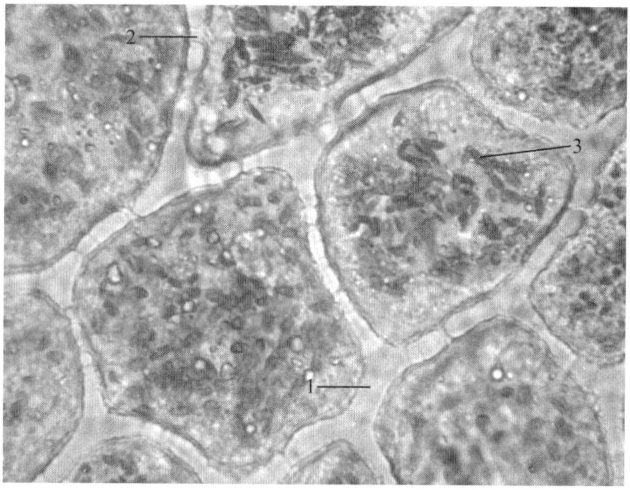

图 1-2-1　辣椒果皮细胞中的有色体和纹孔

1. 细胞壁　2. 纹孔　3. 有色体

取一小块马铃薯块茎,用刀片从切面处刮取少量破裂细胞流出的白色液汁或将材料切成薄片,制成临时装片进行观察。在低倍物镜下可看到许多大小不等的椭圆形和球形颗粒,这些颗粒就是淀粉粒。转换高倍物镜并调节细准焦旋钮和虹彩光圈进行观察,可见淀粉粒中有偏向一侧的核心,该核心称为脐点。围绕脐点有许多明暗交替的轮纹。马铃薯块茎中有 3 种类型的淀粉粒,即单粒淀粉粒、复粒淀粉粒和半复粒淀粉粒。单粒淀粉粒只有一个脐点,有许多轮纹围绕这个脐点;复粒淀粉粒有两个以上的脐点,各脐点分别有各自的轮纹环绕;半复粒淀粉粒也有两个以上的脐点,但各脐点除有自己的轮纹环绕外,外面还包围着共同的轮纹。在马铃薯块茎中单粒淀粉粒最多,复粒和半复粒淀粉粒很少(图 1-2-2)。

观察并绘完淀粉粒图后,取下临时装片,在盖玻片一侧加一滴碘-碘化钾溶液,用吸水纸从盖玻片的另一侧吸引,将碘-碘化钾溶液吸入盖玻片下,可见淀粉粒变成蓝色。这种显微镜观察和化学反应相结合,用以鉴定细胞或组织内物质性质的方法称为显微化学鉴定技术。

注意:在制作临时装片或观察时,不要挤压盖玻片,以免把淀粉粒压破。

2. 观察蓖麻种子胚乳细胞中的糊粉粒

蛋白质是以糊粉粒形式存在(遇碘液呈黄色的小颗粒就是糊粉粒)。

贮藏蛋白质常储存于种子中,这种蛋白质处于非活性的比较稳定的状态,且常以无定形或结晶状存在细胞中,形成糊粉粒。

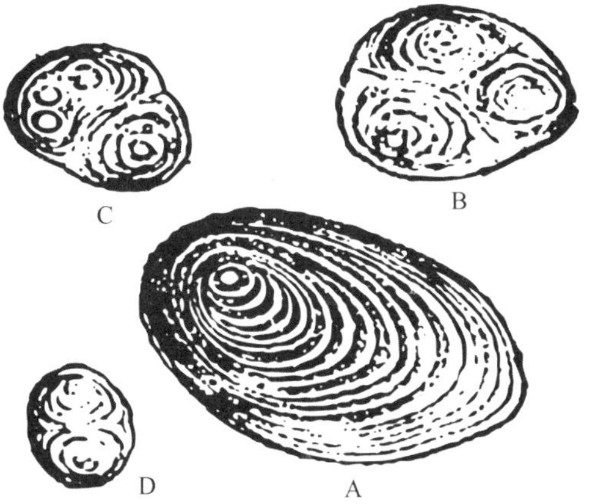

图 1-2-2　马铃薯淀粉粒

A. 单粒淀粉粒　B、C. 半复粒淀粉粒　D. 复粒淀粉粒

(引自李扬汉,1984)

取蓖麻种子除去外种皮,将其胚乳部分作徒手切片(要切得非常薄,否则不易观察),制成临时制片(在滴液步骤用碘-碘化钾溶液代替水)后在显微镜下观察。可观察到细胞内有许多被染成黄色的小颗粒,这就是糊粉粒。在每一糊粉粒内,有多边形的拟晶体与圆形的球晶体(图 1-2-3)。

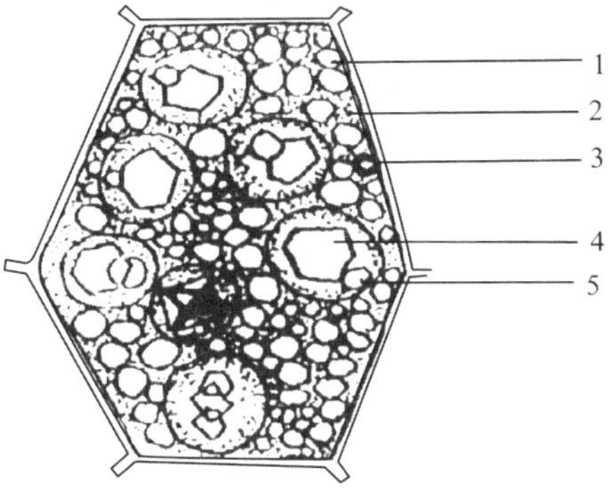

图 1-2-3　蓖麻细胞中的糊粉粒

1. 油脂　2. 细胞质　3. 糊粉粒　4. 蛋白晶体　5. 蛋白球体

(引自李扬汉,1984)

3. 观察花生种子子叶细胞中的油脂

在植物细胞中,油和脂肪可少量的存在于每个细胞内,大量的存在于种子和果

实中,常呈小油滴或固体状,在常温下呈液体的称为油,呈固体的称为脂肪。脂肪遇苏丹Ⅲ呈橙红色。

用花生种子的子叶做徒手切片或刮取少量粉末做成临时制片,用苏丹Ⅲ染色后,置于显微镜下观察,细胞内或水溶液中有许多大小不等的球形及不规则状的橙红色油滴,即是脂肪。

4. 花青素和晶体

(1)花青素　可撕取红苋菜、鸡冠花、紫竹梅等红色茎、叶的表皮细胞,也可取红色、蓝紫色的花瓣,紫皮色的洋葱鳞叶表皮制成临时装片观察。

(2)晶体　草酸钙结晶普遍存在于植物的叶片、皮层、髓等薄壁细胞中,有方形、针状、柱状,也可聚集成晶簇。可选取鸭跖草科、凤仙花属、秋海棠属和马齿苋等植物的茎叶,用撕取表皮或徒手切片的方法,制成临时装片,在显微镜下可找到不同形态的晶体。

(三)观察柿胚乳细胞壁中的胞间连丝

胞间连丝是穿过胞间层和初生壁的细胞质细丝,以此连接相邻细胞间的原生质体。

取柿胚乳细胞永久片置低倍镜下观察,可见到无数多边形的细胞,有明显加厚的细胞壁(初生壁)和较小的细胞腔,其内原生质体往往被染成深色或制片过程中已丢失,使细胞成为空腔。注意观察相邻两细胞加厚壁上有贯穿两细胞的细丝,即胞间连丝,它通过的地方即初生纹孔场(图 1-2-4)。

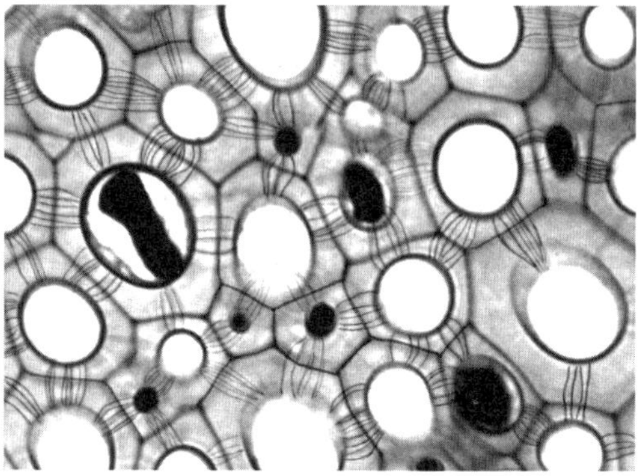

图 1-2-4　柿胚乳细胞的胞间连丝

四、重点与难点

重点:细胞壁上纹孔与胞间连丝的主要生理功能。

难点:有色体与花青素的鉴别。

五、课堂作业

1. 绘马铃薯淀粉粒图。

2. 植物细胞中常见的后含物有哪几种？怎么鉴定？

六、思考与讨论

1. 为什么说辣椒表皮细胞的细胞壁上的凹陷是初生纹孔场或原纹孔，而不是真正的纹孔？

2. 植物体的根、茎、叶、花、果实和种子为什么会呈现不同的颜色？

3. 如何识别有色体和花青素？

4. 通过实验，如何理解多细胞有机体中每一细胞并不是孤立存在的，不论从结构上还是生理机能上都是相互统一的整体？

实验三　植物细胞的有丝分裂和减数分裂

一、实验目的与要求

1. 观察了解植物细胞有丝分裂和减数分裂，掌握有丝分裂和减数分裂各时期的主要特征。

2. 学习并掌握压片法。

二、实验用品与材料

1. 实验用品

药品：冰醋酸-酒精溶液（冰醋酸 1 份＋95％酒精 3 份）、50％酒精、70％酒精、酒精-浓盐酸（95％酒精 1 份＋浓盐酸 1 份）、醋酸洋红染液、1％龙胆紫、20％醋酸（50％酒精配制）。

用具：显微镜、水杯、剪刀、培养皿、烧杯、指形管、滴管、载玻片、盖玻片、吸水纸、刀片、镊子、解剖针、纱布、酒精灯。

2. 实验材料

新鲜材料：洋葱根尖（蒜根尖）。

永久制片：洋葱根尖纵切永久制片、百合幼嫩花药横切面永久制片、百合花粉（小孢子）母细胞减数分裂永久制片。

三、实验内容及方法步骤

(一)植物细胞有丝分裂的观察

植物细胞在进行生长发育过程中，不断地进行细胞分裂，增加细胞的数目。植物细胞分裂的方式有有丝分裂、无丝分裂和减数分裂3种，其中最普遍、最常见的是有丝分裂。有丝分裂又称间接分裂，在高等植物中，除了形成大、小孢子是以减数分裂方式进行繁殖外，其他细胞的分裂繁殖，一般都以有丝分裂方式进行。因为在分裂过程中有纺锤丝的出现，故称为有丝分裂。经过一次有丝分裂，一个母细胞分裂为两个子细胞，每个子细胞的染色体数目与母细胞相同。

1. 洋葱根尖压片制作过程

(1)培养及取材　将洋葱(或蒜)置于水杯中，固定，使水面刚好接触洋葱的鳞茎盘的基部，3～4 d后洋葱便可长出白色的根。根长度达到1～2 cm便可剪取使用。

(2)固定与保存　剪取的材料可以直接进行实验使用，或者保存备用。将剪取的根尖(约0.5 cm长)置于冰醋酸-酒精固定液中，在室温下固定2～24 h，可将材料固定。固定的材料如不及时使用，可以经过50%酒精到70%酒精中各0.5 h，再换70%酒精保存备用。

(3)解离(离析)　将固定的材料置于酒精-浓盐酸的解离液中10～20 min，使根尖的胞间层离析。如选用的是新鲜材料，可取材后直接置于解离液中，可同时起到固定和解离作用。应注意材料的解离时间都不能过长，否则不易染色。解离后再换酒精-冰醋酸固定液中5～10 min，可起到细胞壁软化的作用。

(4)染色及制作压片　洗去固定液，将材料放置在指形管或小烧杯中换水洗4～5次，洗净盐酸，利于染色。将材料置于载玻片上，切去伸长区和根冠部分，留根尖的分生区部分约0.1 cm，加1滴醋酸洋红染液，放置10 min，直到根尖染至暗红色。加盖玻片，将吸水纸或纱布放在盖玻片上面，一只手按住载玻片，另一只手拇指按在盖玻片上的吸水纸或纱布上，对准根尖部位施加压力，将根尖材料压成一均匀的薄层。压力要适当，使细胞和染色体能散开即可，压力过大有可能使染色体破坏。为了增加染色效果，可将载片在酒精灯上微微加热。最后可在盖玻片的一侧滴一滴清水，用吸水纸从盖玻片的对侧将水吸进盖玻片内便可镜检观察。在观察过程中移动载玻片，注意检查，可在不同的视野中找到有丝分裂的各个时期。此实验也可用1%的龙胆紫染色1 min后，用20%醋酸(50%酒精配制)涮洗几秒钟后制片观察，可见染色体为蓝紫色。

2. 观察洋葱根尖细胞的有丝分裂

观察自己制作的压片，若不清楚，可配合洋葱根尖纵切面永久制片进行观察。

将玻片置于低倍镜下观察，找到具有分裂相的细胞，然后选择有丝分裂各时期的典型细胞，分别移至视野中央，换高倍镜仔细观察各时期的主要特征（图 1-3-1）。

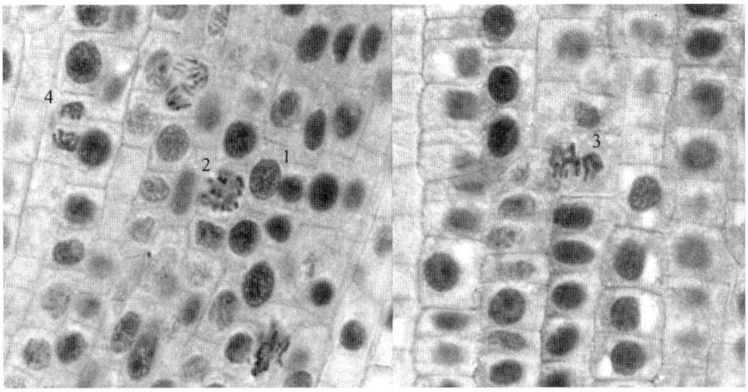

图 1-3-1　洋葱根尖细胞的有丝分裂

1. 间期　2. 前期　3. 中期　4. 后期

其实细胞分裂是一个连续的过程，整个过程是不间断的，但是为了研究的方便，人为地将其分为间期和分裂期，分裂期又分为前、中、后、末期。

分裂间期：是细胞积累物质、贮备能量准备分裂的时期。细胞核大，核仁清晰、核质均匀。

前期：有丝分裂的最早阶段。细胞核胀大，染色质丝出现，染色质丝会进一步地螺旋缩短变粗为明显的染色体，每一个染色体由两个染色单体构成。核膜、核仁逐渐消失。开始出现纺锤丝。

中期：染色体有规律地排列到赤道面上，形成赤道板。纺锤体完全形成。

后期：每条染色体的两条染色单体从着丝点处分开，在纺锤丝的牵引下，分别向细胞的两极移动，成为独立的子染色体。

末期：移到两极后的染色体成为密集的一团，并逐渐解螺旋成均一状态，核膜、核仁重新出现，形成了两个新的细胞核。同时，在纺锤体中部形成成膜体，进而形成细胞板，出现两个子细胞。

（二）植物细胞减数分裂的观察

减数分裂是植物进行有性生殖时发生的细胞分裂，细胞分裂过程与有丝分裂非常相似，但细胞连续分裂两次，染色体只复制一次，因此，一个母细胞分裂成 4 个子细胞，子细胞的染色体数目只有母细胞染色体数目的一半。观察各时期百合花药及花粉母细胞二分体、四分体的永久制片，了解植物细胞减数分裂的基本过程及不同时期的特点。

减数分裂的间期与有丝分裂间期基本相似，主要进行DNA复制，分裂期全过程包括两次相连的分裂，即减数分裂Ⅰ和减数分裂Ⅱ。

1. 减数分裂Ⅰ

分为前期Ⅰ、中期Ⅰ、后期Ⅰ、末期Ⅰ4个时期。

（1）前期Ⅰ　前期Ⅰ经历的时期比较长，染色体变化相对复杂，分为细线期、偶线期、粗线期、双线期和终变期5个时期。

①细线期　出现细长的染色体，细胞核变得比较明显，核仁增大。

②偶线期　同源染色体配对，联会。

③粗线期　染色体缩短变粗，非姊妹染色单体片段交叉互换。

④双线期　染色体进一步缩短，同源染色体彼此排斥和开始分离。可观察到联会的染色体呈现“X”、“V”、“8”、“0”等形状。

⑤终变期　染色体缩短到最大限度，染色体对分散，核膜、核仁消失，两极出现纺锤丝。

（2）中期Ⅰ　配对的同源染色体排列在细胞中央的赤道面上，着丝点分别位于赤道面的两侧，纺锤体形成。

（3）后期Ⅰ　着丝点不分裂而染色体分为两组移向两极，即同源染色体分开。

（4）末期Ⅰ　两组染色体分别到达两极，每一极的染色体数目只有母细胞的一半。末期形成两个子细胞或不形成子细胞而直接进入第二次分裂。

2. 减数分裂Ⅱ

与一般有丝分裂过程相似，分为前期Ⅱ、中期Ⅱ、后期Ⅱ、末期Ⅱ。

（1）前期Ⅱ　染色体细丝状，逐渐缩短变粗，核膜消失，纺锤丝重现。

（2）中期Ⅱ　染色体排列在赤道面上，纺锤体形成。

（3）后期Ⅱ　着丝点分裂，两条染色单体移向两极。

（4）末期Ⅱ　移向两极的染色单体各形成一个子核。

四、重点与难点

重点：有丝分裂各时期主要特征。

难点：洋葱根尖压片的制作。

五、课堂作业

1. 绘洋葱根尖细胞有丝分裂各时期形态图。

2. 描述有丝分裂过程中各个时期的形态特点。

3. 描述减数分裂过程中各个时期的主要特征。

4. 比较有丝分裂和减数分裂的区别。

5. 减数分裂的意义是什么?

六、思考与讨论

1. 植物体的哪些部位会出现有丝分裂?

2. 为什么选择根尖 0.5 cm 以内进行实验?

3. 茎顶端和幼芽是否可以作为染色体计数的材料?

4. 制作根尖有丝分裂压片的关键是什么?

5. 减数分裂过程中,染色体复制一次,然后进行连续两次分裂,以达到染色体减数的效果。如果染色体不复制,分裂一次,也能达到减数的效果,你认为这种现象在自然界会存在吗? 为什么?

实验四　植物组织和组织系统

一、实验目的与要求

1. 了解植物组织的概念和类型。

2. 掌握分生组织、保护组织、薄壁组织、机械组织、输导组织和分泌结构的形态、结构和功能以及在植物体中的分布。

3. 学习并掌握徒手切片法。

二、实验用品与材料

1. 实验用品

药品:蒸馏水、碘-碘化钾染液。

用具:显微镜、载玻片、盖玻片、镊子、刀片、纱布、擦镜纸、吸水纸。

2. 实验材料

新鲜材料:薄荷茎、番薯叶片、短叶黍叶片、番薯叶炳、柑橘叶片、丁香罗勒茎、玉米幼茎、事先培养好的绿豆和水稻(或玉米)的幼苗、莲藕根状茎、马铃薯块茎、花生种子等。

永久制片:洋葱根尖纵切面永久制片、黑藻叶横切面永久制片、水稻老根横切面永久制片、接骨木茎横切面永久制片、玉米幼茎纵切面永久制片、橡胶树皮横切面永久制片、南瓜茎横切面永久制片、南瓜茎纵切面永久制片、马尾松茎横切面永久制片、马尾松茎纵切面永久制片、橡胶树皮三切面(横切、径向切、切向切)永久制片、丁香罗勒茎横切面永久制片、柑橘叶片横切面永久制片等。

三、实验内容及方法步骤

(一)分生组织

1. 顶端分生组织

位于根、茎顶端(详见实验三观察洋葱根尖细胞的有丝分裂)。

2. 侧生分生组织

侧生分生组织位于根、茎的侧面。取椴树茎横切面永久制片置于显微镜下观察,找到次生韧皮部和次生木质部之间的扁平细胞,这些扁平细胞围成一个完整的环,就是维管形成层,属于侧生分生组织,有时可观察到多层扁平细胞,但只有一层是维管形成层,其他的是刚分裂产生的新的韧皮部和木质部细胞。观察接骨木茎横切面永久制片,在木栓层和栓内层之间扁平细胞即是木栓形成层(详见本实验次生保护组织)。

3. 居间分生组织

取玉米幼茎作纵切徒手切片,制作临时装片进行观察,或观察玉米幼茎纵切永久制片。注意在节间基部有一些体积较小、排列比较紧密的细胞群,就是居间分生组织。

(二)保护组织

1. 初生保护组织——表皮及气孔器

(1)双子叶植物番薯叶表皮及气孔器　取番薯叶片,将其背面向上,绕在左手食指上,用中指和大拇指夹住叶片两端,用镊子撕取下表皮一小块,制成临时装片,置低倍镜下观察。可见其表皮是由许多侧壁弯曲、紧密钳合的细胞所构成,细胞排列紧密,无胞间隙。部分细胞中可见圆形的细胞核,多位于细胞边缘,细胞的中部常为中央大液泡占据,细胞内无叶绿体存在。在表皮细胞之间分布着许多气孔器,选择一个较清晰的气孔器,转换高倍镜仔细观察,可见许多两两相对的肾状细胞,此为保卫细胞。保卫细胞相对一边的细胞壁的中间一段彼此分离,因而形成一孔,此为气孔。观察时注意保卫细胞的形态,特别是细胞壁的厚薄及叶绿体等与表皮细胞有显著区别(图1-4-1)。

(2)禾本科植物短叶黍叶表皮及气孔器　与上面操作相同,制取短叶黍叶片下表皮临时装片。可见表皮细胞的侧壁常呈波纹状,相邻的表皮细胞镶嵌紧密,没有胞间隙。气孔器是由一对哑铃形的保卫细胞和位于保卫细胞外侧的一对副卫细胞及保卫细胞之间的小孔构成。注意表皮及保卫细胞的形态和番薯叶的表皮及保卫细胞有何不同(图 1-4-2)。

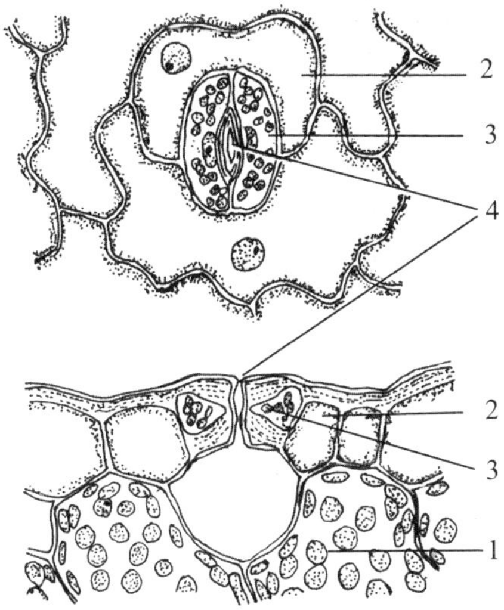

图 1-4-1　双子叶植物叶表皮

1. 叶肉细胞　2. 表皮细胞　3. 保卫细胞　4. 气孔

(引自李扬汉,1984)

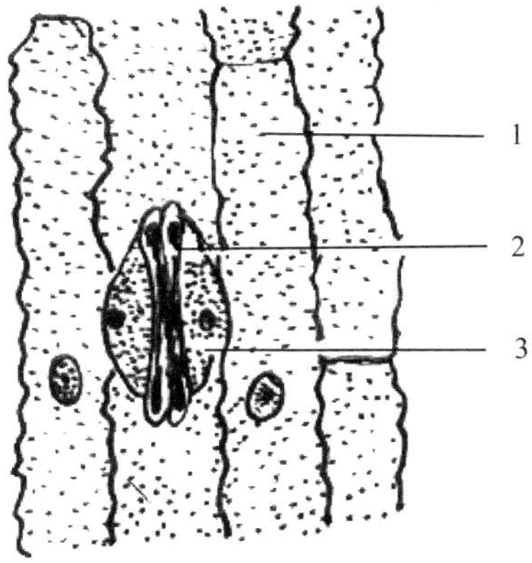

图 1-4-2　禾本科植物叶表皮

1. 表皮细胞　2. 保卫细胞　3. 副卫细胞

(临李扬汉《植物学》)

2. 次生保护组织

(1)周皮　取接骨木茎横切面永久制片置于显微镜下观察,最外一层长方形的细胞是表皮,表皮下有数层细胞呈整齐辐射状排列,这是周皮,具有下列构造:

①木栓层　在最外方,由多层细胞构成(可见有 10 层左右),木栓细胞较大,近方形,细胞壁厚。木栓层具有不透气、不透水的特性,有很好的保护作用。

②木栓形成层　木栓层内侧的一层扁平状细胞(部分地方可见多层)。细胞排列很整齐,具有细胞核。木栓形成层属于次生分生组织,它向外分生出木栓层,向内分生出栓内层。

③栓内层　木栓形成层的内方的薄壁细胞是栓内层,通常只有 1～2 层细胞,细胞呈整齐辐射排列。成熟细胞的体积大于木栓形成层细胞。

(2)皮孔　在接骨木茎的周皮上常可看到皮孔。一个完整的皮孔,在最外一层是被突破的表皮,在皮孔的裂口处堆积很多排列疏松的补充细胞,它们是木栓形成层向外分生活动的产物。在皮孔裂口两侧的表皮下是周皮。皮孔是在局部区域木栓形成层向外分裂产生大量的薄壁细胞,形成的次生通气组织(图 1-4-3)。

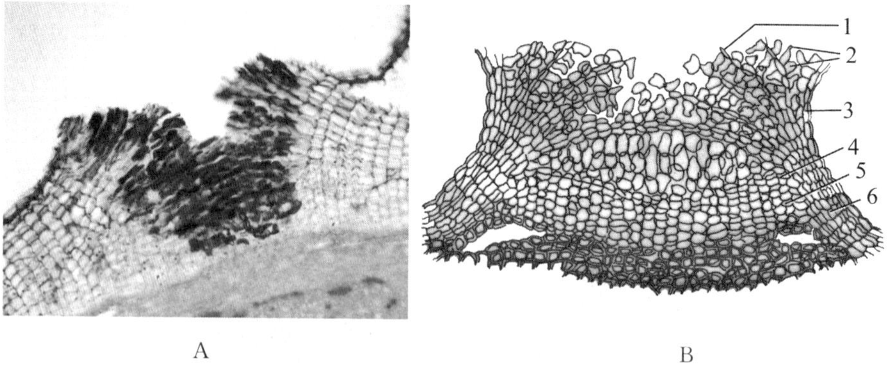

图 1-4-3 双子叶植物茎皮孔

A. 显微图 B. 模式图

1. 封闭细胞 2. 补充细胞 3. 表皮 4. 木栓形成层 5. 栓内层 6. 木栓层

（三）基本组织（薄壁组织）

基本组织是在植物体内分布最广泛的组织，其组成细胞特化程度都比较浅，有脱分化的潜在能力。除少数类型有细胞壁的加厚和木质化外，大部分的基本组织都保持薄壁，所以又称薄壁组织。根据功能不同分为几类：

1. 同化组织

取新鲜植物叶片进行徒手切片后制作临时装片，制作临时装片时要注意将切面向上，置于显微镜下进行观察，或直接观察橡胶叶等的横切面永久制片。在上、下表皮之间存在大量薄壁细胞即为同化组织，细胞中由于含有大量的叶绿体，而呈现绿色。

2. 吸收组织

取绿豆或水稻等的新鲜幼苗，置于体视显微镜下或直接用肉眼观察其根毛区。取洋葱根尖纵切面永久制片，其根毛区的表皮密被根毛，是由表皮细胞向外突出的管状结构。

3. 通气组织

取黑藻叶或水稻老根横切永久制片置于低倍镜下观察，皮层细胞中有大量的空腔，具有通气作用（图 1-4-4）。莲藕根状茎中的通道部分也属于通气组织。

4. 贮藏组织

取马铃薯块茎和花生子叶进行切片，制作临时装片，采用碘-碘化钾染色，含有大量淀粉粒和糊粉粒的薄壁细胞属于贮藏组织。

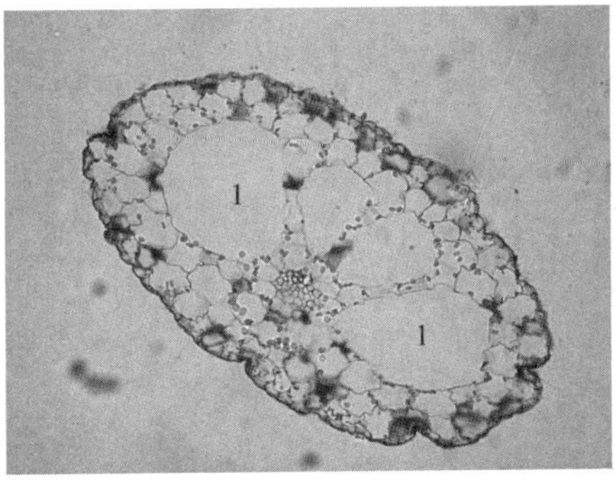

图 1-4-4　黑藻叶横切,示通气组织

1. 通气组织

(四)机械组织

1. 厚角组织

取薄荷茎或番薯叶柄作徒手横切面切片,制作临时装片置于显微镜下观察,最外一层排列整齐的扁平细胞为表皮,在表皮下方有一圈具有叶绿体的薄壁细胞,这圈细胞内方即为厚角细胞,其细胞壁透亮,在角隅处加厚,看起来像星芒状结构,通常在3个细胞接触的地方增厚部分呈三角形,4个细胞接触的棱角处其增厚部分呈四角形。其中灰色的“洞穴”是细胞腔,里面充满着原生质体,是生活细胞(图1-4-5)。也可取南瓜茎横切永久制片进行观察(图1-4-6)。

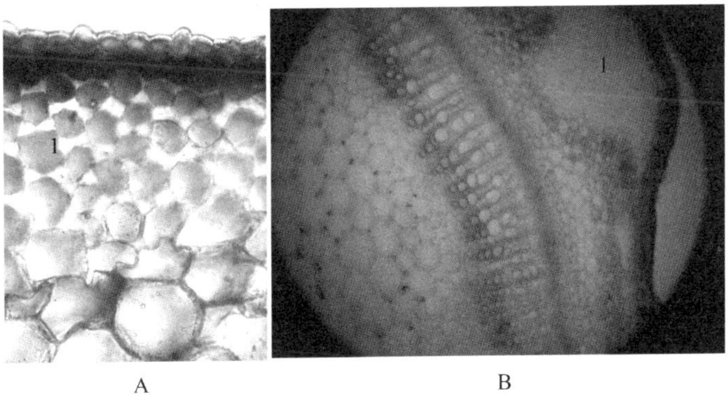

图 1-4-5　厚角组织

A. 番薯叶柄横切　B. 薄荷茎横切

1. 厚角组织

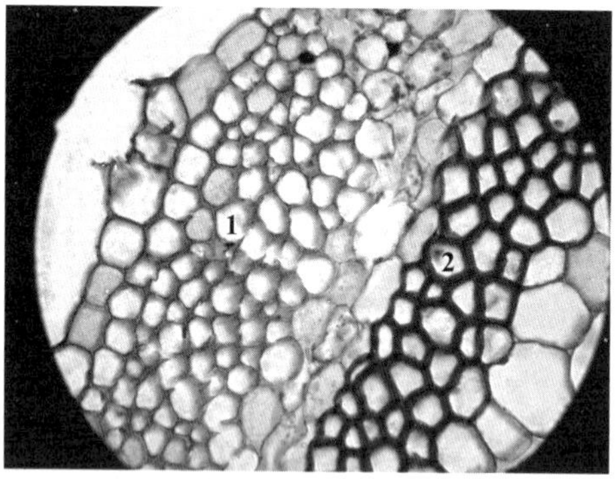

图 1-4-6　南瓜茎横切

1. 厚角组织　2. 厚壁组织

2. 厚壁组织——石细胞

取橡胶树皮横切面永久制片，在低倍镜下找到被染成黄绿相间的石细胞，再转高倍镜观察，可见细胞壁很厚，细胞腔很小，原生质体消失，形成空腔。在增厚的细胞壁上有呈放射状排列的被染成绿色的纹孔道，稍调节细准焦螺旋，可以看到绿色的轮纹。也可用梨果肉制成水封片进行观察（图 1-4-7）。

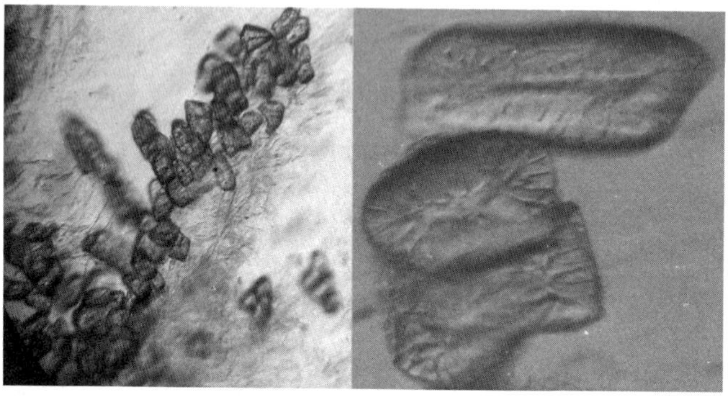

A　　B

图 1-4-7　梨果肉石细胞

A. 低倍镜（10×）　B. 高倍镜（40×）

（五）输导组织

1. 导管

观察南瓜茎横切面永久切片，首先在低倍镜下观察南瓜茎中维管束的分布，可见南瓜茎的维管束分为内、外两环排列，每环 5～7 个维管束，外环维管束小，内环维管束大。选取一个比较清晰的维管束于高倍镜下观察，维管束的中央为初生木质部，在横切面上，导管为一个大的圆圈，其细胞壁明显增厚，常被染成红色，与周围其他细胞有明显的区别。

取南瓜茎纵切面永久切片置低倍镜下观察，切片中央两侧有一些细胞壁被染成红色具有各种加厚花纹的成串管状细胞，它们是多种类型的导管(图 1-4-8)，在同一切片上不一定能同时看到 5 种类型的导管(图 1-4-9)。

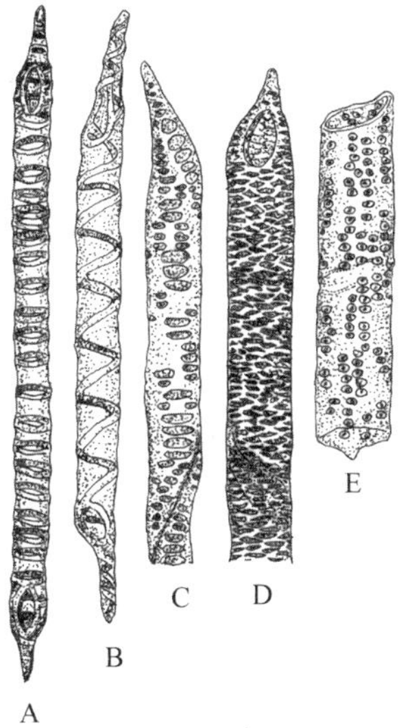

图 1-4-8　导管类型

A. 环纹导管　B. 螺纹导管　C. 梯纹导管

D. 网纹导管　E. 孔纹导管

(临李扬汉《植物学》)

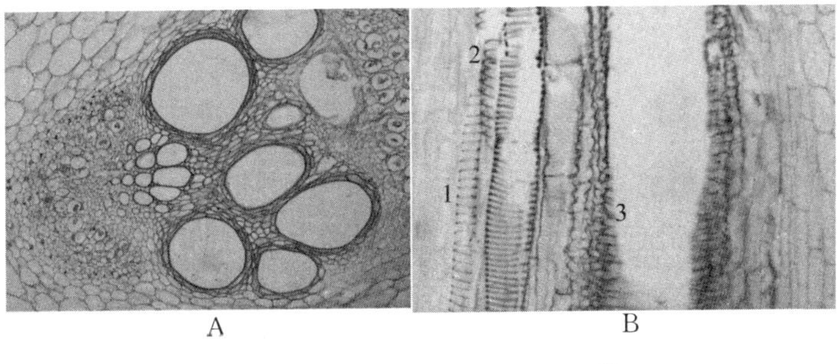

图 1-4-9　南瓜茎横、纵切，示导管

A. 横切面　B. 纵切面

1. 环纹导管　2. 螺纹导管　3. 网纹导管

2. 管胞

取马尾松茎纵切面永久切片置于显微镜下观察管胞,用40倍镜观察可见,染成红色的木质部中有两端尖的长形细胞,这就是管胞。管胞壁上可见排列成一串的圆圈(侧面观察),每个圆圈就是一个具缘纹孔。调节微调可见3个同心圆(从正面才能观察到)。

3. 筛管和伴胞

将南瓜茎横切面永久制片置低倍镜下观察,选取一个维管束,再转换高倍镜观察,中央为木质部(多为红色),木质部的内侧和外侧是韧皮部,分别被称为"内韧皮部和外韧皮部",因此南瓜茎的维管束为"双韧维管束"。在韧皮部横切面上,筛管为多边形的细胞,其细胞壁较薄,常被染成蓝绿色,有些筛管中还可见端壁形成的筛孔和筛域,在筛管旁边的四边形或三角形的较小的薄壁细胞,即为伴胞(图1-4-10、图1-4-11)。

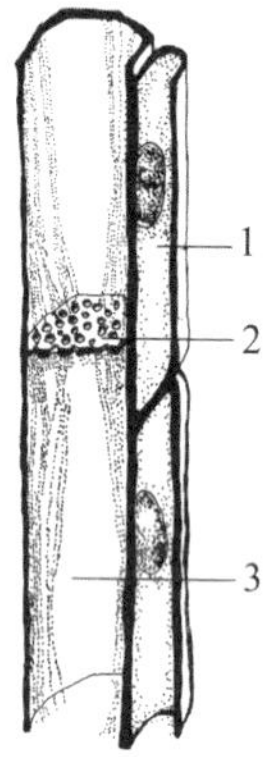

图 1-4-10 筛管及伴胞

1. 伴胞 2. 筛板 3. 筛管

(临陆时万《植物学》)

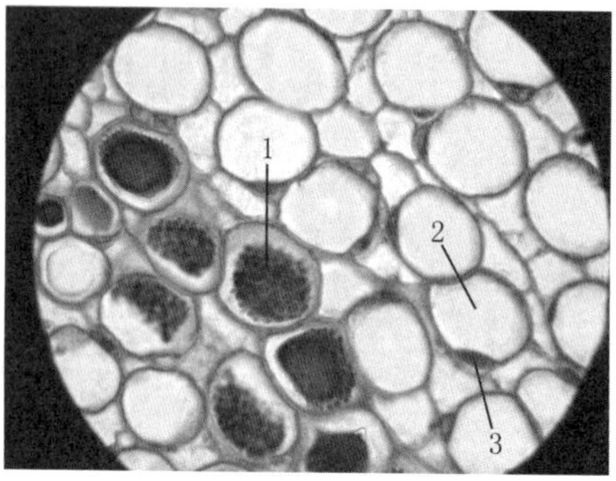

图 1-4-11 南瓜茎横切示筛管

1. 筛板 2. 筛管 3. 伴胞

取南瓜茎的纵切面永久制片观察。同样,先在低倍镜下寻找木质部,然后在两侧去观察筛管的纵切面形态。此时可见构成筛管的许多细胞其两端稍微肿胀,由这些细胞壁所形成的筛板,在纵切上呈现不同的形态,如切面恰与筛板垂直,则为间断小块,断处为筛孔。当切面不垂直于筛板时,则形状与上不同。而伴胞在此时是狭长的细胞,两端尖削,常与组成筛管的细胞长度相若。

观察筛管纵切面时应注意,由于切片制作过程中,材料经多种药剂染料等处理,而使得筛管中的原生质收缩而呈索状,离开细胞侧壁一定距离,生活状态时原生质是紧贴着壁的。

（六）分泌结构

1. 丁香罗勒幼茎的外分泌结构——腺毛

取丁香罗勒幼茎制成徒手临时装片（或观察永久制片），置于显微镜下观察，可见其表皮上除了有一般的长且尖的表皮毛外，还可见到由 1～4 个分泌细胞组成的圆形头部和一个非腺质细胞组成的柄状的毛状体，这种毛状体即腺毛（图 1-4-12）。

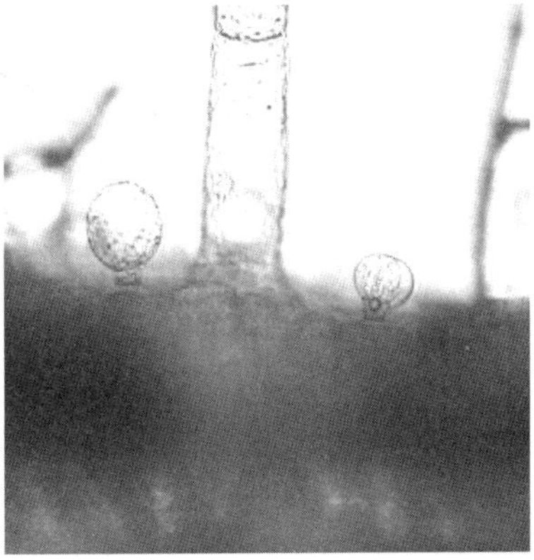

图 1-4-12　丁香罗勒幼茎横切示腺毛

2. 柑橘叶片的内分泌结构——分泌囊

取柑橘叶片，制作横切面的徒手切片或观察永久制片，在叶肉组织中可见一些透亮的区域或孔洞，这些囊状的间隙就是分泌囊，贮积有分泌物质。

3. 马尾松茎的内分泌结构——树脂道

取马尾松茎横切面永久制片，置于显微镜下观察，可见在表皮以内的皮层细胞中或木质部中，有很多呈圆形的腔室，它是由一些分泌细胞所围成的管道（横切面），这就是树脂道，有时还可以见到所分泌的树脂（图 1-4-13）。

4. 橡胶树皮 3 个不同切面中乳汁管的分布及结构

橡胶树的乳汁管在韧皮部的黄皮部分分布最多，它是产生胶乳和贮藏胶乳的管道，由许多乳汁管细胞连接而成的，连接处的细胞壁溶化贯通，成为巨大管道系统，我们从橡胶树皮的不同切面来认识乳汁管的形态。

（1）橡胶树皮横切面乳汁管形态　取橡胶树皮横切面永久制片在低倍镜下由外至内观察。最外方为木栓层，但很多地方由于制片关系已经破裂或脱落了。在树皮的外方有许多成群分布的石细胞及其他韧皮部组织，此处没有或只有零星分布的乳汁管。在树皮内方可见被染成黄褐色的并排成同心圆圈的乳汁管列。在靠近形成层处，有 1～2 列染色很浅的乳汁管列，这部分是由形成层向外分裂所产生的幼嫩组织,乳汁管尚未分化成熟。在整个切面上还可见许多径向排列的细胞,这是起横向运输作用的射线(图 1-4-14)。

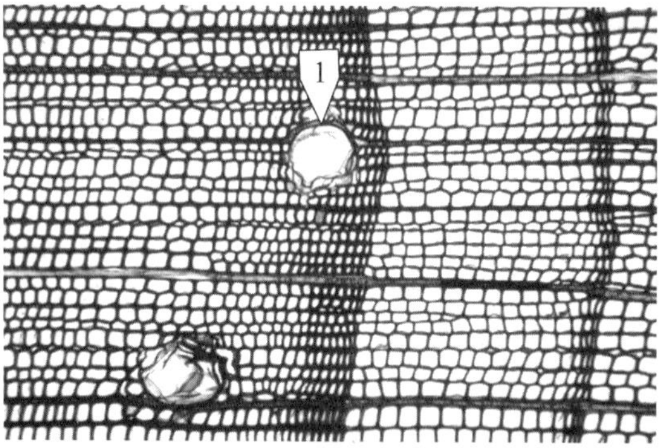

图 1-4-13　马尾松茎横切面

1. 树脂道

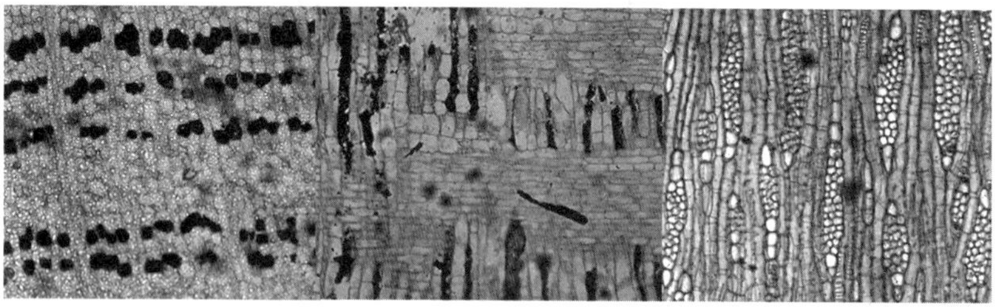

A　　　　B　　　　C

图 1-4-14　橡胶树皮中的乳汁管

A. 橡胶树皮横切示同心圆排列的乳汁管　B. 橡胶树皮纵切示平行排列的乳汁管

C. 橡胶树皮切向切示网状排列的乳汁管

(2)橡胶树皮切向纵切面乳汁管形态　在切向切面上,每列乳汁管交织成网状,乳汁管之间互相连通。

(3)橡胶树皮径向纵切面乳汁管形态　在径向纵切面上,每列乳汁管之间彼此很少连通,可明显地数出其列数。

四、重点与难点

重点:各种组织的形态结构与功能。

难点:徒手切片技术。

五、课堂作业

1. 绘番薯叶下表片一部分细胞，并注明表皮细胞、保卫细胞和副卫细胞。
2. 绘短叶黍叶下表皮细胞，并注明表皮细胞、保卫细胞和副卫细胞。
3. 绘番薯叶柄的厚角组织细胞数个。
4. 绘橡胶树皮中石细胞一个，并注明细胞壁、细胞腔、纹孔道及轮纹。
5. 绘所见的各类型导管各一小段。
6. 绘南瓜茎中的筛管与伴胞，注明各部分名称。
7. 绘橡胶韧皮部中3个不同切面的乳汁管分布简图。

六、思考与讨论

1. 构成气孔器的保卫细胞的形态结构，对气孔的开闭有何作用？
2. 试比较导管和筛管的形态、结构与功能。
3. 通过植物的组织实验，如何理解形态结构和功能的统一性？
4. 导管是细胞还是组织？
5. 表皮细胞为适应保护功能在结构上有什么特化？
6. 就薄壁组织、厚角组织和厚壁组织而言，哪一种组织在细胞形态、结构和生理功能上具有更大的可塑性？为什么？

实验五　根的形态与结构

一、实验目的与要求

1. 能够表述根尖外形及根毛特点。
2. 准确描述根尖各部分结构及其功能，明确相邻各部分之间的联系。
3. 掌握双子叶植物根的初生结构和次生结构及单子叶植物根结构的特点。
4. 了解番薯三生结构的形成特点。
5. 了解侧根发生的部位与形成规律。

二、实验用品与材料

1. 实验用品

药品：番红溶液、间苯三酚溶液、盐酸等。

用具：普通光学显微镜、体视显微镜、放大镜、吸水纸、刀片和纱布等。

2. 实验材料

新鲜材料：事先培养好的蚕豆（绿豆等）和水稻（玉米等）的幼苗。

永久制片：洋葱根尖纵切永久制片、橡胶树幼根横切永久制片、蚕豆幼根横切永久制片、橡胶树次生根横切永久制片、棉花次生根横切永久制片、玉米根横切永久制片、鸢尾根横切永久制片、番薯块根横切永久制片、蚕豆根横切永久制片等。

三、实验内容及方法步骤

（一）根尖的形态结构

根尖是指从根的前端到根毛的部分（包括根毛部分）的区段，对某些没有根毛的植物来说是指根的前端到后面组织刚分化成熟部分的区段。

从水稻或蚕豆等幼苗的根上取下根尖（约 1.5 mm 长），用手持放大镜或体视显微镜直接进行观察，注意外观颜色的变化。然后取洋葱根尖纵切永久制片在显微镜下观察，其后再观察示范镜。可将所观察的根尖分为下列几个区域（图 1-5-1）：

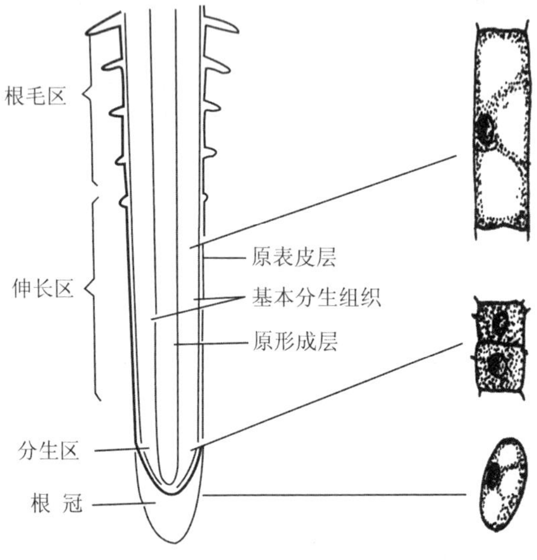

图 1-5-1　根尖分区

（引自汪矛，2003）

1. 根冠

位于根尖的最前端，形似帽状的透明部分。由许多排列疏松的细胞组成，其外围可见一些散离的细胞。

2. 分生区(生长锥)

大部分被根冠所包围,长约 2 mm。是根内产生新细胞、促进根尖生长的主要部位,也称生长点,为顶端分生组织。外观淡黄色或淡灰色而不透明,细胞排列整齐、紧密,细胞质浓,细胞核大,细胞壁薄。置显微镜下观察,常可见处于有丝分裂相的细胞。

3. 伸长区

位于分生区到成熟区之间,长 2～5 mm,外观透明。细胞开始纵向伸长,并出现明显的液泡。由于伸长区细胞同时迅速伸长,致使根尖向土层深处生长。

4. 成熟区(根毛区)

位于伸长区后,外表密被根毛因此该区又称根毛区,此区细胞分裂停止,组织分化成熟。注意观察根毛的起源及结构特点。

(二)双子叶植物根的初生结构

根的初生结构就是成熟区的结构,由初生分生组织分化而来(取橡胶树或蚕豆幼根横切永久制片,若无成品制片时,可用徒手切片法自制切片观察)。在新鲜蚕豆或绿豆等根尖的根毛区作横切,将切片放在盛水的培养皿中。选取最薄的 1～2 片放在载玻片上,各加一滴番红溶液染色,盖好盖玻片,用显微镜自外而内观察其构造特征,先在低倍镜下区分表皮、皮层和维管柱三大部分。结合实验观察填写图 1-5-2 中横线所指部位的名称,注意各部分所占的比例,然后转换高倍镜由外至内仔细地观察各部分的结构。

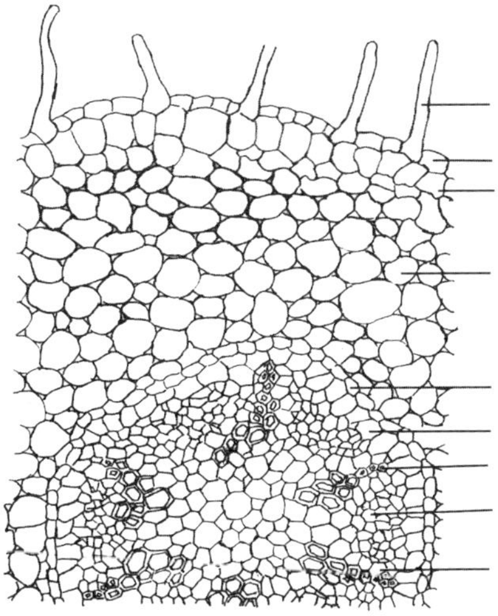

图 1-5-2　橡胶树侧根横切面的一部分,示初生结构

(引自汪矛,2003)

1. 表皮和根毛

表皮为根的最外一层，细胞近方形，排列紧密，外壁无角质层。部分表皮细胞的外壁还向外突出形成管状的根毛，以扩大根的吸收面积。对幼根来说，表皮的吸收作用显然比保护作用更重要，所以根表皮是一种薄壁的吸收组织。

2. 皮层

位于表皮与维管柱之间，占幼根横切面的大部分，可分为下列3部分：

(1)外皮层　皮层最外的一层细胞，细胞排列紧密，无胞间隙，这层细胞栓质化后可起暂时保护作用。

(2)皮层薄壁组织(中皮层)　在皮层中占有最大的比例，由多层体积较大的薄壁细胞组成。细胞排列疏松，具有明显的胞间隙。

(3)内皮层　皮层最内的一层排列紧密的细胞。在细胞横向壁和径向壁上形成木化和栓化增厚的带状结构，即为凯氏带，但由于取的是横切面制片观察，因而在显微镜下只观察到径向壁上的点(凯氏带或凯氏点常被番红溶液染成红色，但在切片中常因染色效果不佳而无法看到)(图1-5-3)。

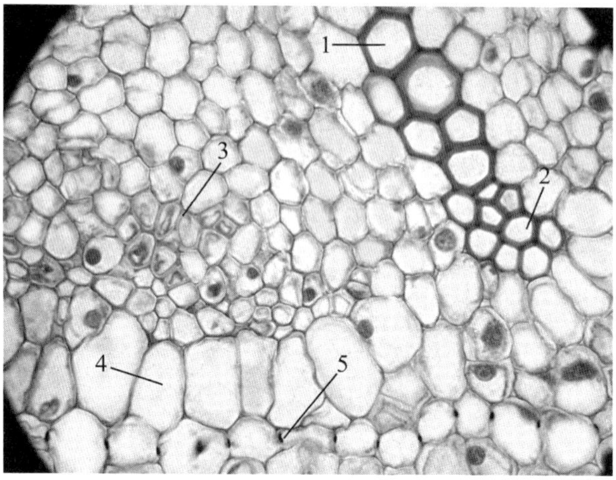

图1-5-3　蚕豆幼根初生结构

1. 后生木质部　2. 原生木质部　3. 初生韧皮部
4. 维管柱鞘　5. 内皮层(具凯氏点)

3. 维管柱

在内皮层以内的中轴部分，在初生根中只占很小的部分，由外至内可分为下列几部分(图1-5-3)：

(1)维管柱鞘　位于维管柱的最外层，通常由1～2层排列整齐而紧密的薄壁细胞组成，其细胞具有潜在的分裂能力，侧根、维管形成层的一部分和第一次木栓形成层等均发生于维管柱鞘。

(2)初生木质部　位于根的中央，横切面上呈辐射状(常被番红染色成红色)，主要由导管和管胞组成。观察可见有若干束辐射状结构(初生木质部束)，其中有较大腔的圆或近圆结构为导管横切面。注意导管口径横切面大小变化，找出原生木质部和后生木质部的位置，指出初生木质部的发育方式。

(3)初生韧皮部　初生韧皮部分布于初生木质部两个辐射角之间，与初生木质部相间排列，主要由筛管和伴胞组成。在横切面上，筛管比初生韧皮部中其他细胞大，呈多边形，有时可见筛板，而伴胞较筛管小得多，一般是 1 至几个在筛管的旁边，呈三角形或方形。

(4)薄壁组织区　薄壁细胞分布于初生木质部与初生韧皮部之间。少数双子叶植物中央由于后生木质部没有继续向中心分化，而形成薄壁细胞组成的髓。

双子叶草本植物根的结构只有初生结构或除初生结构外只有少量次生结构，与双子叶木本植物的结构相似。少数草本植物根中，内皮层细胞常在原有凯氏带的基础上再行增厚，这种增厚发生在横壁、径向壁和内切向壁，而外切向壁是薄的。少数种的内皮层的细胞壁六面均增厚，仅在正对着原生木质部的内皮层细胞仍保持薄壁状态，这种薄壁细胞成为通道细胞。

(三)单子叶植物根的结构

单子叶植物根一般只有初生结构，从外向内也可分为表皮、皮层和维管柱 3 部分。但与双子叶植物根的初生结构有所不同，请注意观察比较。

1. 玉米根的结构

取玉米根横切永久制片进行观察。

(1)表皮　是根的最外一层细胞，当根毛枯死后，表皮细胞往往解体而脱落。

(2)皮层　也分为外、中、内皮层 3 部分。外皮层为靠近表皮的 1～2 层细胞，细胞小且排列紧密。在较老的根中，根毛枯萎后，外皮层细胞往往壁栓化转变成厚壁细胞(常被番红溶液染成红色)，起暂时保护作用。内皮层是皮层内靠近维管柱鞘的一层细胞，其中也有凯氏带。在较老的根中，除正对着原生木质部的细胞为薄壁细胞外，其他的内皮层细胞都进行了除外切向壁外的全面加厚，在横切面上呈马蹄形。

(3)维管柱　维管柱鞘是靠近内皮层的一层细胞，在较老的根中细胞壁木质化增厚。初生木质部束为 6 个以上(单子叶植物一般为多原型)。韧皮部细胞不太明显，须转换高倍镜仔细观察。维管柱的中央部分为薄壁细胞构成的髓部，这是单子叶植物根的典型特征之一。

2. 鸢尾根的结构

观察鸢尾根的结构(图 1-5-4),注意与玉米根的结构进行比较。

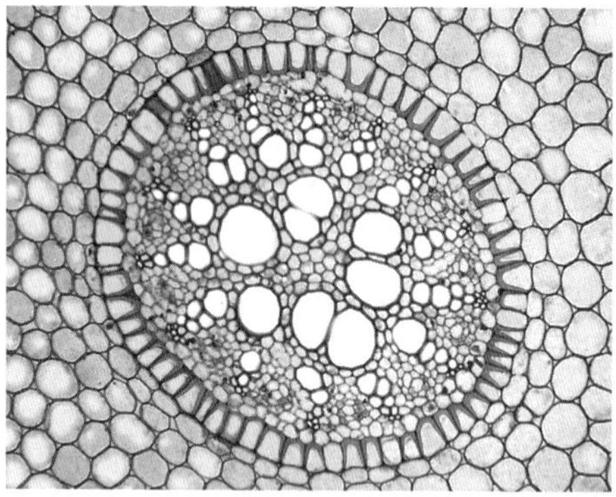

图 1-5-4 鸢尾根横切面结构的一部分

取鸢尾根横切永久制片,置低倍镜下观察,由外至内区分出表皮、皮层、维管柱 3 大部分,然后转高倍镜详细观察各部分结构特点。

(1)表皮 为根的最外方,有时可见根毛或其残余,因切片取材位置而异,如在根毛区以上稍老部位的切片,其表皮脱落而不见根毛,或因切片的原因,根毛未能保留下来。

(2)皮层

①外皮层 紧连表皮以内,常为 1～3 层多边形较小的细胞,注意观察排列紧密还是疏松。在较老的根中,其细胞壁常常木化或栓化而增厚。

②皮层薄壁组织 外皮层以内的薄壁细胞。细胞在横切面上近于圆形,排列疏松,有许多胞间隙。细胞内常含有许多淀粉粒。

③内皮层 是皮层最内的一层细胞,它环绕在维管柱外方,紧密地排成明显的一环。注意:大多数内皮层细胞已分化形成了次生增厚的细胞壁,如理论课所述,其余的壁高度增厚,在横切面上呈马蹄形增厚。有少数仍保持薄壁的内皮层细胞,其位置正对着维管束的原生木质部“射角”处的导管,这些细胞为通道细胞。

(3)维管柱

①维管柱鞘 紧接内皮层的内部,是一层排列紧密、细胞较为扁平的、较小的、活的薄壁细胞。

②初生木质部 分成 14 个放射状的束,与初生韧皮部相间排列,其细胞壁均木化加厚而无胞间隙。注意各个初生木质部的导管,在外方的口径较小,是原生木质部,先成熟;在内方的口径较大,是后生木质部,后成熟。因此,其木质部的成熟

方式为外始式。

③初生韧皮部 仅由薄壁的筛管和伴胞组成。分成与初生木质部束数相同的若干束，两者相间排列。其成熟方式与木质部相同，也为外始式。请注意：在双子叶植物幼根中，在初生木质部与初生韧皮部之间，还有几层薄壁细胞。

④髓部 在维管柱的中央，是一群细胞壁增厚的细胞。

观察中须注意各部分的位置、细胞层数、细胞排列方式及其形态结构特点。

（四）双子叶植物根的次生结构

大多数双子叶植物有次生结构。次生结构是在初生结构基础上产生的。在观察植物次生结构时，仍然可见全部或部分的初生结构。

取橡胶树或棉花根次生结构横切永久制片，结合观察填写图 1-5-5 中横线所指的部位名称，由外至内进行观察。区分出周皮、次生维管柱和中央的初生木质部几部分后，置高倍镜下观察各部分的细胞结构。

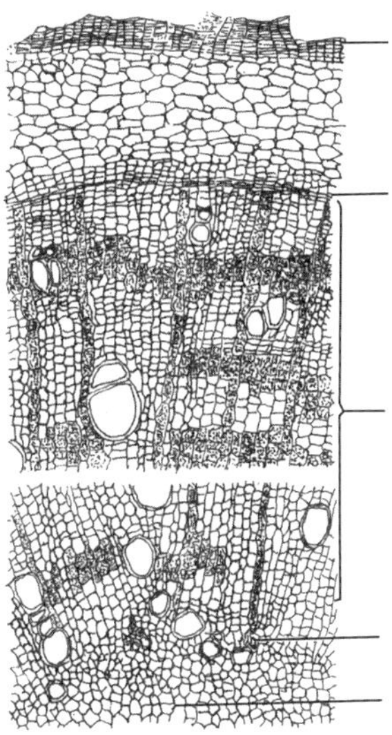

图 1-5-5 橡胶根横切面，示次生结构

1. 周皮

在根的外部，细胞呈径向整齐排列。由外至内可分为木栓层、木栓形成层和栓内层。

（1）木栓层 是由几层或多层木栓细胞组成，成熟的木栓细胞为死细胞，往往用番红溶液染成红褐色。

（2）木栓形成层 一般只有一层细胞，被固绿染成蓝色的扁方形的薄壁细胞。可以进行切向分裂，向外产生木栓层，向内产生栓内层，为侧生分生组织。

（3）栓内层 位于木栓形成层内侧，为含有叶绿体的薄壁细胞，1 至几层细胞，与皮层的薄壁细胞不易区别。

2. 次生维管柱

由外至内分为次生韧皮部、维管形成层、次生木质部。

（1）次生韧皮部 周皮内方至形成层外方呈环状排列的部分，通常被固绿染成蓝绿色。次生韧皮部中可见单列或双列细胞组成的射状结构式韧皮射线。在韧皮射线之间为筛管、伴胞和其他薄壁细胞，其中杂有少量略呈红色的韧皮纤维。

(2)维管形成层　位于次生韧皮部以内次生木质部以外。通常只有一层细胞，呈扁长方形，被染成浅绿色。

(3)次生木质部　在横切面上占主要部分的是次生木质部，其中的导管和纤维的壁通常被番红溶液染成红色。导管较大，直径大小相若。木纤维长棱形，壁厚，在横切面上口径较小。次生木质部中单列或双列的薄壁细胞径向排列的线(片)状结构为木射线，每个射线与相应的韧皮射线是相连接的，合称维管射线。

3. 初生韧皮部

原来是靠在次生韧皮部的外部，在较老的根中其细胞已被挤破而观察不到。

4. 初生木质部和髓(部)

仍在原来的根的中央部位。初生木质部仍呈星芒状，这是区分根的次生结构与茎的次生结构的主要标志之一。

(五)番薯块根的三生结构

取番薯块根横切永久制片，置低倍镜下由外至内依次寻找周皮、皮层和维管柱，然后在维管柱的次生木质部中找到"蜘蛛网"状的结构即为三生结构，此时，转换高倍镜，详细观察其结构情况(图 1-5-6)。

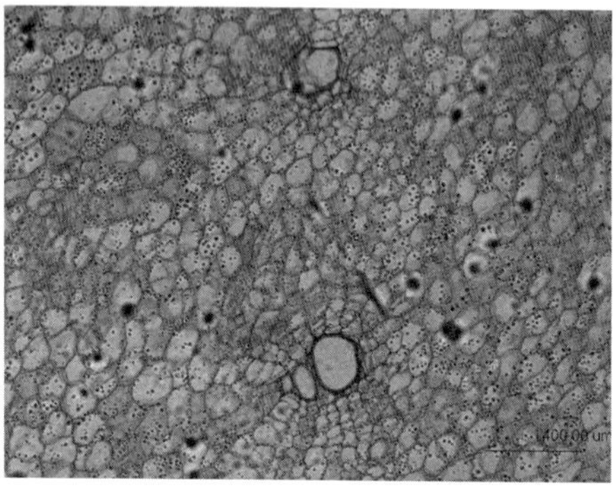

图 1-5-6　番薯块根三生结构

在次生木质部中，重要成分是富含淀粉粒的薄壁细胞，其中零散分布少量的导管。在一些导管周围的薄壁细胞或一些距离导管较远的薄壁细胞的周围，可见许多扁平的细胞，以导管或薄壁细胞为中心，做放射状排列成同心圆圈或排成半月形，状若蜘蛛网，这便是副形成层(额外形成层)及其产生的三生结构。由于大量的三生结构的产生，而使番薯块根迅速增粗膨大(有三生结构的植物不多)。

(六)侧根的发生

取蚕豆根横切永久制片置显微镜下观察,可见在维管柱鞘对应于初生木质部部位的细胞向外产生了进入皮层的突起结构,即为侧根。由于侧根起源于根的内部,然后穿过母根的皮层伸出表皮,因而其发生属于内起源。侧根与主根一样有各种组织的分化,该制片呈现的主根为横切面,而侧根为纵切面(图 1-5-7,示侧根的发生)。观察时注意侧根与主根内部是如何连接的。

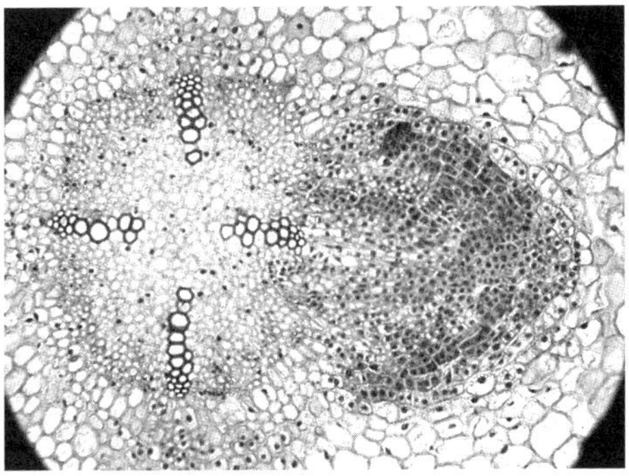

图 1-5-7 蚕豆初生根横切面结构,示侧根发生

四、重点与难点

重点:双子叶植物根的初生结构、次生结构和单子叶植物(禾本科植物)根的结构。

难点:单子叶植物与双子叶植物根结构的区别。

五、课堂作业

1. 绘出橡胶树幼根横切面结构简图,并注明各部分名称。
2. 绘出橡胶树或棉花老根(包括初生结构和次生结构)横切面 1/4 轮廓图,并注明各部分名称。
3. 绘出玉米根横切面 1/4 轮廓图,并注明各部分名称。

六、思考与讨论

1. 根尖分区及其组织细胞特点、根尖形态结构特点与其生物学功能有何关系?
2. 根毛是如何发生的?
3. 橡胶树幼根与玉米根结构有何不同?
4. 凯氏带在植物根中起什么作用?

5. 简述你所观察到的双子叶及单子叶植物根的结构特征。

6. 侧根是如何发生的？侧根与根毛有何区别？表皮毛与根毛有何不同？

实验六　茎的形态与结构

一、实验目的与要求

1. 观察茎的外部形态，识别芽的结构和类型，掌握茎尖的结构。

2. 掌握双子叶植物茎的初生构造和单子叶植物茎的构造特点。

3. 掌握双子植物茎的次生构造特点。

4. 了解裸子植物茎的次生构造特点。

5. 识别木材三切面。

二、实验用品与材料

1. 实验用品

用具：显微镜。

2. 实验材料

新鲜材料：杨树或胡桃枝条、苹果或梨树枝条。

永久制片：丁香芽纵切永久制片、向日葵幼茎横切永久制片、玉米茎横切永久制片、小麦(水稻)茎横切永久制片、三年生椴树茎横切永久制片、松树茎木材三切面永久制片。

植物标本：一段松树茎三切面标本。

三、实验内容及方法步骤

(一)茎外部形态的观察

取几年生的杨树或胡桃枝条，观察节与节间、叶痕与束痕、顶芽、腋芽、休眠芽、芽鳞痕、皮孔(图 1-6-1)，并确定茎的年龄。

取苹果或梨的枝条，辨认长枝与短枝(果枝)(图 1-6-2)。

(二)茎尖结构的观察

取丁香芽纵切永久制片，置低倍镜下先找出生长锥，然后从茎尖的一侧向轴心仔细观察茎尖解剖结构(图 1-6-3)。

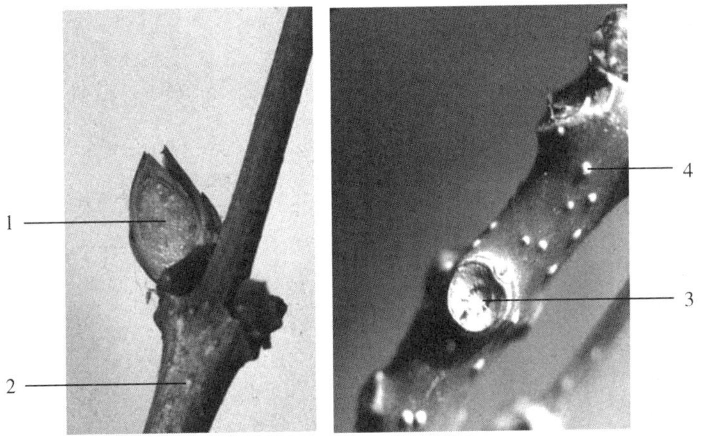

图 1-6-1 杨树枝条,示茎的外部形态

1. 侧芽 2、4. 皮孔 3. 叶痕

图 1-6-2 梨枝条

A. 长枝 B. 短枝

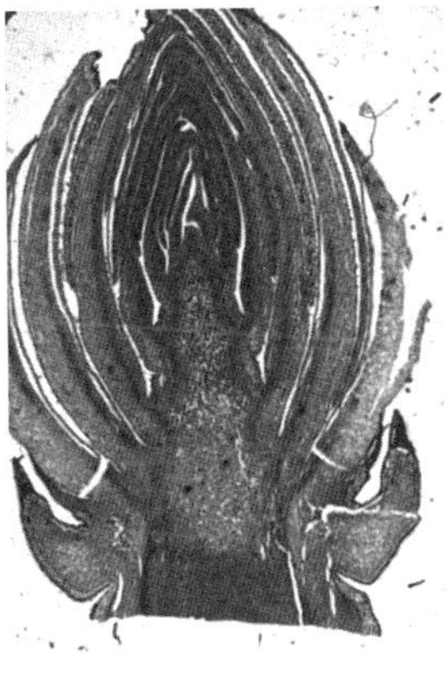

图 1-6-3 丁香茎尖结构

1. 原表皮

最外面的一层较小的细胞,排列整齐,以后形成茎的表皮。

2. 基本分生组织

位于原表皮之内,细胞较大,排列不够规则,以后发展为皮层和髓。

3. 原形成层

在基本分生组织之中,有沿纵向排列的两束细胞,其细胞的原生质较浓,染色较深，即为原形成层，以后发展为茎的维管束。

（三）双子叶植物茎初生结构的观察

取向日葵（或大丽菊）幼茎的横切永久制片，置显微镜下自外向内依次观察各部分结构（图 1-6-4）。

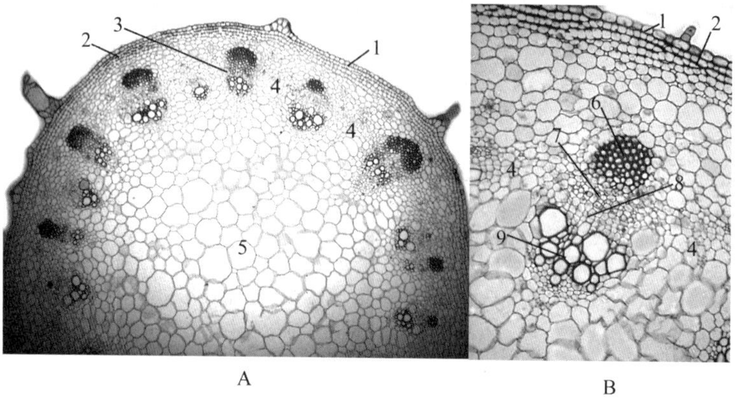

图 1-6-4 向日葵幼茎横切面，示双子叶茎的初生结构及维管束

A. 低倍镜（4×） B. 低倍镜（10×）

1. 表皮 2. 厚角组织 3. 维管束 4. 髓射线 5. 髓

6. 韧皮纤维 7. 初生韧皮部 8. 束中形成层 9. 初生木质部

1. 表皮

表皮细胞是从原表皮的细胞分裂、分化发育而来。表皮细胞较小，只有一层，排列紧密，细胞外壁可见有角质化的角质层。有的表皮细胞转化成表皮毛，有单细胞的或多细胞的。

2. 皮层

位于表皮之内，维管束之外部分，紧接表皮的几层比较小的细胞，为厚角组织。厚角细胞的内侧是数层薄壁细胞，细胞之间有明显的细胞间隙，在薄壁细胞层中还可以观察到由分泌细胞所围成的分泌道的横切面。

3. 维管柱

皮层以内的部分为维管柱，在低倍镜下观察时，茎的维管柱明显分为维管束、髓、髓射线 3 部分。

（1）维管束 多呈束状，在横切面上许多染色较深的维管束排列成一环。转换高倍镜，观察一个维管束，可见韧皮部和木质部呈相对排列，维管束外方是初生韧皮部。包括筛管、伴胞和薄壁细胞，在韧皮部最外面有一束染成红色的韧皮纤维。

紧接韧皮部的是束中形成层，它位于初生韧皮部和初生木质部之间，是原形成层分化初生维管束后留下的潜在分生组织，由一层分生组织细胞经分裂演化成数层，在横切面上观察细胞呈扁平状、壁薄。维管束内方，形成层之内是初生木质部，包括原生木质部和后生木质部，其导管分化方向是内始式。初生韧皮部包括原生韧皮部和后生韧皮部，其为外始式，维管束最外方是原生韧皮纤维。在韧皮纤维之内方是筛管、伴胞和韧皮薄壁细胞。

(2)髓射线　存在于两个维管束之间的薄壁细胞，它连接皮层和茎中央的髓。

(3)髓　位于茎的中央部分，由薄壁细胞组成，排列疏松。

(四)单子叶植物茎初生结构的观察

取玉米茎横切永久制片，置显微镜下自外向内依次观察各部分结构(图 1-6-5)。

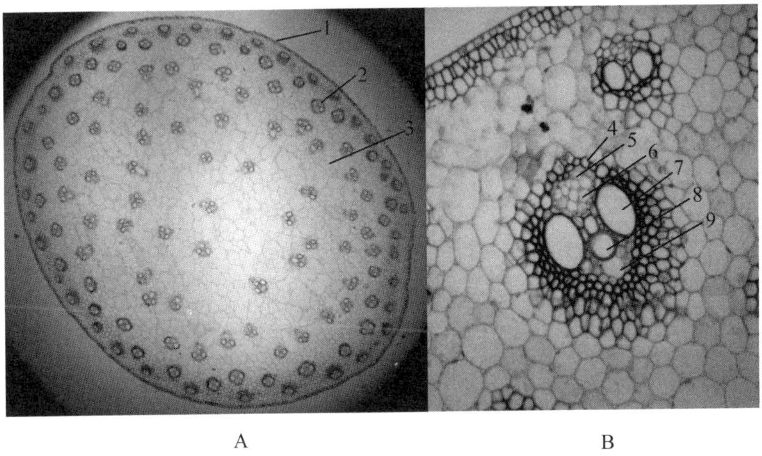

图 1-6-5　玉米茎横切面，示单子叶植物实心茎的结构及维管束

A. 低倍镜(4×)　B. 低倍镜(10×)

1. 表皮　2. 维管束　3. 基本组织　4. 维管束鞘　5. 原生韧皮部　6. 后生韧皮部　7. 后生木质部　8. 原生木质部　9. 气腔

1. 表皮

在茎的最外一层为表皮。横切面为扁方形，排列整齐，外壁增厚，有的细胞较小，壁上有发亮的硅质加厚。

2. 基本组织

在成熟的茎中，靠近表皮处，有 1～3 层细胞排列紧密，形状较小，是厚壁细胞组成的外皮层，内部为薄壁的基本组织细胞，细胞较大，排列疏松，并有细胞间隙。越靠茎的中央，细胞直径越大。

3. 维管束

(1)实心茎的维管束　在基本组织中,有许多散生的维管束。维管束在茎的边缘分布多,每个维管束较小,在茎的中央部分分布少,但每个维管束较大。因此,在玉米茎中没有皮层、维管柱及髓之间的明显界限。

(2)空心茎的维管束　取小麦(水稻)茎横切永久制片,置显微镜下观察维管束的分布与结构(图 1-6-6、图 1-6-7)。维管束大体分内、外两轮。外轮维管束较小,大多埋藏于机械组织中;内轮维管束较大,被基本组织包围。

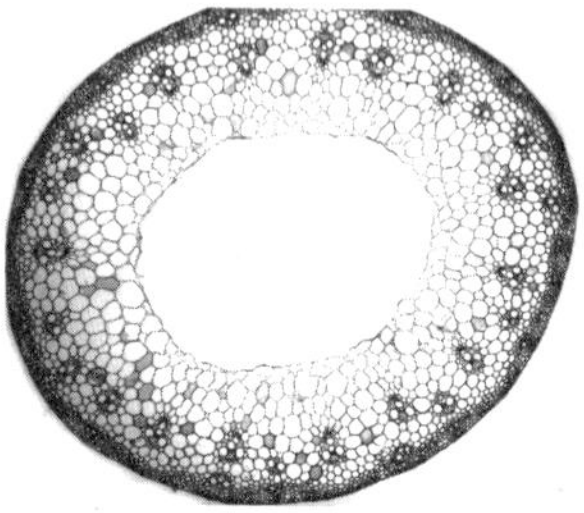

图 1-6-6　小麦茎横切面,示单子叶植物空心茎的结构

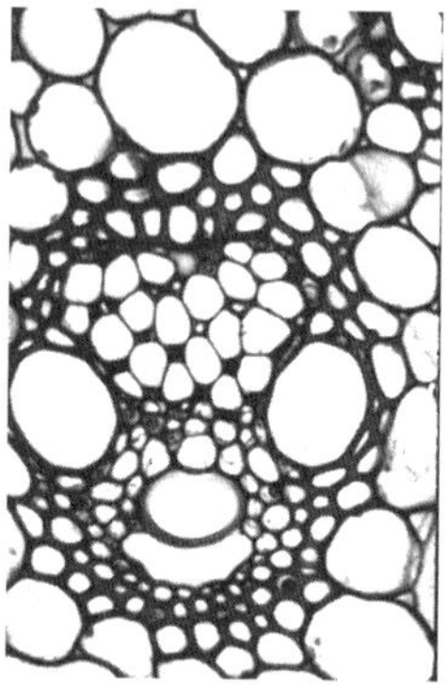

图 1-6-7　小麦茎中的维管束

单子叶植物茎的维管束均由维管束鞘、初生木质部和初生韧皮部 3 部分组成。外围被一圈厚壁组织(纤维)构成的鞘包裹着,里面只有初生木质部和初生韧皮部两部分,其间没有形成层。初生木质部通常含有 3～4 个显著的导管,它们在横切面上排列成“V”形。“V”形下半部是原生木质部,含有 1～2 个较小的导管和少量的薄壁细胞,小导管内侧有一大空腔(气腔),是由于一部分最早形成的原生木质部被破坏而形成的。一般这个空腔沿着维管束伸展,形成茎内的气道。“V”形的上半部是后生木质部,含有 2 个大的孔纹导管,二者之间分布一些管胞。

初生木质部的外方是初生韧皮部,其中原生韧皮部位于初生韧皮部的外侧,但已被挤压破坏,有时还可看到一些残留遗迹。后生韧皮部是初生韧皮部的有效部分,只含有筛管和伴胞两种成分,通常没有韧皮薄壁细胞和其他成分。

(五)双子叶植物茎次生结构的观察

取三年生椴树(或杨树)茎横切永久制片,置显微镜下,从外向内,观察其次生结构(图 1-6-8)。

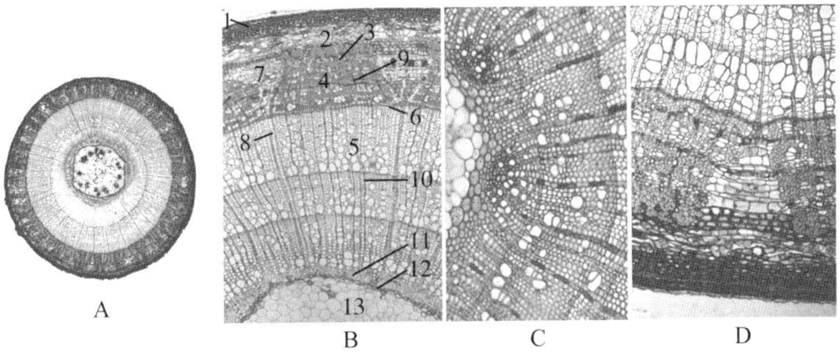

图 1-6-8　椴树茎横切面，示双子叶茎的次生结构

A. 横切面全图　B. 横切面示周皮至髓部分

C. 横切面中心部分示髓、初生木质部早年的年轮　D. 次生韧皮部及宽的韧皮射线

1. 周皮　2. 皮层　3. 初生韧皮部　4. 次生韧皮部　5. 次生木质部　6. 维管形成层　7. 宽的韧皮射线　8. 宽的木射线　9. 窄的韧皮射线　10. 窄的木射线　11. 初生木质部　12. 环髓带　13. 髓

1. 表皮

在茎的最外面，有一层排列紧密的表皮细胞组成。但三年生的枝条上，表皮已不完整，大多脱落。注意有无皮孔分布。

2. 周皮

表皮以内的数层扁平细胞，观察时注意区别木栓层、木栓形成层和栓内层。

(1)木栓层　位于周皮最外层，紧接表皮沿径向排列数层整齐的扁平细胞，壁厚，栓质化，是无原生质体的死细胞。

(2)木栓形成层　位于木栓层内方，只有一层细胞，在横切面上细胞呈扁平状，壁薄，质浓，有时可观察到细胞核。

(3)栓内层　位于木栓形成层内方，有 1～2 层薄壁的活细胞，常与外面的木栓细胞排列成同一整齐的径向行列，区别于皮层薄壁细胞。

3. 皮层

位于周皮之内，维管柱之外，由数层薄壁细胞组成，在切片中可观察到有些细胞内含有晶簇。

4. 韧皮部

位于形成层之外，细胞排列呈梯形，其底边靠近维管形成层。在韧皮部中有成束被染成红色的韧皮纤维，其他被染成绿色的部分为筛管、伴胞和韧皮薄壁细胞。

与韧皮部相间排列着一些薄壁细胞，为髓射线，这些髓射线细胞越近外部越多越大，呈倒梯形，其底边靠近皮层。

5. 维管形成层

位于韧皮部内侧，由1～2层排列整齐的扁平细胞所组成，呈环状，被染成浅绿色。

6. 木质部

维管形成层以内染成红色的部分，即为木质部，在横切面上所占面积为最大，在低倍镜下可清楚地区分为3个同心圆环，即3个年轮。观察时注意从细胞特点上区别早材和晚材。

7. 髓

位于茎的中心，由薄壁细胞组成。髓部与木质部相接处，有一些染色较深的小型细胞，排列紧密呈带状，为环髓带。

8. 射线

由维管形成层射线原始细胞形成的薄壁细胞呈辐射状排列，即为维管射线。处于木质部的称为木射线，处于韧皮部的称为韧皮射线。维管射线有宽窄之分。

本实验可取三年生杨树枝条，作徒手横切，用中性红（或间苯三酚）染色，制成临时装片，置显微镜下观察杨树茎的次生结构。

（六）裸子植物茎次生结构的观察

1. 观察松（或桧）的木材特征

取一段直径8～12 cm的松（或桧）茎三切面标本，首先识别3个切面，然后分别观察：

（1）横切面　观察树皮的颜色和厚度。识别木材的年轮和年轮线、射线、边材和心材。

（2）径向切面　识别年轮线和射线。

（3）切向切面　与横切面、径向切面分别作一比较，说明切向切面上年轮线和射线的形态上所表现的特征。

2. 观察松树木材的基本结构

取松树木材三切面的永久制片，置显微镜下观察（图1-6-9）。

（1）横切面　可见到管胞，呈四边形或六边形，具明显的细胞腔和木质化的断面；木射线呈辐射状条形，是射线纵切面，显示了它的长度和宽度。还可观察到明显的年轮界限和分散在木质部中的树脂道及其周围分泌细胞。

（2）切向切面　所见的管胞，呈棱形，纵向排列，所见的射线是它的横切面轮廓，呈纺锤状，显示了射线的高度、宽度、列数和两端细胞的形状。

（3）径向切面　可见管胞呈长形，两端钝圆，纵向排列，其径向壁上有成行排列

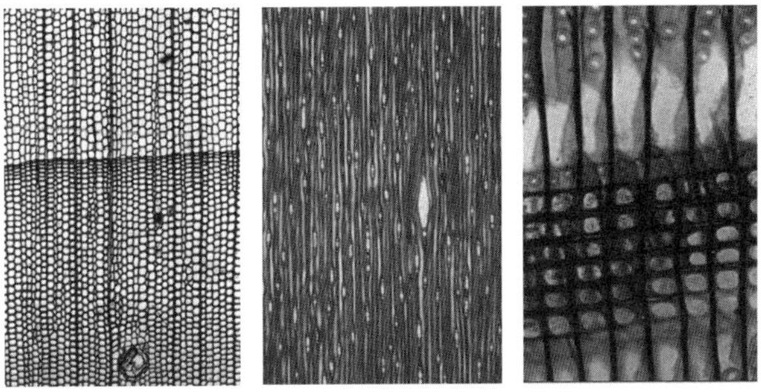

图 1-6-9　松茎三切面

A. 横向切面　B. 切向切面　C. 径向切面

的呈两个同心圆状的具缘纹孔，外圈是纹孔腔的边缘，内圈是纹孔口，射线细胞横向穿过管胞与纵轴垂直细胞呈长方形，排成多列，像一段砖墙，显示了射线的长度和高度。

四、重点与难点

重点：双子叶植物茎的初生结构、次生结构及区别；单子叶植物茎的初生结构。

难点：茎的维管形成层的活动及产生的结果。

五、课堂作业

1. 绘向日葵(马兜铃)茎的横切面简图，并注明各部分结构的名称。
2. 绘玉米茎简图和一个维管束的详图，并注明各部分结构的名称。
3. 绘椴树茎(三年生)横切面的部分详图，并注明各部分结构的名称。

六、思考与讨论

1. 向日葵幼茎表皮上有无气孔分布？
2. 玉米茎维管束中的气腔是怎样形成的？
3. 在双子叶植物根中，有无见到髓及髓射线，维管射线和髓射线有什么区别？
4. 注意从细胞形态结构特点看茎木质部由内向外演化的过程，与根的演化有何不同？
5. 茎的木栓形成层和根的木栓形成层在来源上有何不同？

6. 说明茎内形成层的形成、构造、活动和由它产生的组织。

7. 怎样在显微镜下区别木材的 3 种切面?

8. 叶原基、幼叶和腋芽原基,它们的细胞有何特点?各属于何种组织?

实验七　叶的形态与结构

一、实验目的与要求

1. 观察叶的组成与外部形态特征。
2. 掌握双子叶植物叶的结构。
3. 掌握单子叶植物叶和裸子植物叶的结构特点。
4. 掌握旱生植物叶和水生植物叶的结构特点。

二、实验用品与材料

1. 实验用品

用具:显微镜。

2. 实验材料

新鲜材料:不同形态叶的植物标本。

永久制片:蚕豆或女贞叶的横切永久制片、玉米叶横切永久制片、水稻或小麦叶的横切永久制片、松针叶横切永久制片、夹竹桃叶横切永久制片、眼子菜叶横切永久制片。

三、实验内容及方法步骤

(一)叶形态的观察

根据各地具体条件在实验前采集 10 种左右典型不同形态叶的植物标本,观察它们的特征。

(二)双子叶植物叶的解剖结构观察

取蚕豆或女贞叶片横切永久制片,置显微镜下观察(图 1-7-1)。

(1)表皮　在蚕豆叶片横切面上,上下各有一层长方形细胞排列整齐而紧密,即为表皮。表皮细胞的外壁加厚,覆盖有角质层。表皮细胞之间可以看到一双染色较深的小细胞,即为保卫细胞。一对保卫细胞和它们之间的细胞间隙称为气孔器。在气孔器下方,可见有较大的细胞间隙,称为孔下室。

(2)叶肉　上下表皮之间的绿色部分为叶肉。叶肉明显地分化为栅栏组织和

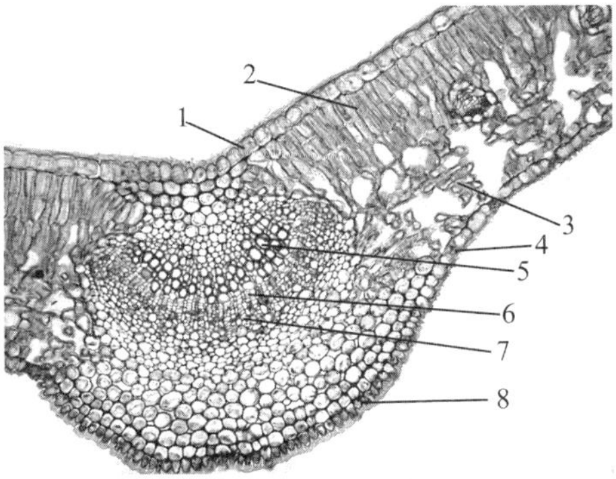

图 1-7-1 女贞叶横切面,示双子叶植物叶结构

1. 上表皮 2. 栅栏组织 3. 海绵组织 4. 气孔 5. 木质部
6. 维管形成层 7. 韧皮部 8. 下表皮

海绵组织。紧接上表皮有一层长柱状细胞,垂直于表皮排列整齐而紧密,即为栅栏组织。位于栅栏组织和下表皮之间的细胞形状不规则,排列疏松,有发达的胞间隙,即为海绵组织。

(3)叶脉 叶肉中的维管束就是叶脉。在显微镜下找出蚕豆叶中央较粗大的主脉进行观察,可见主脉的近轴面(上面)是木质部,远轴面(下面)是韧皮部,在木质部和韧皮部之间还可看到扁平的形成层细胞。在木质部和上表皮,韧皮部和下表皮之间常有数层机械组织。主脉两侧为侧脉,侧脉越小,其结构越简单。

(三)单子叶植物叶的解剖结构观察

1. 观察水稻或小麦叶横切

取水稻或小麦叶的横切永久制片,置显微镜下观察(图 1-7-2)。

(1)表皮 细胞壁角质化,并含有硅质。表皮上有表皮毛,气孔器由保卫细胞和副卫细胞组成,因此在横断面上为 4 个小细胞,气孔分布在上下表皮上,两个维管束之间的上表皮是一些大型的薄壁细胞,液泡发达,可随着植物体内的水分状况发生收缩和膨胀,叫做泡状细胞或运动细胞。

(2)叶肉 叶肉细胞中含有叶绿体,基本上由相同形状的细胞组成。细胞间隙较小,在气孔内方有较大气孔下室。

(3)叶脉 维管束与茎中的相同,不过在维管束外围是双层细胞的维管束鞘,即厚壁的内鞘和薄壁的外鞘,外鞘细胞内含有少量叶绿体。机械组织为厚壁细胞,分布在维管束与上下表皮之间。水稻代表 C_3 植物叶的构造特点(图 1-7-3)。

2. 观察玉米叶横切

取玉米叶的横切永久制片,置显微镜下观察(图 1-7-4)。

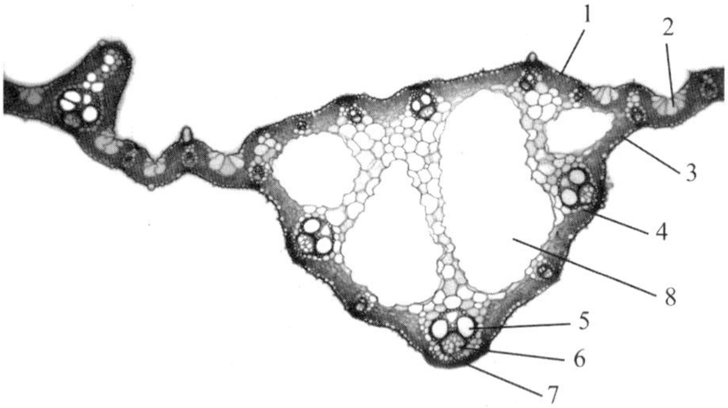

图 1-7-2　水稻叶横切面，示单子叶植物叶结构

1. 上表皮　2. 泡状细胞　3. 叶肉组织　4. 维管束鞘
5. 木质部　6. 韧皮部　7. 机械组织　8. 气腔

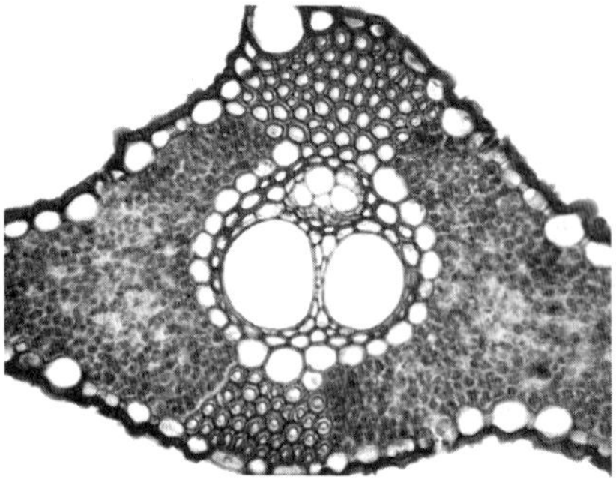

图 1-7-3　水稻(C_3 植物)叶维管束

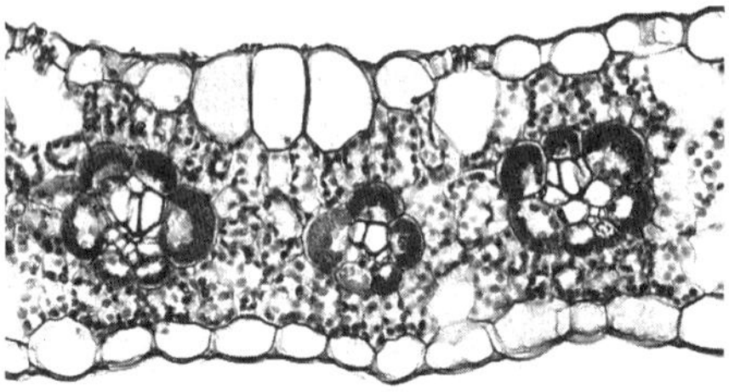

图 1-7-4　玉米(C_4 植物)叶维管束，示"花环"结构

(1)表皮　玉米叶表皮细胞在横切面上呈近方形，排列较规则，细胞外壁被有角质层，在表皮细胞之间有气孔，气孔器的组成除有两个保卫细胞外，两侧还有两个较大的副卫细胞，断面近乎呈正方形，气孔内侧有孔下室。在上表皮中，两个维束管之间可看到几个薄壁的大型细胞。注意下表皮细胞中是否也有这种细胞。

(2)叶肉　玉米叶肉细胞中含有叶绿体。

(3)叶脉　玉米的维管束是有限维管束，没有形成层，木质部靠上表皮，韧皮部靠下表皮。维管束外有一层较大的薄壁细胞排列整齐，即为维管束鞘，玉米维管束鞘细胞大，内含有许多较大的叶绿体，维管束上下方均可见成束的厚壁细胞，在中脉处尤为突出。玉米代表 C_4 植物叶的构造特点。

(四)裸子植物叶的解剖结构的观察

取松针叶横切永久制片，置显微镜下观察(图 1-7-5)。

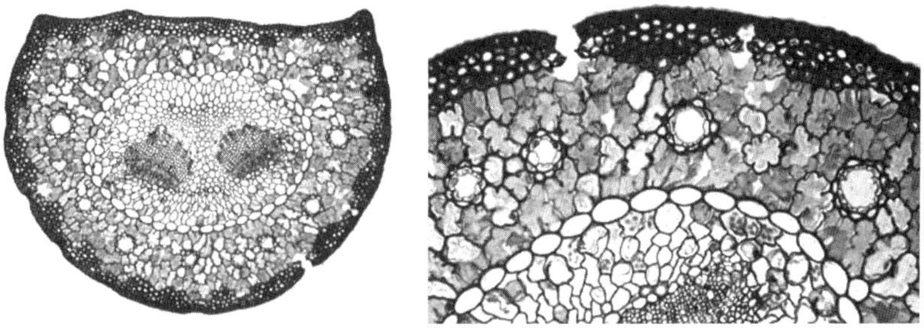

A　　　　B

图 1-7-5　松针叶横切面

A. 低倍镜(4×)　B. 低倍镜(10×)

(1)表皮　表皮细胞排列紧密,形小,呈砖状,细胞壁厚,细胞腔小,外壁上为厚的角质层覆盖,表皮上的气孔明显下陷。

(2)下皮层　表皮下可见 1 至数层排列紧密的厚壁细胞组成的机械组织,即为下皮层。

(3)叶肉　下皮层以内是叶肉,叶肉细胞显著特征是细胞壁具有很多不规则的皱褶,粒状叶绿体沿细胞壁边缘排列。在叶肉中还可以明显地看到由一层分泌细胞围成的树脂道。

(4)内皮层　叶肉最里一层细胞,排列整齐而紧密。

(5)传输组织　内皮层和维管束之间有几层排列紧密的细胞,即为传输组织。传输组织由传输管胞和传输薄壁细胞所组成,这是维管束与叶肉之间交换水分和养分的通道。

(6)维管束　在传输组织以内,居叶的中央,有两个维管束并列而存,维管束木质部位于近轴面,木质部细胞排列得很有规则,即木薄壁细胞行与管胞行交替排列而成;韧皮部位于远轴面,由筛胞和韧皮细胞所组成,其附近常有具浓厚细胞质的细胞,称为蛋白质细胞。两个维管束之间为一团薄壁细胞。

(五)夹竹桃叶的解剖结构的观察(代表旱生植物)

取夹竹桃叶横切永久制片,置显微镜下观察(图 1-7-6)。

(1)表皮　上表皮细胞排列紧密,外壁上有很厚的角质层,无气孔,表皮下有 2～3 层与表皮细胞形状相似的细胞层,称复表皮。下表皮有气孔下陷形成的气孔窝,窝内有的表皮细胞外壁延伸呈非腺毛状。

(2)叶肉　近上表皮为栅栏组织,2～3 层,排列紧密;近下表皮为海绵组织。

(3)维管束　主脉维管束双韧型,薄壁组织中散有乳管群。

(六)眼子菜叶的解剖结构的观察(代表水生植物)

取眼子菜叶横切永久制片,置显微镜下观察(图 1-7-7)。

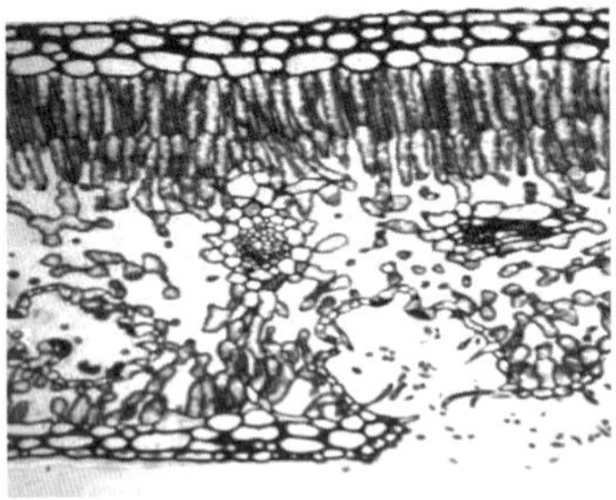

图 1-7-6 夹竹桃叶横切面

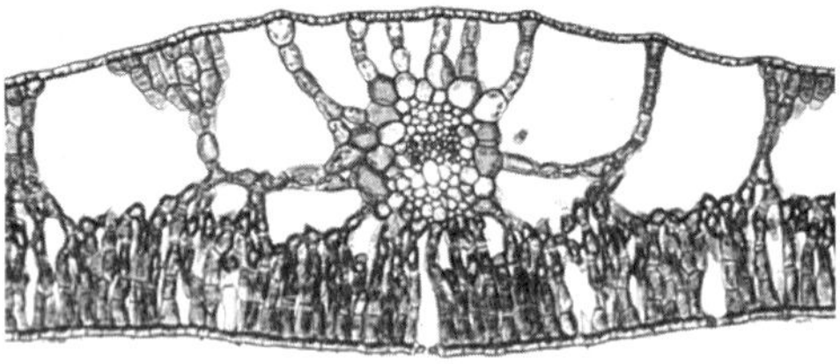

图 1-7-7 眼子菜叶横切面

(1)表皮 上表皮角质膜薄,表皮细胞内有叶绿体。

(2)叶肉 叶肉细胞同型,机械组织不发达,有发达的通气系统。

(3)维管束 维管组织不发达。

四、重点与难点

重点:双子叶植物叶、单子叶植物叶和松针叶的结构特点;异面叶、等面叶的概念及区别。

难点:掌握旱生与水生植物叶片结构与环境、功能的协调统一性。

五、课堂作业

1. 绘棉花叶经过主脉的横切面图,并注明各部分结构的名称。
2. 绘玉米叶通过主脉的横切面图,并注明各部分结构的名称。

六、思考与讨论

1. 观察各种类型叶的构造后,说明叶片的构造与生理功能的统一。
2. 以小麦和玉米叶的构造为例说明 C_3 植物和 C_4 植物在叶片构造上的区别。
3. 禾本科植物叶和松针叶构造上各有什么特点?
4. 松针叶表皮的保卫细胞有何特征?内皮层细胞径向壁上能否看到凯氏带?
5. 通过松柏类植物叶的形态构造,说明输导组织在演化过程水所起的作用。

实验八 营养器官的变态

一、实验目的与要求

1. 了解根、茎和叶的变态有哪些类型。
2. 熟悉营养器官的基本结构,了解一些植物茎的特殊结构。
3. 了解叶的形态结构与环境的关系。
4. 从植物整体性出发了解器官间的相互关系。

二、实验用品与材料

1. 实验用品

用具:显微镜。

2. 实验材料

新鲜材料:萝卜根、胡萝卜根、甘薯根、玉米根、爬山虎根、薜荔根、络石根、菟丝子根、石榴、山楂、梨、葡萄的卷须、竹节蓼、芦苇、狗牙根、竹、薯蓣(山药)、莴苣、莲藕、马铃薯、洋葱、水仙花、荸荠、慈姑球茎、向日葵、菝葜、茅膏菜、台湾相思树、刺槐。

三、实验内容及方法步骤

(一)根的变态(图 1-8-1)

1. 贮藏根

贮藏根是指具有贮藏养料和水分功能的根,根中的薄壁组织一般比较发达,根的形态肥大肉质。

(1)肉质直根 由主根或由下胚轴参加而形成的肥大多汁的贮藏根。其肥大的成因有所不同,如胡萝卜为次生韧皮部,而萝卜为三生木质部。观察萝卜、胡萝卜的根、分辨出根、下胚轴和茎3部分。

用肉眼直接观察萝卜根的横切面,区分皮层、木质部和韧皮部,可以发现萝卜根的木质部特别发达,取木质部一部分进行徒手切片,装片观察,可发现其木质部中导管比一般植物导管少,而大部分是木薄壁细胞(这是由于额外形成层活动产生的)有贮藏作用。

用肉眼直接观察胡萝卜根的横切面,区分皮层、木质部和韧皮部。同时可以发现胡萝卜的木质部较少,而韧皮部特别发达,即次生韧皮部较多。

图 1-8-1　变态根

A、B. 肉质直根　C. 块根　D、E. 支柱根　F. 寄生根　G. 攀缘根

(2)块根　是由不定根(营养繁殖的植株)或侧根(实生苗)经过增殖生长而成的肉质贮藏根。因此,在一株上可形成多个块根。另外,它的组成不含下胚轴和茎的部分,而完全由根的部分构成。而其在未膨大以前与一般吸收根相同,膨大成为块根以后,皮层很少,块根的形成除了维管形成层的活动外,主要是由于额外形成层活动,形成大量薄壁组织,这些额外形成层首先在每个原生木质部导管周围产生,其次在后生木质部导管周围及次生木质部里面产生,再次是在与维管束无关的薄壁细胞中产生,其活动主要是增加薄壁细胞的数目。

观察一株甘薯的根,一株上有大小不等若干块根,同时也能见到尚未膨大的根。

2. 气生根

气生根就是生长在地面以上空气中的根,因作用不同,常见的有:

(1)支柱根　从地面的茎节上长出向下生长的不定根,穿入土壤中,具有支持和吸收功能,成为植株的辅助根系,这种根被称为支柱根。观察玉米靠近地表的几个茎节上产生的不定根和榕树从枝上产生的下垂的气生根。

(2)攀缘根　茎上着生的不定根,具有攀缘功能,用以攀缘向高处生长,这种不定根称为攀缘根,像爬山虎、薜荔、络石等就是靠这种不定根以固着在其他树干、山石或墙壁的表面而攀缘向上生长。

(3)呼吸根　呼吸作用的根,像海边沼泽地生长的桐花树、秋茄、白骨壤等,都有一些垂直向上生长而伸出地面的根，其上有丰富的呼吸孔与大气相通，以适应土壤中缺乏空气的环境。

3. 寄生根

用来从寄主的器官或组织中吸取营养物质的特殊器官。观察菟丝子植株，其以茎紧密地曲旋缠绕在寄主茎上，叶退化成鳞片状，不能行光合作用，营养全部依靠寄主，而以突起状的根伸入寄主茎的组织内形成吸器。从寄主体内吸取水分和制成的有机营养。

（二）茎的变态（图 1-8-2）

图 1-8-2　变态茎

A. 茎卷须　B. 球茎　C、D. 根状茎　E. 鳞茎　F. 块茎

茎和根一样，长期受周围环境的影响，产生了变异。变态的茎无论是怎样改变，但总有茎的固有特征。即有节和节间之分，在节上有退化为鳞片状的叶子，或是叶子脱落留下的叶痕，在叶腋还有腋芽，以这些特征可与根区别。茎的变态主要有：

1. 地上茎的变态

可以是枝发生变态，也可以是在分枝产生的部位，即叶腋发生变态。

（1）茎刺　茎转变为刺。观察石榴、山楂、酸橙或梨茎上的刺，其着生于叶腋，有时还长分枝和叶，其木质部与茎的木质部相连不易折断。强力折断后的折断面参差不齐，这与蔷薇茎上的皮刺有显著不同。

（2）茎卷须　茎呈细丝状，不能直立，侧枝变成卷须，称为茎卷须或枝卷须。葡萄的卷须生长在产生花枝的相应位置，而南瓜或黄瓜的卷须则生于叶腋。这与着生在长叶位置上的卷须即叶卷须不同。

(3)叶状茎(也称叶状枝)　茎转变成叶状，扁平呈绿色，可代替叶行光合作用，而这些植物的正常叶退化。如竹节蓼的茎，粗看像叶，但是有节，表明是枝(茎)变态。还有假叶树，这类植物由于茎(枝)扁化呈叶状，而有些学者把这种茎变态称为扁化茎。

(4)小鳞茎　呈小球形变态地上茎，具肥厚多肉、富含养料的小鳞片，也称珠芽。如百合地上枝的叶腋内形成的小鳞茎，长大后脱落，在适宜条件下，可发育成新植株，可作为营养繁殖的一种方式。

(5)小块茎　也称肉芽，腋芽常长成肉质小块，富含养分，落地可发育成为新植株。如薯蓣(山药)、秋海棠的腋芽常成肉质小块，但不具鳞片，外形似块茎，不同之处是形态较小，是地上茎的变态。

(6)肉质茎　茎肥大肉质。有的叶退化为刺，而茎肉质行光合作用，像仙人掌科植物茎肥大变为球形、柱形、扁圆形等多种形状，茎多汁，像莴苣、榨菜、球茎甘蓝等茎肥大，贮藏大量水分和养分，都是肉质茎的一种。

2. 地下茎的变态

茎通常生在地上，生在地下的茎与根相似，但由于仍具茎的某些特征，故不难和根区别开。

(1)根状茎　简称根茎，是横走于地下的匍匐茎，可存活1至多年，具有节、节间以及节上长鳞片叶等茎的特点。此外，姜、菊芋的根状茎肥短而为肉质，莲的根状茎称为莲藕，其中有发达的气道与叶相通。

(2)块茎　其茎甚短，多肉而膨大，成不规则的块状，为贮藏养分的地方，块茎表面有芽眼，其内有芽，马铃薯的薯块顶端有顶芽，四周有许多“芽眼”作螺旋排列。每“芽眼”内有几个芽。每一芽眼所在处实际上即相当于茎节，螺旋线上相邻的两个芽眼之间即为节间，可见它实际上是节间短的变态茎。

(3)鳞茎　一种呈球形或扁球形的变态地下茎，其上部丛生许多肥厚多肉、富含养料的鳞片叶。它是洋葱、水仙花、葱等多种单子叶植物的一种营养繁殖器官。观察洋葱鳞茎其最中间的基部，为一个扁平而节间极短的鳞茎盘，其上生有芽，将来可发育为花序。四周有肉质鳞片重重包围着，它们贮着大量的营养物质。肉质鳞片叶之外，还有几片膜质的鳞片叶保护，这两种鳞片都是叶的变态。叶腋有芽，鳞茎盘下端产生不定根，可见鳞茎是一个节间极短的地下茎的变态。

(4)球茎　球茎是肥而短的地下茎，荸荠、慈姑的球茎由根状茎顶端发育而成，芋的球茎由基部发育而成。它们顶端都有粗壮的顶芽，有时还有细小幼嫩的绿叶生于其上，节与节间明显，节上有干膜状的鳞片叶和腋芽。球茎贮藏大量营养物质，为特殊的营养繁殖器官。

（三）叶的变态（图 1-8-3）

图 1-8-3　变态叶

A. 芽鳞　B. 叶状柄　C. 叶卷须　D. 叶刺　E. 膜质叶　F. 苞叶　G、H. 捕虫叶　I. 托叶刺

叶和根、茎一样在周围环境的长期影响下，也同样出现多种变态。

（1）苞叶和总苞　生长在花下面的那种特殊叶叫苞叶。苞叶数多而聚生在花序外围的，统称为总苞，苞片和总苞有保护花芽和果实的作用。如向日葵头状花序周围的绿色的叶状结构就是总苞，玉米雌花序外面紧紧包围着的绿色结构，是由多层苞叶组成。

（2）鳞叶　叶的功能特化或退化成的鳞片状结构，一般有以下 3 类：

①芽鳞　木本植物的鳞芽外的鳞叶。像柳冬芽外面常有呈褐色、具茸毛的变态叶，有保护芽的作用。

②肉质叶　肉质鳞叶出现在鳞茎上，如洋葱、水仙花等内层鳞叶，肥厚多汁，含

有丰富的贮藏养料，是洋葱的食用部分。

③膜质叶　包被在变态器官如球茎、根状茎、鳞茎外部的膜状鳞叶，可见各种鳞茎，为退化成膜状结构的叶片。如洋葱鳞茎外围及荸荠、慈姑、芋等球茎上的膜状结构。

(3)叶卷须　有些植物的叶的一部分转变成为卷须，适于攀缘生长。豌豆的羽状复叶，先端那个小叶变成卷须。菝葜的托叶变成卷须。以卷须缠绕在其他物体上，向上生长，使自身能充分接受阳光。

(4)捕虫叶　为一种特殊的形态，用以捕获虫类的叶。具捕虫叶的植物称为食虫植物或肉食植物。食虫植物一般具有叶绿体，能进行光合作用，故植物总有部分呈绿色。茅膏菜的捕虫叶呈半月形或盘形。上表面有许多顶端膨大并能分泌黏液的触毛，能黏住昆虫，同时触毛能自动弯曲，包围虫体并分泌消化液，将虫体消化并吸收。

(5)叶状柄　叶片发达或无，叶柄扁平呈叶状而代替叶片的机能。台湾相思树叶，呈倒披针形，肉眼能看到内有许多纵行的“叶脉”，没有侧脉，经发育研究和解剖分析证明是叶柄变态而成的叶，其原来的叶片完全退化了。

(6)叶刺　由叶或叶的部分(如托叶)变成的刺状结构。

叶的全部变成的刺，刺位于叶着生位置，叶刺腋(即叶腋)中有芽，以后发展成短枝，枝上具正常的叶，如小檗，叶的部分(如托叶)变成的刺，刺位于叶的茎部托叶位置上，像洋槐、刺槐等。

四、重点与难点

重点：各变态器官的特点和其外部的形态特征。

难点：怎样区别同功器官和同源器官？

五、课堂作业

1. 列举日常生活中或校园内看见的具营养器官变态的植物。
2. 举例说明生态环境对叶形态结构的影响以及叶形态结构与功能的适应。
3. 举例阐述同功器官和同源器官的概念。

六、思考与讨论

1. 如何鉴别叶刺、茎刺与皮刺，叶卷须和茎卷须？
2. 根据对各类变态器官的观察，简述区别变态器官来源的依据。
3. 植物营养器官之间在结构和功能上有什么联系？

实验九　花的基本组成及雄蕊的结构

一、实验目的与要求

1. 观察认识被子植物花的外部形态和组成。
2. 学会解剖花，使用花程式描述花的方法。
3. 掌握雄蕊花药的结构。
4. 了解花粉粒的形成过程。
5. 观察花粉粒的萌发。

二、实验用品与材料

1. 实验用品

用具：镊子和解剖针、刀片、放大镜、显微镜、吸水纸、载玻片、盖玻片。

2. 实验材料

新鲜材料：桃花、小麦花、豌豆花粉粒。

永久制片：百合花药幼期横切永久制片、百合花药成熟期横切永久制片、蚕豆花粉萌发永久制片。

三、实验内容及方法步骤

(一)花基本组成部分的观察

1. 一般被子植物花的构造

取备好的桃花一朵，用镊子由外向内剥离，观察其组成(图 1-9-1)。

(1)花柄　花下面所生的短柄，是花与茎相连的中间部分。

(2)花托　花柄顶端凹陷成杯状的部分(实际是花筒)，花的其他部分都着生在花筒的边缘上。

(3)花萼　着生在杯状花托边缘的最外层，由 5 个绿色叶片状萼片组成，离生。

(4)花冠　花萼里面一层，由 5 片粉红色花瓣组成的离生花冠。

(5)雄蕊　雄蕊在花托边缘作轮状排列，数目多，不定数，每一雄蕊由花丝和花药两部分组成。花丝细长，花药呈囊状。

(6)雌蕊　雌蕊着生于杯状花筒底部的花托上，是由一个心皮组成的单雌蕊，顶端稍膨大的部分为柱头；基部膨大部分为子房；柱头和子房之间的细长部分为花

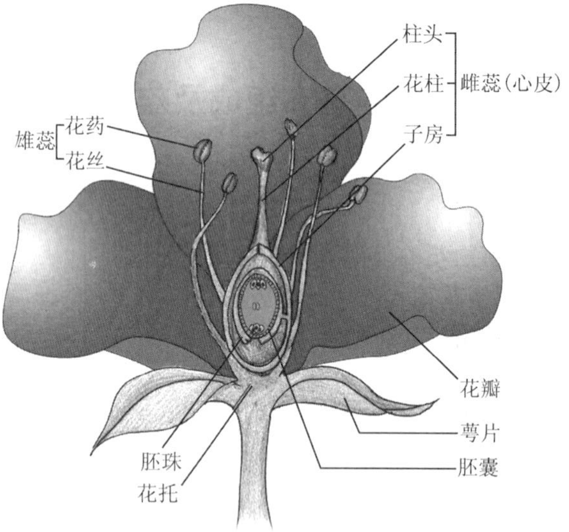

图 1-9-1　一般被子植物花的结构

柱。观察雌蕊时，分析它属于何种子房位置。用刀片将子房纵切为二，观察桃花胚珠着生位置。

根据观察结果写出桃花花程式。

2. 禾本科植物花的构造(以小麦为例)

小麦花是由雄蕊、雌蕊和浆片组成，小麦小花由花和稃片组成。取小麦的一个小穗解剖观察，可见小穗基部有两片颖片，居下位的为外颖，居上位的为内颖。取基部正常发育的一朵小花，由外向内剥离小花的各部分，然后用放大镜观察小花的结构(图 1-9-2)。

(1)稃片　小麦小花外面有 2 片稃片，最外面的一片为外稃，脉明显，有的小麦品种，外稃中脉处长成芒，外稃为花基部的苞片，里面一片为内稃，薄膜状，船形，有两条明显的叶脉。

(2)浆片　外稃里面有两个小型囊状突起，即为浆片。

(3)雄蕊　3 枚，花丝细长，花药较大。

(4)雌蕊　1 枚由 2 个心皮合生而成，柱头 2 裂，呈羽毛状，花柱短而不明显，子房上位，1 室。

根据观察结果写出小麦花程式。

图 1-9-2　小麦花的结构

（二）雄蕊花药结构的观察

1. 幼期百合花药

取百合花药幼期横切永久制片，置低倍镜下观察，可见花药的轮廓似蝴蝶形状，整个花药分为左右两部分，其中间由药隔相连，在药隔处可看到自花丝通入的维管束（图 1-9-3）。药隔两侧各有两个花粉囊。看清花药轮廓后，转换高倍镜，再仔细观察一个花粉囊的结构（图 1-9-4），由外向内可见：

（1）表皮　为最外一层细胞，细胞较小，具角质层有保护功能。

（2）药室内壁　一层近于方形的较大的细胞，径向壁和内切向壁尚未增厚，壁

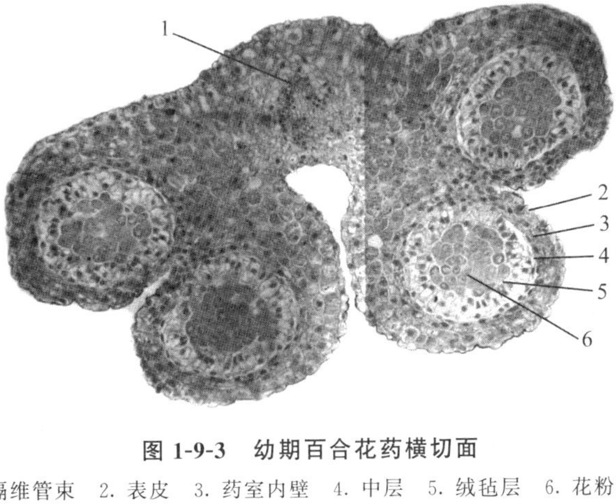

图 1-9-3　幼期百合花药横切面

1. 药隔维管束　2. 表皮　3. 药室内壁　4. 中层　5. 绒毡层　6. 花粉母细胞

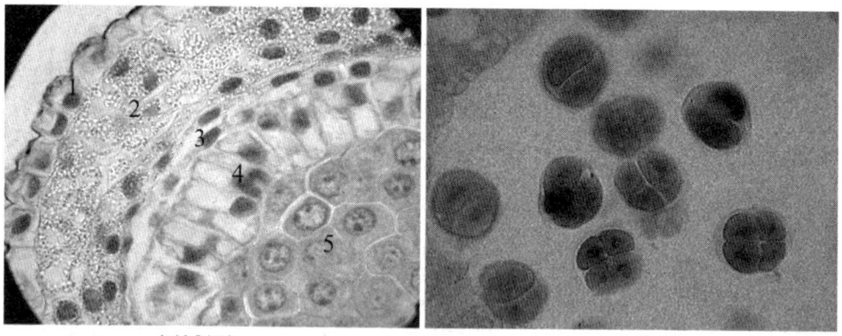

A(10×)　　B(40×)

图 1-9-4　幼期百合花药花粉囊的结构及四分体小孢子

A. 幼期百合花药花粉囊的结构　B. 减数分裂形成的四分体小孢子

1. 表皮　2. 药室内壁　3. 中层　4. 绒毡层　5. 花粉母细胞

内含有粉粒。

(3)中层　1～3层较小的扁平细胞。

(4)绒毡层　是药壁的最内一层,由径向伸长的柱状细胞组成,这层细胞核较大,质浓,排列紧密。绒毡层以内的药室中有许多造孢细胞,其细胞呈多角形,核大,质浓,排列紧密,有时可以见到正在进行有丝分裂的细胞。

(5)药隔　由薄壁细胞组成,药隔中央有一维管束。

2. 成熟期百合花药

取百合花药成熟期横切永久制片,置低倍镜下观察,可见表皮已萎缩,药室内壁的细胞径向壁和内切向壁上形成木质化加厚条纹,此时称纤维层,在制片中常被染成红色;中层和绒毡层细胞均解体消失;两个花粉囊的间隔已不存在,二室相互沟通,花粉粒已发育成熟(图1-9-5、图1-9-6)。

(三)成熟花粉粒的构造的观察(图1-9-7)

在观察百合成熟花药时,选择一个切得完整的花粉粒用高倍镜仔细观察花粉粒结构,可见花粉粒具两层壁,即花粉外壁和内壁,外壁厚,有染成红色的网状花纹及萌发孔,不同植物的花粉粒外壁花纹形状和萌发孔或萌发沟的数目不同,花粉内壁较薄。花粉壁内有两个明显的核,其中一个较大呈圆形的细胞核,其周围含有大量细胞质的是营养细胞;另一个较小的是生殖细胞核,它周围有少量细胞质,而无细胞壁,只有质膜包围,因此它是一个无壁的裸细胞,称为生殖细胞,它悬浮在营养细胞的细胞质中,为2细胞花粉。

(四)花粉粒萌发的观察(图1-9-8)

观察花粉的萌发,往往采用不同浓度的糖(精制砂糖)溶液。

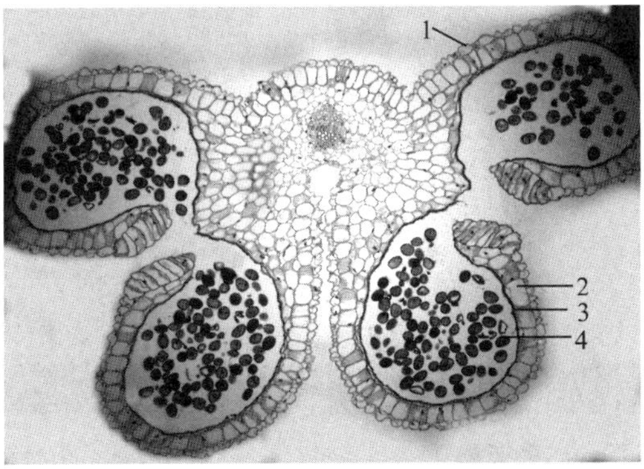

图 1-9-5　成熟期百合花药横切面

1. 表皮　2. 药室内壁(纤维层)　3. 中层(残余)　4. 花粉粒

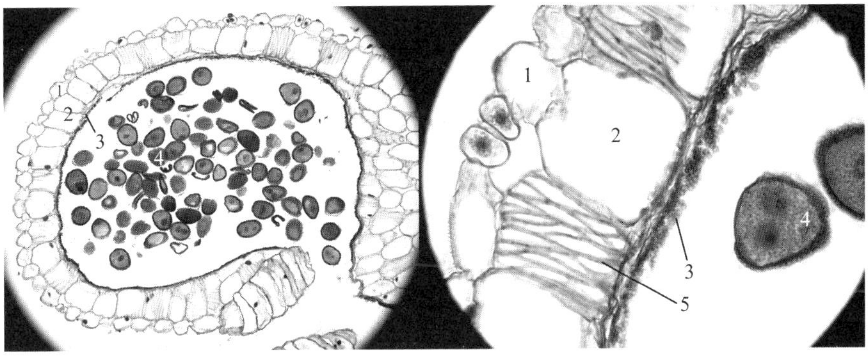

图 1-9-6　成熟期百合花药花粉囊壁

A. 低倍镜(10×)　B. 高倍镜(40×)

1. 表皮　2. 药室内壁(纤维层)　3. 中层和绒毡层(残余)　4. 花粉粒　5. 纤维层细胞壁条纹状加厚

花粉的萌发临时装片方法:取穿有小孔的吸水纸数张,置于载玻片上,将糖水(10%蔗糖水)滴于纸上使之溶透,用解剖针挑取豌豆植物的花粉粒放在小孔中,小心加上盖玻片,切勿使其中留有气泡,置显微镜下观察,此时花粉粒尚未萌发,等20 min 左右,再观察。此时,则可见花粉粒萌发出花粉管,管长达一定长度就可以看见 1～2 个核(精子)进入到花粉管中。

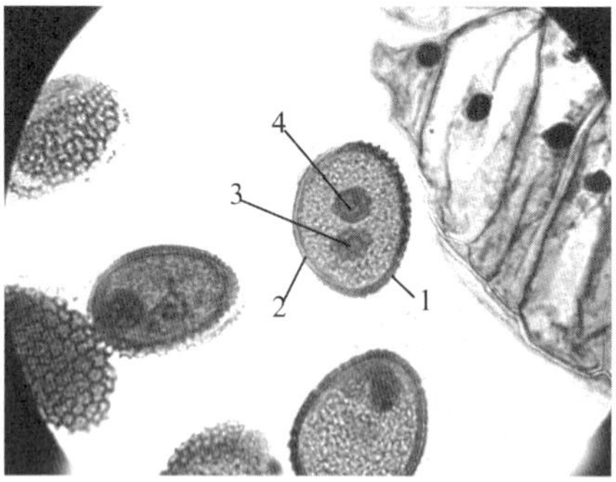

图 1-9-7　百合成熟花粉粒

1. 外壁　2. 内壁　3. 生殖细胞　4. 营养细胞细胞核

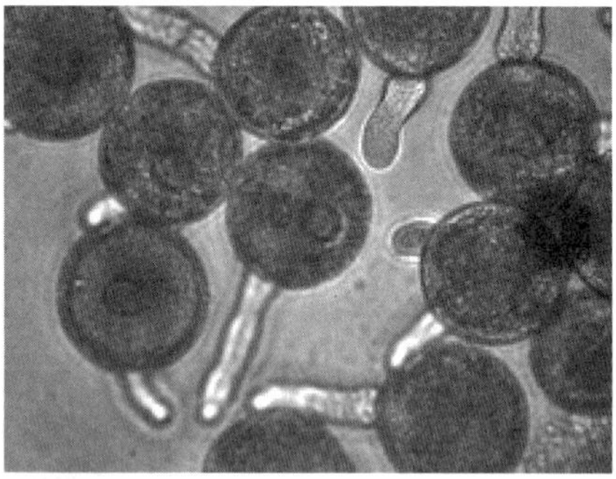

图 1-9-8　花粉粒的萌发，示花粉管

四、重点与难点

重点：掌握幼期花药的结构、掌握花粉粒的形成和萌发过程。

难点：绒毡层细胞的特点及其生理功能。

五、课堂作业

1. 绘百合成熟花药横切面结构图，并注明各部分结构名称。
2. 绘桃花正中纵切剖面图，并注明各组成部分名称。
3. 绘豌豆或油菜花粉粒及花粉管图。

六、思考与讨论

1. 花的各组成部分的功能是什么？举例说明起保护作用的部分在不同植物中的变化。

2. 小麦花的浆片相当于花组成中的哪一部分结构？

3. 自小麦小穗轴上摘取小花，观察小穗是由几朵小花组成的？

4. 观察所见到的花粉粒呈什么形状，有几层壁，是否见到大小两个核，并考虑它们各有什么功能。

5. 什么是减数分裂？它在植物体生长发育的什么阶段进行？它和有丝分裂的区别在哪里？

实验十　雌蕊的结构及胚的发育

一、实验目的与要求

1. 了解柱头外部形态和花柱的类型。
2. 掌握子房、胚珠和胚囊的结构。
3. 掌握双子叶植物荠菜胚的发育过程。

二、实验用品与材料

1. 实验用品

用具:载玻片、盖玻片、镊子和解剖针、吸水纸、显微镜。

2. 实验材料

新鲜材料:油菜花。

永久制片:荠菜胚各个不同发育时期纵切永久制片,荠菜子房纵切永久制片,直生、弯生、倒生、横生胚珠的切片,百合子房横切永久制片。

三、实验内容及方法步骤

(一)胚珠类型的观察

取一油菜的雌蕊,放在载玻片上,用解剖针将子房从中间划开,可见其内有许多小颗粒,这就是胚珠。除去子房壁,留下胚珠,加水和盖片,置镜下观察,油菜的胚珠是弯生胚珠。仔细区分珠柄、合点、珠心、珠被和珠孔。

(二)子房与胚珠结构的观察

1. 观察百合子房横切

百合子房雌蕊由3个心皮组成,百合子房心皮边缘互相连合,子房壁有内外表皮之分。胚珠着生于内表皮之上,还可见一维管束。子房分为3室,每室内有两列胚珠(图1-10-1)。详细观察胚珠的构造,并区分胚珠各部分:珠柄,内、外珠被,珠孔,珠心及胚囊,观察胚囊的构造,区分胚囊的各个细胞,近珠孔的一端有卵细胞和2个助细胞,近合点端可见到3个反足细胞,胚囊的中部有2个极核。有的胚囊看到7个核以至更少(图1-10-2)。

2. 观察荠菜子房纵切

取荠菜子房纵切玻片标本观察,荠菜子房为扁三角形,子房壁薄,中部为胎座。胚珠着生于胎座两侧,荠菜为弯生胚珠,珠孔向下,珠孔与合点的连线同珠柄不完

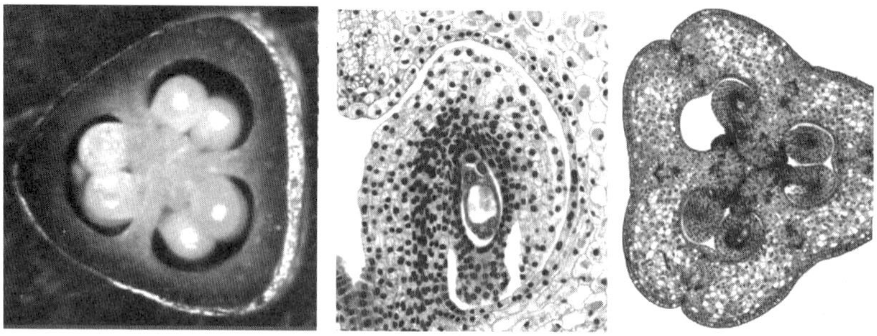

A　　　　B　　　　C

图 1-10-1　百合子房横切

A. 百合子房横切照片　B. 百合子房横切示胚囊　C. 百合子房横切面

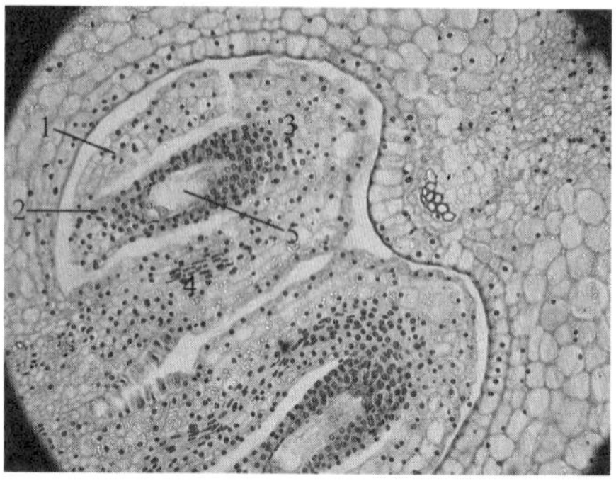

图 1-10-2　百合子房横切面，示胚囊

1. 外珠被　2. 内珠被　3. 合点　4. 珠柄　5. 胚囊

全平行，胚珠由下列几部分构成：

(1)外珠被　位于胚珠最外围，由数层薄壁细胞组成。

(2)珠心　在珠被以内部分全由薄壁细胞组成。

(3)胚囊　在珠心中央，但与珠心无明显的界限。

(4)胚乳　分布于胚的周围。

(5)胚　注意观察胚胎发育各个不同阶段，在幼胚上能否区分胚根、胚芽、胚轴、子叶等部分。

(三)荠菜胚发育的观察(图 1-10-3)

1. 荠菜幼胚

取荠菜子房纵切(示幼胚发育)永久制片，置低倍镜下，挑选其中比较完整并接近通过中央部位的胚珠纵切面，作进一步观察，注意辨认胚珠的各结构的部位，特

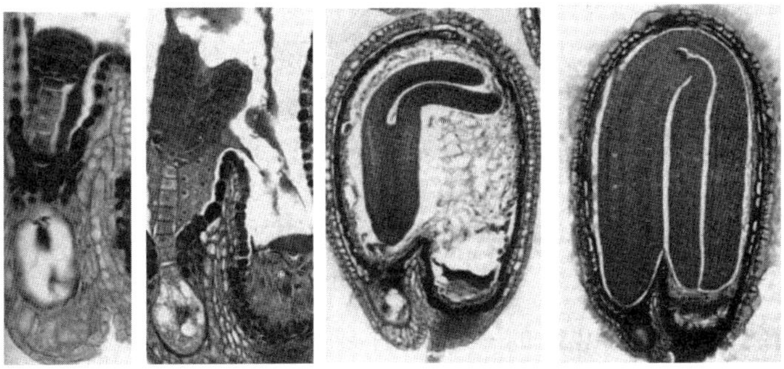

图 1-10-3　不同发育时期荠菜胚纵切

A. 球形胚时期　B. 心形胚时期　C. 鱼雷形胚时期　D. 马蹄形胚时期(成熟胚时期)

别要注意区分珠孔和合点端。然后转换高倍镜,仔细观察这一选好的胚珠切面,可见到弯生胚珠的胚囊内合子已发育成幼小的胚胎,在紧挨珠孔之内方,有一个大型的细胞,它与一列细胞相连,共同组成柄状结构,即为原胚或分化胚(心形胚时期)。

2. 荠菜成熟胚

取荠菜子房纵切(示成熟胚)永久制片,置显微镜下观察,可见荠菜胚呈弯形,两片肥大的子叶位于远珠孔的一端,夹在两片子叶之间的小突起即为胚芽,与两片子叶相连成为胚轴。胚轴以下为胚根,此时,珠被发育为种皮,整个胚珠形成了种子。

四、重点与难点

重点:观察掌握子房与胚珠结构。

难点:如何根据形态、位置的观察去分析胚囊细胞构成。

五、课堂作业

1. 绘百合子房横切面结构简图,并表示一个倒生胚珠着生的位置及胚囊中细胞及核的排列,注明各部分结构名称。

2. 绘荠菜子房纵切(示成熟胚)结构简图,并注明各部分结构名称。

六、思考与讨论

1. 怎样分辨直生、弯生、横生和倒生胚珠?

2. 观察百合胚珠时,为什么胚囊中难以看到 8 个核?

3. 试比较被子植物雌、雄配子体及其形成过程的异同。

4. 胚囊是在什么地方形成的?

5. 在荠菜子房的胚珠中有的地方可看到很完整的胚珠,有的地方仅能看到分离的碎片,这是什么原因?

6. 荠菜子房的胚珠中为什么可以看到胚发育的几个时期?

实验十一　低等植物类群及代表植物

低等植物是地球上出现的一群最古老的植物,大部分生活在水中或潮湿的环境下;没有根、茎、叶的分化;生殖器官常是单细胞的;有性生殖的合子不形成胚而直接萌发成新的植物体。低等植物可分为藻类植物、菌类植物和地衣。

一、实验目的与要求

1. 通过对蓝藻门、绿藻门、红藻门、褐藻门代表种类的观察,掌握藻类植物细胞的结构、植物体形态和所含色素的类型,更好地了解藻类在植物界系统演化中的地位。

2. 通过对真菌门代表种类的观察,掌握真菌类植物的主要特征。

3. 了解地衣植物的外部形态特征和内部结构。

二、实验用品与材料

1. 实验用具

实验用具:显微镜、镊子、吸水纸、载玻片、盖玻片等。

2. 实验材料

新鲜材料:藻类、真菌、地衣等新鲜标本。

永久制片:颤藻装片、螺旋藻装片、衣藻装片、水绵营养体装片、水绵接合生殖制片、轮藻装片、团藻装片(示范)、黑根霉装片、酵母菌装片、青霉装片、曲霉装片、伞菌(蘑菇)过菌褶制片、地衣制片。

三、实验内容及方法步骤

(一)蓝藻门(Cyanophyta)

1. 颤藻属(*Oscillatoria*)

颤藻属植物常生活在污水沟和有机质丰富的湿地上,一年四季都能采到,但以温暖季节生长最旺盛。颤藻属植物常在水底形成一层黏滑的蓝绿色膜状物,或成团漂浮于水面。

为了得到干净的实验材料，可在实验前一天将采来的材料盛在培养皿或烧杯中，放置在日光灯下，颤藻可借助滑行和摆动移动到器皿壁上。实验时，用解剖针或镊子取器皿壁上的材料制成临时装片，在显微镜下观察颤藻的形态、运动和细胞结构。颤藻是不分枝的、由单列细胞组成的丝状体。丝状体能前后伸缩，左右颤动，故名颤藻。细胞内无细胞核与细胞质的分化，只有中心质与周质的区分，因此，颤藻也是原核生物。丝状体上有时有死细胞，由于其细胞腔是空的，在两侧活细胞的压迫下死细胞呈双凹型。在丝状体上有时还能看到胶化膨大的隔离盘。死细胞、隔离盘将丝状体分成几段，每一段称为藻殖段（注：两个死细胞之间、两个隔离盘之间、死细胞与隔离盘之间的一段丝状体均叫藻殖段）（图 1-11-1）。

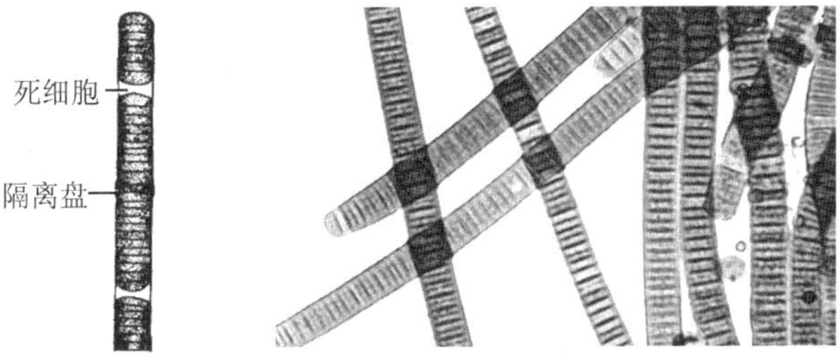

图 1-11-1　颤藻属外形及显微镜下结构

（引自周云龙等，1992）

因为不是每一条颤藻丝状体上都有死细胞，所以观察丝状体中的死细胞时应仔细寻找，先在低倍物镜下寻找丝状体上发亮地方，然后将丝状体上发亮地方移到视野正中央，转换成高倍镜观察，就可以看清双凹型的死细胞。

2. 念珠藻属（*Nostoc*）

普通念珠藻俗名地木耳、地曲连、葛仙米，是念珠藻属最常见的植物之一。

它生长于潮湿的草地上，夏季雨后易采到或用镊子取新鲜或于水中浸泡的少许发菜或木耳的胶质丝。群体外形为不规则的木耳状胶质片状体，呈蓝绿色至深褐色。取一小块做成临时装片。先在低倍物镜下观察，可见普通念珠藻的圆球形细胞排列成念珠状，包埋于一个公共胶质鞘中。然后，转换成高倍物镜，仔细观察细胞结构。细胞内没有细胞质和细胞核的区分，只有中心质和周质之分。在念珠状丝状体上隔一定距离有一个形状有些差异的细胞，叫异形胞。异形胞的细胞壁厚，与营养细胞相连处的内壁为球状加厚，叫节球。异形胞的内含物较均匀透明。两异形胞之间的一段丝状体也叫藻殖段。藻殖段有繁殖作用，容易从丝状体上断开长成新的丝状体。

图 1-11-2 念珠藻属形态结构

(引自谢国文,2003)

丝状体上有时还有厚壁孢子,又称为繁殖孢,其细胞比营养细胞稍大,细胞质浓稠。厚壁孢子经过休眠后萌发成新的丝状体(图 1-11-2)。

3. 鱼腥藻属(*Anabaena*)

又称项圈藻属。大多生于池塘、沟渠、湖泊或稻田等潮湿土壤中。

试验时,从满江红孢子体上取下数枚叶片,置于载玻片中央的水滴中,用镊子或解剖针挑破或刀片切碎,盖上盖玻片,再用解剖针柄轻轻敲击盖玻片使材料分散开,然后置于显微镜下观察。植物体为念珠状丝状体,但无胶质鞘(图 1-11-3)。

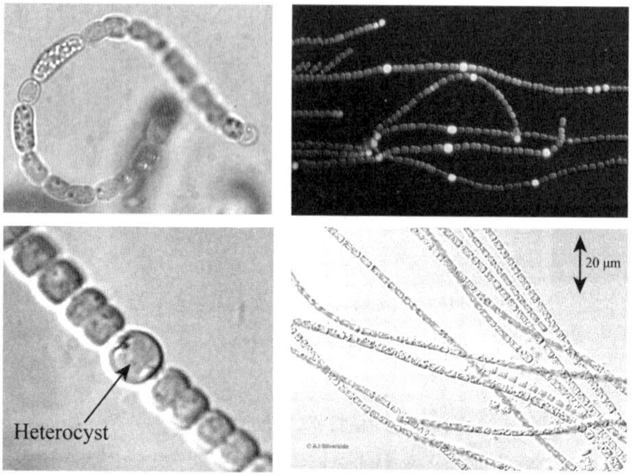

图 1-11-3 鱼腥藻属形态结构

4. 螺旋藻属(*Spiralina*)

本属多为多细胞的丝状体,少数为单细胞,藻体螺旋形。生活于水中,含高蛋白,现已人工大量培养(图 1-11-4)。

观察螺旋藻装片,比较它和颤藻有何异同。

(二)绿藻门(Chlorophyta)

1. 衣藻属(*Chlamydomonas*)

分布广,多生于富含有机质的水体(水沟、池塘和积水洼地)。

取一滴有衣藻的水,制成临时制片,在显微镜下观察,衣藻植物体为单细胞,呈

图 1-11-4 螺旋藻属形态结构

(引自高信曾,1986)

卵形或球形。细胞内具有一枚厚底杯状的叶绿体,其底部具一蛋白核(淀粉核),细胞质中有一细胞核。细胞前端有 2 个发亮的泡是伸缩泡,在一侧有 1 红色的眼点(图 1-11-5)。为了清楚地观察衣藻的鞭毛和鉴别淀粉核的性质,从盖玻片的一侧加 1 滴碘-碘化钾溶液,再用吸水纸从另一侧将碘液吸过去,这样鞭毛因吸附碘液而加粗,可以较清楚地见到两根鞭毛。同时,淀粉核上因有淀粉遇碘变成蓝紫色或紫黑色。

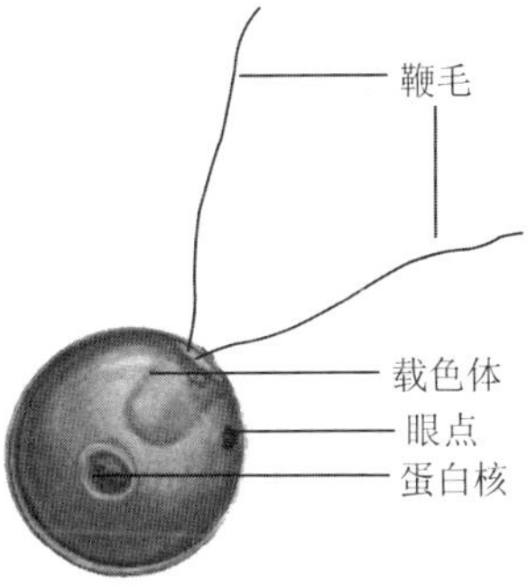

图 1-11-5 衣藻属细胞结构

(引自谢国文,2003)

取衣藻制片观察,并作比较。

2. 水绵属(*Spirogyra*)

水绵为淡水池塘中常见的一类丝状绿藻。在野外采集时,用手触摸植物体有黏滑感觉。

取水绵营养体永久制片或取新鲜海绵营养体做临时水封片,在显微镜下观察,水绵为不分枝的丝状体,细胞长方体形,每个细胞内有 1 条或几条带状叶绿体螺旋状绕生(不同种类,叶绿体的数量及绕生的方式不同)(图 1-11-6)。

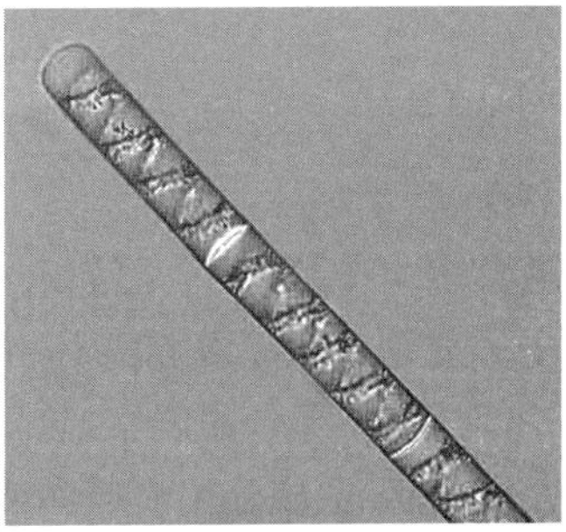

图 1-11-6 水绵形态结构,示载色体

(引自谢国文,2003)

水绵有性生殖的观察：观察水绵接合生殖制片。水绵有性生殖称接合生殖，发生在春秋季节，藻丝由绿变黄，可见两条并列的藻丝细胞中部侧壁产生突起，突起两两相对，相接处横壁解体形成一接合管（图 1-11-7）。注意，在此过程中，原生质体逐渐浓缩成配子，由 1 条藻丝中配子囊内的配子以变形运动的方式移入另一条藻丝的一个配子囊中，2 个配子结合形成合子，这样使原来的 1 条藻丝的一些细胞仅留下空壁，另 1 条藻丝的一些细胞中形成了合子，注意其形态。这种结合方式称为“梯形接合”（见图 1-11-8、图 1-11-9）。

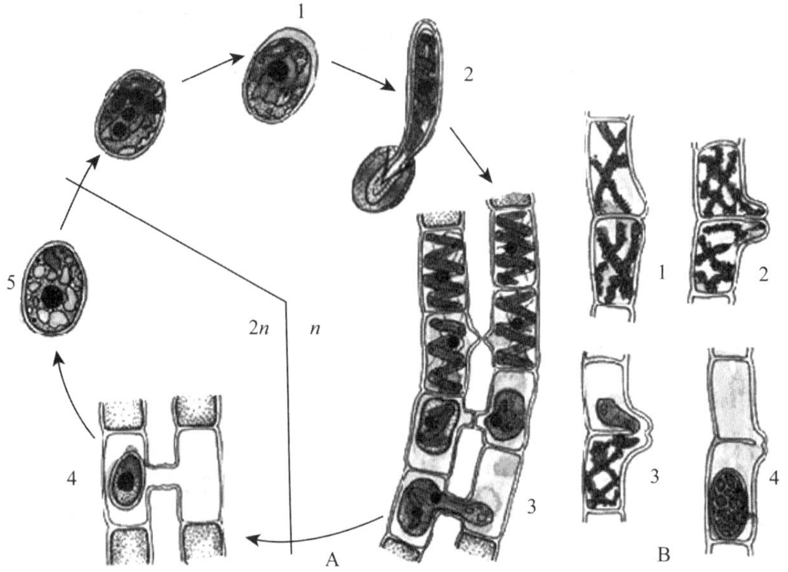

图 1-11-7　水绵属的接合生殖图解

A. 梯形接合（1. 合子经减数分裂后 3 个核退化，1 个核有效　2. 合子萌发　3. 梯形接合各期　4. 合子在配子囊中　5. 合子　6. 合子内细胞核进行减数分裂）　B. 侧面接合各时期

（引自强胜，2006）

3. 轮藻属（*Chara*）

轮藻多生于淡水中，在静水或流动缓慢的水域底部大片生长，少数生长在微盐性水中。分别观察轮藻植物体的形态和生殖结构。

轮藻植物体形态的观察：轮藻植物体高 10～60 cm，以假根固着在水底淤泥中。用放大镜观察，主枝分化成节和节间，节的四周轮生着短枝，短枝也分化成节和节间，节上有单细胞的刺状突起。在短枝上可看到轮藻的生殖结构（图 1-11-10）。

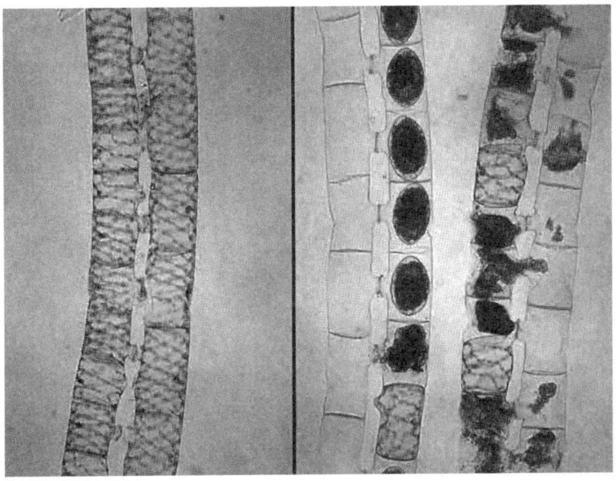

图 1-11-8　水绵属的接合生殖

（引自周云龙等，1992）

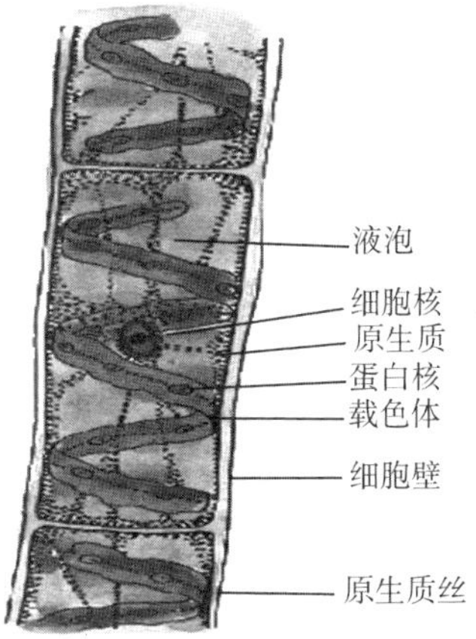

图 1-11-9　水绵属营养体结构

（引自李扬汉，1984）

A　　B　　C

图 1-11-10　轮藻属形态结构

A、B. 营养体结构及节和节间　C. 轮藻属精子囊和卵囊

（引自谢国文，2003）

轮藻生殖结构的观察：轮藻的雌性生殖结构叫卵囊球，雄性生殖结构叫精子囊，又叫精囊球，轮藻的卵囊和精子都着生在短枝的节上。取其短枝做成临时装片观察，可见卵囊生于刺突起的上方，长卵形，内含 1 个卵细胞，卵细胞外围有 5 个螺旋状的管状细胞。每个管细胞上有 1 个小细胞，叫冠细胞，这 5 个冠细胞在卵囊上

组成冠。精子囊生于刺状体的下方，圆形，由 8 个三角形盾细胞组成，盾细胞内侧中央连接 1 个圆柱形细胞，叫盾柄细胞。盾柄细胞末端有 12 个圆形细胞，叫头细胞。头细胞上又可生几个小圆形细胞，叫次头细胞。从次头细胞上长出多条单列细胞的精囊丝，每个细胞中产生 1 个精子(图 1-11-11)。

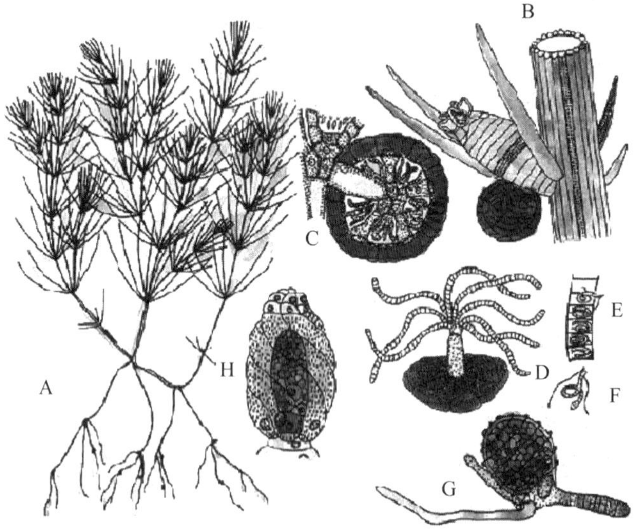

图 1-11-11　轮藻属

A～G. 轮藻属(A. 藻体，假根上有珠芽　B. 藻体节部轮生短枝及卵囊球和精囊球　C. 精囊球的切面　D. 1 个盾细胞及盾柄细胞、头细胞、次级头细胞和精囊丝　E. 精囊丝　F. 精子　G. 受精卵萌发)　H. 丽藻属的卵囊球(示 10 个冠细胞组成的冠)

(引自李扬汉，1984)

(三)红藻门(Rhodophyta)

红藻门植物绝大多数生长在海水中，其中以温带海区较多，只有 50 余种生活在淡水中。植物体绝大多数是多细胞的，少数是单细胞的。

1. 紫菜属(*Porphyra*)

紫菜属植物约 25 种，在我国沿海常见的有 8 种。

(1)紫菜外形的观察　取浸泡过的紫菜观察，其植物体是极薄的叶状体，边缘为波状；基部具盘状固着器。植物体呈紫红色，手摸有黏滑的感觉。

(2)营养细胞的观察　取一块紫菜做成临时装片，置于显微镜下观察。紫菜多数只有一层细胞厚，细胞多角形，排列较规则；埋在共同的胶质中。细胞内有一个细胞核和一个星状的载色体，载色体上有一个蛋白核。

(3)精子囊、果孢子囊和果孢子的观察　先取浸泡的紫菜叶状体，用颜色最深的部位做成临时装片在显微镜下观察，可看出果孢子囊中含有果孢子。果孢子囊中产生的果孢子数因种类不同而异，一般为 8 个或 16 个；但表面观均为 4 个，前者为 2 层，后者为 4 层。取浸泡的紫菜叶状体乳白色部位做成临时装片在显微镜下观察，可看到精子囊。由一个营养细胞转变产生的精子囊数因种类不同而异，一般为 64 个或 128 个，表面观均为 16 个，前者为 4 层，后者为 8 层。

（四）褐藻门（Phaeophyta）

褐藻门植物是附着生活的植物，绝大多数生活在海水中，仅有极少数种类生活在淡水中。褐藻是构成海底“森林”的主要植物。由于褐藻属于冷水藻类，寒带海中分布最多。

1. 海带属（*Laminaria*）

海带（*L. japonica* Aresch）是海带属最常见的植物之一。海带原产于俄罗斯远东地区、日本和朝鲜北部沿海，后由日本传入我国，在辽东和山东半岛水温较低的肥沃海区自然生长，在第 2 年和第 3 年的秋天产生孢子。现在，我国从北到南，直至广东沿海皆可人工养殖。

（1）海带外形的观察　取浸泡的海带孢子体观察，可见海带是大型藻类植物，植物体呈褐色或绿褐色，长 2～4 m，宽 20～30 cm。植物体分为带片、柄和固着器 3 部分（图 1-11-12）。手摸海带有黏滑感，为什么？

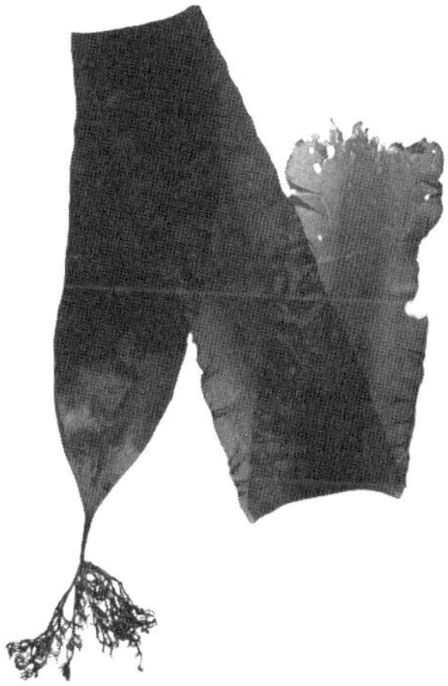

图 1-11-12　海带孢子体

（2）海带带片解剖结构和孢子囊结构的观察　取海带孢子体横切永久制片在显微镜下观察，识别下列结构：

①表皮　在幼嫩海带孢子体横切永久制片上，表皮是海带带片最外边 1～2 层细胞。细胞体积较小，细胞间排列紧密，细胞内有颗粒状黄褐色载色体。表皮细胞外有角质层。在具孢子囊的海带孢子体横切永久制片上，表皮细胞外有孢子囊和隔丝。

②皮层　表皮之内是皮层细胞，其中靠近表皮的几层细胞较小，细胞壁薄，细胞排列不整齐，有的细胞中还含有载色体，这几层细胞构成外皮层。靠近里面的皮层细胞较大，细胞壁薄，细胞排列比较紧密，这几层细胞构成内皮层。皮层中还有黏液腔，这是一种分泌结构。

③髓　带片中央是髓，由无色的髓丝构成。有些髓丝的顶端膨大成喇叭状，称

为喇叭丝。两端膨大相连处形成盘,盘上有小孔,该盘称为筛板,根据推测喇叭丝可能有输导作用。

④孢子囊和隔丝　在成熟海带孢子体横切永久制片上,带片两面产生单室的游动孢子囊,游动孢子囊呈棒状,丛生。游动孢子囊之间有一些狭长的细胞,称为隔丝和侧丝。隔丝顶端有透明的胶质冠。

(3)海带雌、雄配子体的观察　分别取海带雌配子体、雄配子体永久装片观察,可见海带的雄配子体是由十余个细胞组成的分枝的丝状体,雄配子体产生单细胞的精子囊。在精子囊中产生精子。海带雌配子体一般是单个圆球形或卵形细胞,细胞较大,后期雌配子体转化为卵囊,产生1个卵。

(五)真菌门(Eumycophyta)

真菌门是一类不含叶绿素、异养的真核生物,不含光合色素而营异养(寄生或腐生),生殖方式多样,无性生殖为主,可产生多种类型的孢子;有性生殖有同配、异配和卵式生殖等多种方式。

1. 黑根霉属(*Rhizopus*)

属藻状菌纲,自然界根霉属的分布非常广泛,空气、土壤以及各种器皿表面都存在根霉。常可引起馒头、面包、甘薯等淀粉质食品霉变,或制造蔬菜水果腐烂(图1-11-13)。

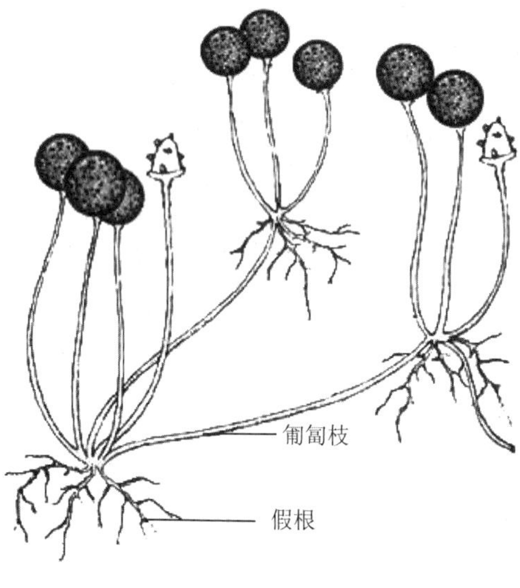

图1-11-13　黑根霉属

(引自强胜,2006)

实验前将面包或馒头等淀粉质食品曝露于空气一段时间后,置于霉菌培养箱25℃培养约3 d后用作实验材料。

在解剖镜下观察培养好的黑根霉群落(示范)(图1-11-14、图1-11-15)。注意孢子囊是否已产生,形态如何。取一黑根霉永久制片,放于显微镜下观察。可见其菌丝无横隔,具匍匐枝、假根、孢子囊和孢子(图1-11-16)。

2. 酵母菌属(*Saccharomyces*)

是真菌门子囊菌纲低等的类群。大多数是单细胞类型,仅有时由若干个芽细胞连成假菌丝。酵母菌多生于含糖较多的基质上，易于采集和培养。酿酒酵母是重要的模式生物之一。

取1滴酿酒酵母液置于洁净的载玻片中央，盖上盖玻片制成临时封片，观察酵母菌的形状（细胞呈卵形或椭圆形）、细胞结构及其出芽繁殖的方式（图1-11-17）。酵母菌在发酵工业中应用广泛。

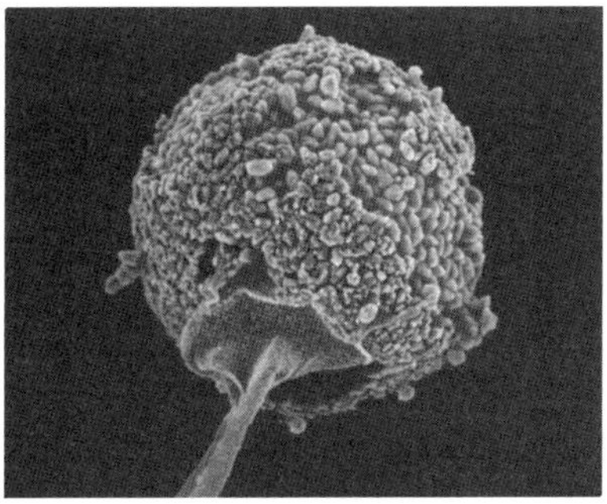

图 1-11-14　黑根霉孢囊孢子

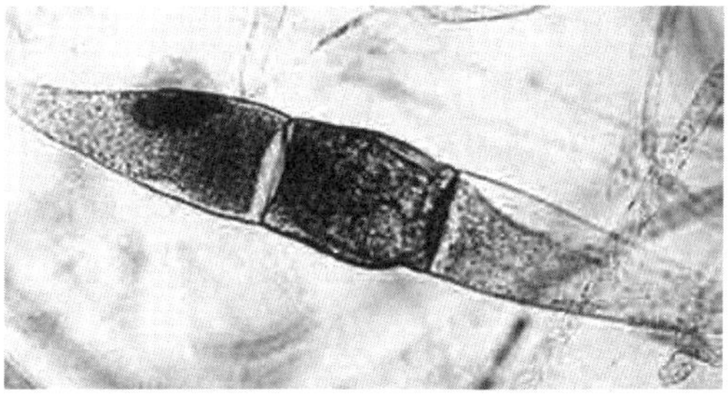

图 1-11-15　黑根霉的配子囊融合

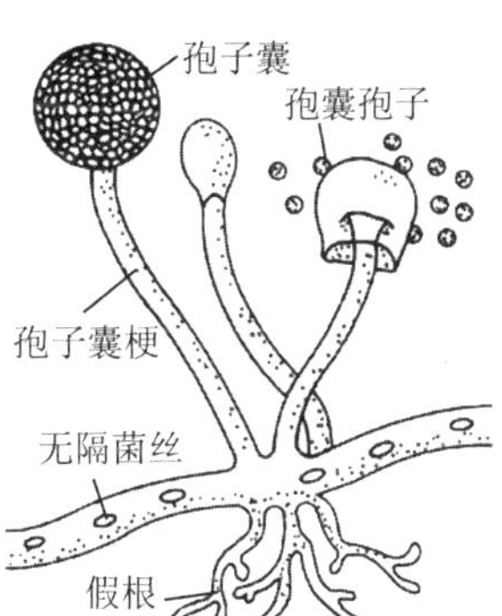

图 1-11-16　黑根霉孢子体结构

（引自周云龙等，1992）

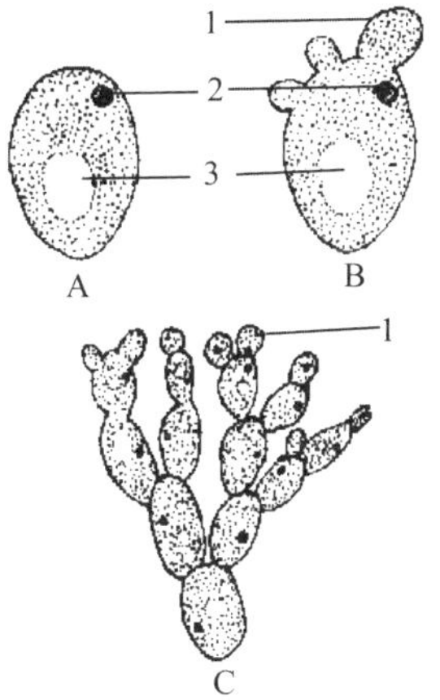

图 1-11-17　酵母菌属

A. 单个细胞　B. 出芽　C. 芽细胞相连，形成假菌丝

1. 芽孢子　2. 核　3. 液泡

（引自李扬汉，1984）

3. 青霉属（*Penicillium*）

是一类营腐生生活的生长于腐烂水果、蔬菜、肉类上的子囊菌。青霉的菌丝体由多细胞分枝很多的菌丝组成，可生长于植物体表面或深入植物体内部。

实验前 4～5 d，取新鲜或加水浸湿的橘子皮，置于底部放有湿纱布或滤纸的培养皿中，放入培养箱中 25 ℃培养数日，即可长出青霉的大量白色菌丝体。1～2 d 后可转为青绿色，此时已产生分生孢子。

取青霉制片，在显微镜下观察。注意扫帚状的孢子囊梗的分生方式及在最末端的小梗上产生一连串绿色分生孢子的情况。并在解剖镜下观察生长于橘皮上的青霉群落（示范）。

4. 蘑菇属（*Agaricus*）

是担子菌纲真菌。观察伞菌的外形，伞菌具有发达的子实体（担子果）呈伞形，子实体分为菌盖和菌柄两部分，它们都是由菌丝交织而成的。在菌盖下面有菌褶，即子实体菌盖内侧的褶皱部分，为放射状的薄皮，菌褶在内部结构上由子实层、子实层基和菌髓 3 部分组成（图 1-11-18）。

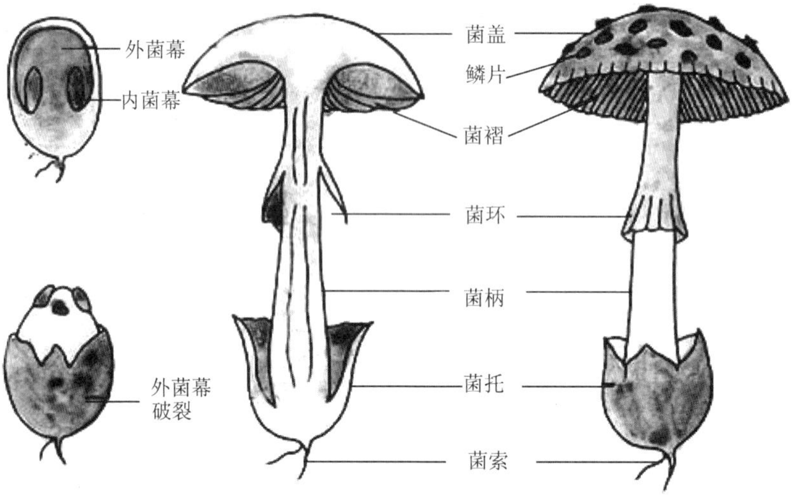

图 1-11-18　蘑菇属

（引自李扬汉，1984）

取伞菌过菌褶横切片进行显微观察，或用新鲜蘑菇的菌盖做徒手切片，先在低倍镜下观察菌褶和子实层。再转高倍镜下观察，可见子实层上排列有许多短柱状的侧丝和担子，担子末端具 4 个短小的担子柄，每个柄上有 1 个球形担孢子，但在切片中不易同时看到 4 个担孢子（图 1-11-19），为什么？

（六）地衣门（Lichens）

地衣是真菌与藻类的共生植物，藻类行光合作用为整个植物体制造养分，而真

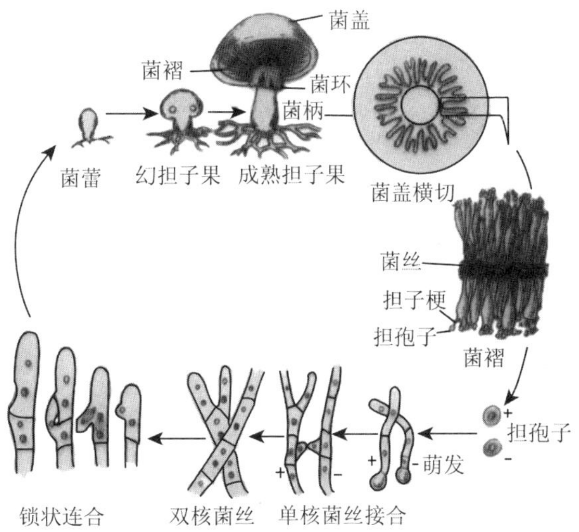

图 1-11-19　蘑菇生活史

(引自何凤仙,1999)

菌则吸收水分和无机盐,为藻类制造养分提供原料。

(1)通过各种地衣标本,观察壳状、叶状、枝状地衣的形态(图 1-11-20、图 1-11-21)。

(2)观察叶状地衣制片,注意同层地衣和异层地衣的结构特点(图 1-11-22)。

①异层地衣　自上而下分为上皮层(由菌丝紧密交织而成)、藻胞层(藻细胞集中成层排列)、髓层(由疏松菌丝组成)和下皮层(亦由菌丝紧密交织而成)。

②同层地衣　其切面中无藻胞层与髓层的区分,即共生藻细胞分散分布在菌丝中。你能分辨出藻类细胞在什么位置吗?

观察藻类、菌类、地衣等示范片和标本,并记录所看到标本的名称。

四、重点与难点

藻类、真菌、地衣的识别要点。

五、课堂作业

1. 绘制水绵的一个细胞,示细胞壁、细胞质、叶绿体、蛋白核、胞质丝和中央大液泡。

2. 列表比较颤藻属、念珠属、鱼腥藻属和螺旋藻属等丝状蓝藻的区别特点,绘制一段丝状体并标示出各种类型的细胞核结构。

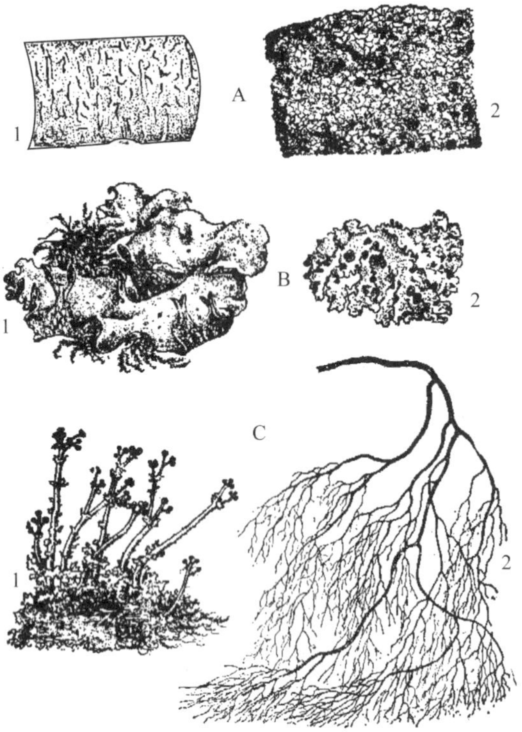

图 1-11-20　地衣植物的形态

A. 壳状地衣(1. 文字衣属　2. 茶渍衣属)　B. 叶状地衣(1. 地卷衣属　2. 梅衣属)

C. 枝状地衣(1. 石蕊属　2. 松萝属)

(引自周云龙等,1992)

图 1-11-21　地茶科　雪茶

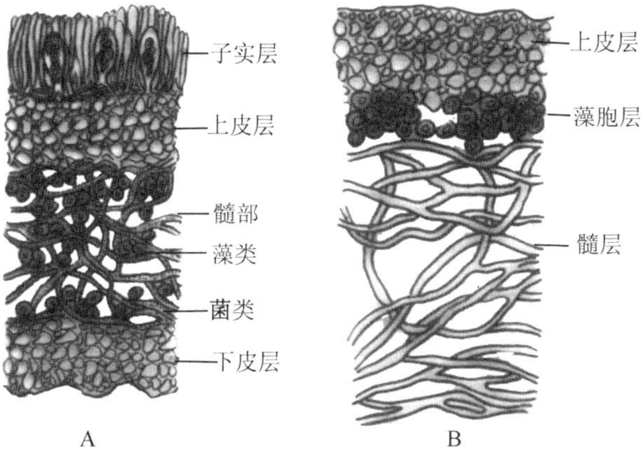

图 1-11-22　地衣构造

A. 同层地衣　B. 异层地衣

（引自强胜，2006）

3. 绘制根霉属或青霉属菌丝体的一部分，标注出假根、匍匐菌丝、孢囊梗、囊壁和孢子等。

4. 绘制具有芽体的酿酒酵母，示细胞结构。

5. 绘制蘑菇菌褶一部分，示担子、担孢子、侧丝、隔胞及髓。

六、思考与讨论

1. 形成“水花”的主要藻类有哪些？

2. 为什么说轮藻属于藻类的高级类群？

3. 从藻体的形态结构、生长方式和繁殖等说明褐藻门植物是藻类中较为高级的类群。

4. 比较蓝藻门和褐藻门的主要异同点。

5. 试述藻类植物的系统演化趋势。

6. 为什么酿酒酵母是子囊菌？

7. 真菌门分为几个纲？它们之间的主要区别是什么？

8. 为什么说地衣是一种特殊的原植体？简述藻菌共生关系中它们各自的作用。

9. 藻类、菌类和地衣植物各自的主要特征是什么？它们有共同之处吗？地衣类植物中藻类与菌类有何关系？

实验十二　高等植物类群及代表植物

一、实验目的与要求

1. 通过代表植物的观察，了解苔藓、蕨类和裸子植物的主要特征，正确理解它们在植物界的系统地位。

2. 认识一些常见的苔藓、蕨类和裸子植物。

二、实验用品与材料

1. 实验用品

用具：体视显微镜、显微镜、放大镜、镊子、解剖针、刀片、载玻片、盖玻片、滴管、吸水纸。

2. 实验材料

新鲜材料：地钱、葫芦藓、肾蕨、苏铁、银杏、云南松、杉木、侧柏植株或枝条。

永久制片：地钱雌雄器托纵切永久制片、地钱叶状体横切面切永久制片、地钱孢子体纵切面切永久制片、葫芦藓孢子体与配子体永久制片、蕨叶永久制片、蕨幼孢子体永久制片、蕨孢子叶永久制片、蕨原叶体永久制片、松大小孢子叶球纵切永久制片。

植物标本：苔藓、蕨类、裸子植物标本。

三、实验内容及方法步骤

（一）苔藓植物（Bryophyta）

1. 苔纲（Hepaticae）

地钱（*Marchantia polymorpha*）　常作为叶状体苔类的代表，植物体（配子体）为雌雄异株。地钱多生活于阴湿的土坡、林地、墙角或水边的土表或石表，分布极广。

（1）植物体（配子体）外形观察（图 1-12-1）　取新鲜地钱或液浸标本，用放大镜观察，配子体为扁平、多回二歧分叉的绿色叶状体，贴地面一侧为腹面，灰绿色、有紫色鳞片和假根。背面绿色、有许多网格，网纹中央有一个小白点为气孔。生长点位于分叉凹陷处，在植物中肋处可见到漏斗状的小突起，为胞芽杯，其内产生很多胞芽。胞芽脱落后就可在湿地上萌发，产生叶状体（配子体）。雌配子体背面分叉处，生有雌器托，呈伞形，由托柄和托盘组成。雄配子体背面分叉处，生有雄器托，托盘呈浅盘状，边缘有浅裂。

（2）雌雄生殖器托观察（图 1-12-2）　取地钱雌器托纵切面切片在低倍显微镜

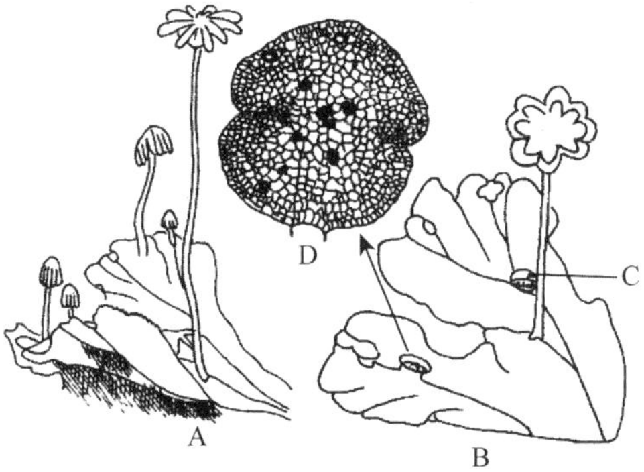

图 1-12-1　地钱

A. 雌配子体及颈卵器托　B. 雄配子体及精子器托　C. 胞芽杯　D. 胞芽放大

(引自李扬汉,1984)

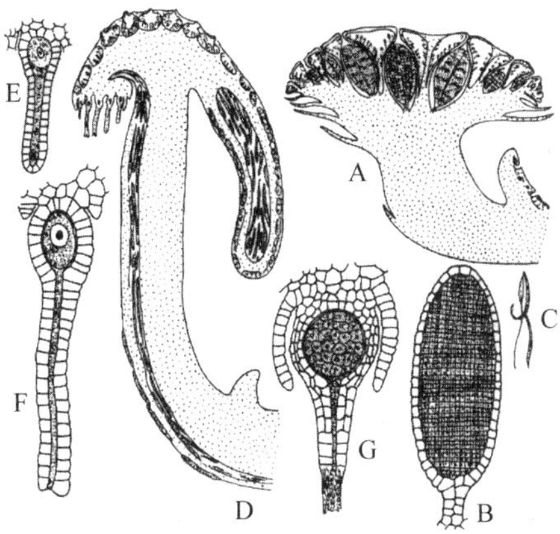

图 1-12-2　地钱

A. 精子器托纵切面,表面下埋精子器　B. 精子器　C. 精子

D. 颈卵器托纵切面,示芒线间下垂的颈卵器　E. 颈卵器

F. 成熟的颈卵器和卵　G. 颈卵器内的胚(幼孢子体)

(引自李扬汉,1984)

下观察,雌器托的托盘为多裂星状体,托柄较长,托盘深裂成 8～10 条微下垂的指状芒线,在芒线之间倒悬瓶状的颈卵器,用高倍镜观察其结构,颈卵器可分为颈部和腹部,颈部外面为一层颈壁细胞,其内有一列颈沟细胞;腹部围以腹壁细胞,其内有两个细胞,上面的一个是卵细胞,下面的一个是腹沟细胞。

取地钱雄器托纵切面切片在显微镜下观察:可见托盘上有许多向上开口的腔

称精子器腔，每个腔内有一个基部具短柄椭圆形的精子器。

（3）孢子体的观察　观察孢子体示范材料，可见孢子体着生于雌器托下方，伸入雌器托的部分为基足，下面球形的为孢蒴，孢蒴与基足之间有一蒴柄。孢蒴内长有许多有弹丝的孢子。

2. 藓纲（Musci）

葫芦藓（*Funaria hygrometrica*）　植物体为雌雄同株，矮小，无背腹之分，但有茎、叶分化，没有真正的根。常生长在有机质丰富的潮湿的环境中。

（1）配子体（植物体）外形观察（图 1-12-3）　取葫芦藓新鲜植株用体视显微镜观察，可见植株矮小，只有 1～3 cm，有茎和叶的分化，叶小而薄，卵形或舌形，螺旋状排列在茎上；茎单一或有稀疏分枝，基部生有短而细的假根。

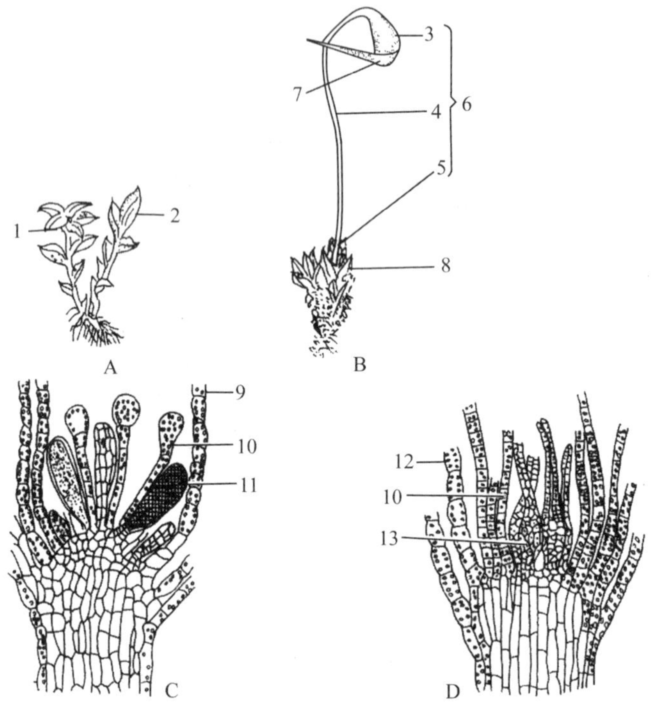

图 1-12-3　葫芦藓

A. 配子体　B. 孢子体寄生在配子体上　C. 雄器苞纵切面　D. 雌器苞纵切面

1. 雄器苞　2. 雌器苞　3. 孢蒴　4. 蒴柄　5. 基足　6. 孢子体　7. 蒴帽（颈卵器的一部分属配子体）　8. 配子体　9. 雄苞叶　10. 隔丝　11. 精子器　12. 雌苞叶　13. 颈卵器

（引自李扬汉，1984）

(2)雌雄配子体观察　雌雄同株不同枝,雌枝顶部有一似顶芽的结构,用解剖针拨开可见顶端有数个直立瓶状颈卵器和隔丝。雄枝外形如一朵小花,是雄器苞,顶端可见许多黄褐色棒状精子器和隔丝。

(3)孢子体观察　取葫芦藓配子体上寄生的孢子体观察,孢子体由基足、蒴柄和孢蒴3部分组成。由于基足插入到配子体内,所以实验时看不到它。蒴柄是一个细长的柄,上部弯曲,起支持孢蒴和运输营养物质的作用。蒴柄顶端的囊状体是孢蒴,是产生孢子的器官,孢蒴上有帽状的蒴帽,成熟时蒴帽脱落,除去蒴帽可见蒴盖,蒴盖脱落后可见两层蒴齿层,孢蒴有多层细胞的壁,中为蒴轴。

(二)蕨类植物(Pteridophyte)

1. 选常见的真蕨类植物为重点观察材料

蕨[*Pteridium aquilinum* (L.) Kuhn var. *latiusculum* (Desv.) Underw.]广泛分布在温带地区,是一种喜光植物,常生长在稀疏的林中或开阔的山野上。

(1)孢子体形态观察(图1-12-4)　取蕨标本观察,孢子体具有根、茎、叶的分化,根状茎长而横走,表面密被黄褐色茸毛,根状茎向下生出不定根,向上生出叶,叶幼时拳卷,成熟后展开,有长而粗的叶柄,叶平展呈三角形2～3回羽状复叶,叶脉分离,叶背面边缘生有连续的孢子囊群,囊群盖两层,有柔毛,不具鳞片。

(2)孢子囊群观察　取孢子叶永久切片用显微镜观察,孢子囊群由许多具长柄的孢子囊组成,囊壁由一层细胞组成,囊壁上有一纵裂的环带,环带细胞均木质化增厚,其中不加厚的两个薄壁细胞称为唇细胞,孢子成熟时,具有使孢子囊开裂和孢子散出的作用。

(3)原叶体(配子体)观察(图1-12-5)　取原叶体装片于显微镜观察,可见蕨为雌雄同体。颈卵器和精子器均生于原叶体腹面,原叶体为绿色心形,分背腹面,由薄壁细胞组成,腹面(向地面)生有许多透明的单细胞假根。在假根之间生有一些球形的精子器突出表面,内含多数精子;在心形凹陷处附近,有一些长颈瓶状的颈卵器,腹部埋入原叶体内,颈部露于外面,略向后弯。

2. 其他蕨类植物

观察下列几种蕨类植物的腊叶标本和新鲜材料。

(1)石松(*Lycopodium clavatum* L.)　分布于热带与亚热带的酸性土壤上,为多年生常绿草本,有直立茎和匍匐茎,茎上有螺旋排列的小叶,直立茎的枝端生有孢子囊穗,其上密生孢子囊叶,肾形的孢子囊生于孢子囊叶的叶腋内。

(2)卷柏[*Selaginella tamariscina* (Beauv.) Spring]　主茎较长,茎上枝条丛生,干旱时卷曲呈佛手状。茎上密生鳞叶,枝端生有孢子囊穗,孢子囊生于孢子囊叶的叶腋内。

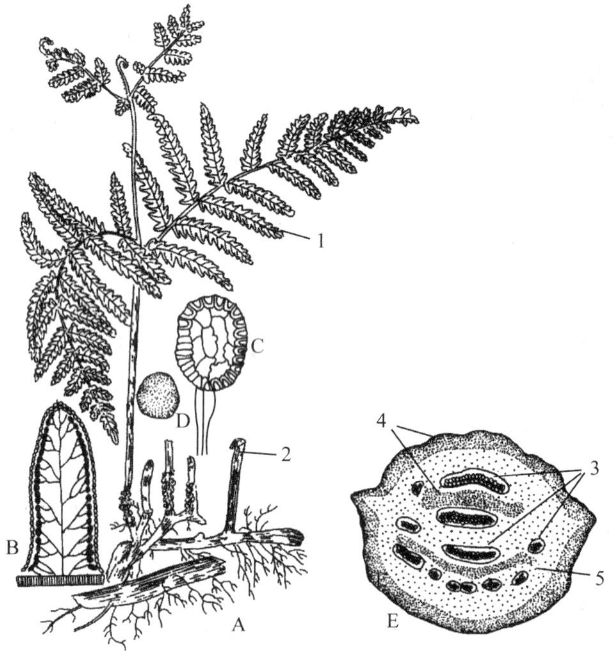

图 1-12-4　蕨孢子体

A. 孢子体　B. 叶背面的孢子囊群　C. 孢子囊　D. 孢子　E. 地下茎横切

1. 大型羽状复叶　2. 幼叶　3. 维管束　4. 机械组织　5. 薄壁组织

（引自北京林学院，1986）

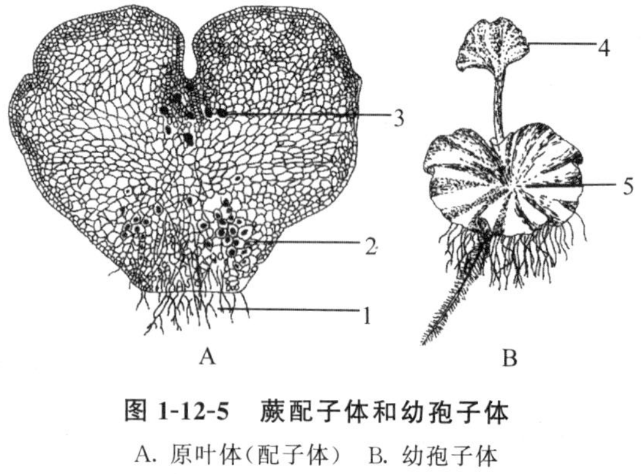

图 1-12-5　蕨配子体和幼孢子体

A. 原叶体（配子体）　B. 幼孢子体

1. 假根　2. 精子器　3. 颈卵器　4. 幼孢子体　5. 原叶体

（引自北京林学院，1986）

(3)问荆(*Equisetum arvense* L.)　多年生草本,具根状茎和气生茎,气生茎有营养枝和生殖枝的区别。营养枝绿色,直立,有分枝,茎和茎的节上都有退化的鳞片叶,茎节中空。生殖枝短而粗,棕褐色,茎直立不分枝,茎顶端着生孢子叶球,其上密生有轮状排列的孢子囊叶。

(三)裸子植物(Gymnospermae)

1. 苏铁(*Cycas revoluta* Thunb.)

苏铁为常见庭园栽种的常绿观赏植物,可见其树形奇特。主干圆柱形,粗壮、坚硬,茎不分枝,顶端丛生大型羽状复叶。雌雄异株,雌花和雄花分别生在雌株和雄株茎顶部。

雄球花(小孢子叶球):黄色,形如圆柱形宝塔,高耸于绿叶丛中。可见小孢子叶球由许多具短柄、背腹扁平、鳞片状窄楔形的小孢子叶紧密地螺旋状排列而成,每个小孢子叶的背面着生许多小孢子囊组成的小孢子囊群。

雌球花(大孢子叶球):黄褐色,呈扁球形,为绿叶环抱。大孢子叶球由多片螺旋状排列的大孢子叶组成,可见每片大孢子叶扁平,密生黄褐色茸毛,上部顶端宽卵形,羽状分裂,下部两侧着生核果状、成熟时红色且顶部凹陷的裸露种子(图 1-12-6)。

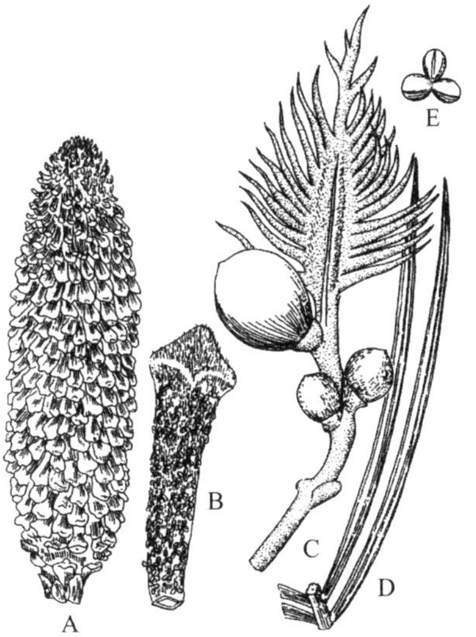

图 1-12-6　苏铁

A. 小孢子叶球　B. 小孢子叶上着生多数小孢子囊　C. 大孢子叶及胚珠
D. 羽片叶一段　E. 小孢子囊

2. 银杏(*Ginkgo biloba* Linn.)

银杏是裸子植物中独一无二的落叶阔叶乔木，为常见庭园栽种的珍贵树种。枝条有长枝和短枝之分，顶生枝为营养性长枝，侧生枝为生殖性短枝；叶扇形，先端两列或不裂而呈波状，叶脉二叉状，在长枝上叶互生，短枝上叶簇生，雌雄异株。

雄球花(小孢子叶球)：在短枝顶端的叶腋内着生有呈葇荑花序状的小孢子叶球，小孢子叶有一短柄，柄端有两个悬垂的小孢子囊(花粉囊)，内有多数小孢子(花粉)。

雌球花(大孢子叶球)：在短枝的顶端着生几个大孢子叶球，大孢子叶球有一长柄，柄上部二叉分枝，分枝顶端形成两个环状(领状)的大孢子叶，又叫珠领，每个大孢子叶上着生一个直生胚珠(裸露的)。每个大孢子叶球通常仅有一个胚珠发育成熟为种子(图 1-12-7)。

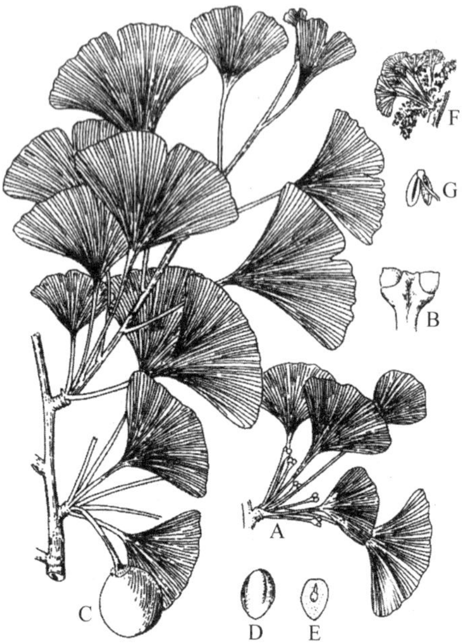

图 1-12-7　银杏

A. 雌球花枝　B. 雌球花上端珠托和胚珠　C. 种子和长短枝
D. 去外种皮种子　E. 种子纵切面　F. 雄球花枝　G. 雄蕊
(引自刘一樵等，1993)

3. 云南松(*Pinus yunnanensis* Faranch)

常绿乔木，主要分布于我国云南、四川西南部、西藏东南部、贵州西部、广西等地。松树最明显的特征是叶成针状，云南松针叶通常 3 针一束，柔软，叶鞘宿存。

树皮褐灰色，裂成不规则鳞块状脱落。雌雄同株，孢子叶成球果状排列，形成雌、雄球花。雌球花（大孢子叶球）单个或2～4个着生于新枝顶端，雄球花（小孢子叶球）多数聚集于新枝下部（图1-12-8）。

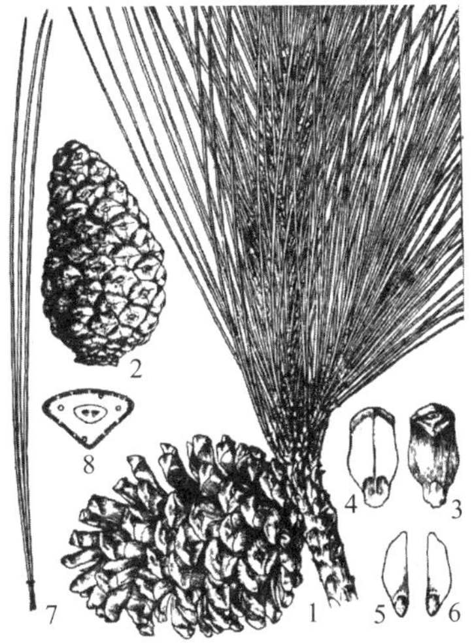

图1-12-8　云南松

1. 球果枝　2. 球果　3、4. 种鳞背腹面　5、6. 种子背腹面　7. 一束针叶　8. 针叶的横切面

（引自中国科学院中国植物志编辑委员会，1978）

4. 侧柏[*Platycladus orientalis*（Linn.）Franco]

常绿乔木，树冠圆锥形。取着生球果的枝条观察，可见着生鳞叶的小枝扁平，同侧生小枝排成一平面。叶鳞形，交互对生。雌雄同株。

雌球花（大孢子叶球）：近球形，由4对交互对生的珠鳞组成，只有中部的2对珠鳞各生1～2个胚珠，其中靠下方一对各着生2枚直生胚珠，靠上方的一对珠鳞各有一个胚珠。

雄球花（小孢子叶球）：黄色，卵圆形，生于枝条顶端，小孢子叶交互对生于轴上，小孢子盾形，在背面有3个花粉囊，囊内有花粉粒。

四、重点与难点

重点：在于掌握苔藓、蕨类、裸子植物的主要形态特征、分类依据，常见植物种类的识别。

难点：正确理解植物进化的基本规律和各类植物之间的相互区别。

五、课堂作业

1. 绘葫芦藓的生殖器官纵切图，示精子器和颈卵器结构。
2. 绘蕨的生活史简图。
3. 编制苏铁科、银杏科、松科和柏科的分科检索表。

六、思考与讨论

1. 为什么说苔藓植物是植物界从水生向陆生的过渡类型？
2. 为什么说蕨类植物比苔藓植物进化又比裸子植物原始？
3. 裸子植物的种子构造有何主要特征？种子植物与孢子植物的最大区别是什么？
4. 比较颈卵器植物各大类群的主要特征。

实验十三　被子植物分类的形态术语(一)根、茎及叶

一、实验目的与要求

1. 掌握根系的类型。
2. 了解茎的性质和生长习性。
3. 掌握叶序、叶形、叶尖、叶基、叶缘、叶裂、脉序和复叶的基本类型。

二、实验用品与材料

1. 实验用品

用具：掘铲、枝剪、放大镜、镊子、直尺、塑料袋、解剖针、刀片、HB～2B铅笔等。

2. 实验材料

新鲜材料：玉兰、月季、水稻、春小麦、棉花、花生、玉米、冬小麦、萝卜、白菜、甘蔗、马铃薯、蒺藜、地锦、狗牙根、草莓、黄瓜、葡萄、牵牛花、菜豆、豇豆、大豆、南天竹、天竺葵、酢浆草、清香木、八角金盘、女贞、夹竹桃、蓝花楹、芭蕉、紫茎泽兰、香樟、旱金莲、蓖麻、蔷薇、合欢、银荆、紫云英、刺槐、大麻、爬山虎、鹅掌柴、桂花、薄荷、紫苏、一串红、美人蕉、睡莲、桃、油菜、慈姑、打碗花、苹果、南瓜等植物（以上实验材料教师可根据当地植物的分布和生长情况适当选取或另择取材料）。

三、实验内容及方法步骤

(一)根系类型(图 1-13-1)

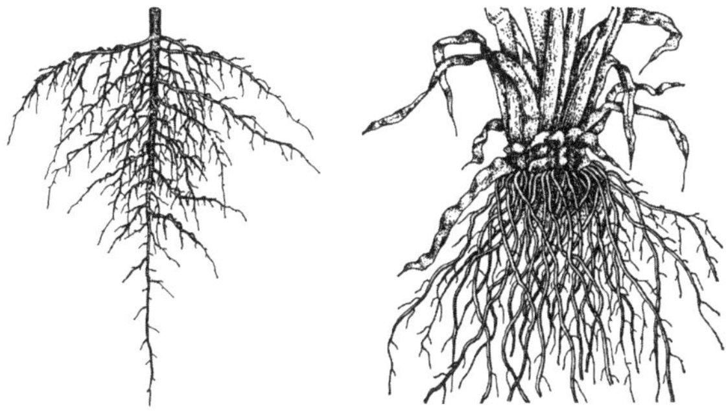

图 1-13-1　根系类型

A. 黄麻直根系　B. 玉米须根系

(1)直根系　凡主根粗壮发达,主根和侧根有明显区别的根系称为直根系。

(2)须根系　主根不发达或很早就停止生长,由茎基部产生的不定根组成的根系称为须根系。

(二)茎的形态特征

1. 茎的性质

根据植物茎木质化程度的高低,可将茎分为木质茎与草质茎两类。

(1)木质茎　木质茎木质化程度高,一般比较坚硬。具有木质茎的植物称为木本植物,其寿命较长,它们又可分为乔木、灌木和半灌木 3 类。

乔木:植株高大,主干粗大而明显,分枝部位距地面较高。

灌木:植株比较矮小,主干不明显,常由基部分枝。其中,枝条柔软下垂者为蔓性灌木。

半灌木:较灌木矮小,高常不及 1 m,茎基部近地面处木质,多年生,上部茎草质,于开花后枯死,如蒿属植物。

(2)草质茎　草质茎木质化程度低,茎的质地较柔软。具有草质茎的植物称为草本植物。根据生活期的长短可分为以下 3 类。

一年生草本:生活周期在 1 年内完成,并结束其生命。

二年生草本:生活周期在两个年份内完成,第 1 年进行营养生长,在第 2 年才开花、结实而后枯死。

多年生草本：地下部分生活多年，每年继续发芽生长。

2. 茎的生长习性

根据茎的生长习性（图 1-13-2），可将茎分为下列几种：

图 1-13-2 茎的生长习性

A. 直立茎 B. 缠绕茎 C. 攀缘茎 D. 平卧茎 E. 匍匐茎

(1)直立茎　茎垂直地面向上生长。

(2)平卧茎　茎平卧地上。

(3)匍匐茎　茎平卧地面，节上产生不定根。

(4)攀缘茎　茎用各种攀缘器官攀缘于它物之上。

(5)缠绕茎　茎螺旋状缠绕于它物上。

(三)叶的形态特征

1. 叶序

叶在茎或枝条上排列的方式叫叶序（图 1-13-3）。常见的有：

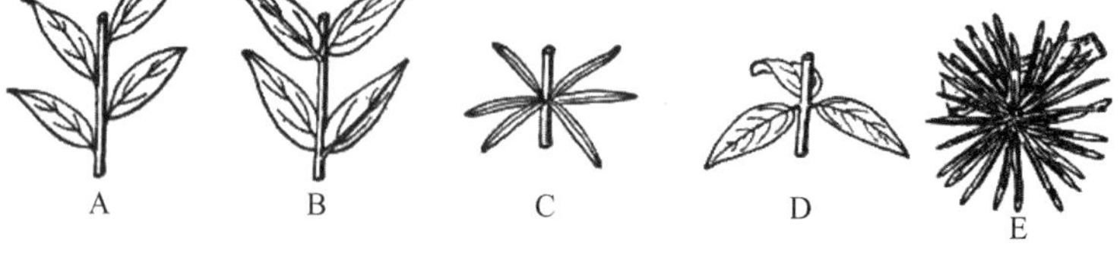

图 1-13-3 叶序类型

A. 互生 B. 对生 C、D. 轮生 E. 簇生

(1)叶互生　每节上只着生 1 片叶。

(2)叶对生　每节上相对着生 2 片叶。

(3)叶轮生 3个或3个以上的叶着生在1个节上。

(4)叶簇生 2个或2个以上的叶着生于极度缩短的短枝上。

2. 叶形

叶形通常是指叶片的形状(图1-13-4),是识别植物的重要依据之一。

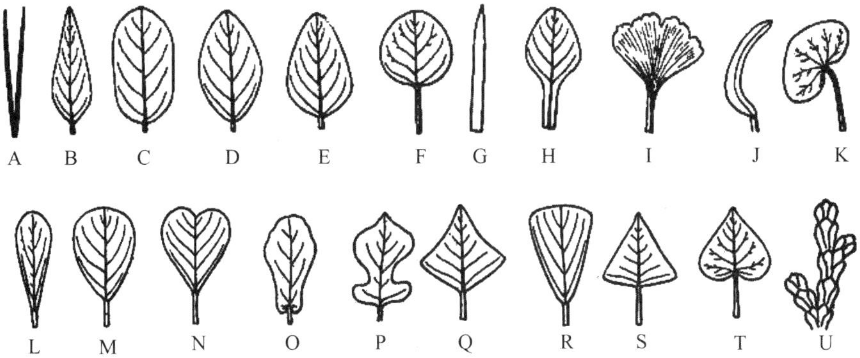

图1-13-4 叶形类型

A. 针形 B. 披针形 C. 矩圆形 D. 椭圆形 E. 卵形 F. 圆形 G. 条形 H. 匙形 I. 扇形 J. 镰形 K. 肾形 L. 倒披针形 M. 倒卵形 N. 倒心形 O、P. 提琴形 Q. 菱形 R. 楔形 S. 三角形 T. 心形 U. 鳞形

(1)针形 细长而顶尖如针,横切面三角形或菱形。

(2)条形(线形) 长约为宽的5倍以上,且全长的宽度略等,两侧边缘近平行。

(3)剑形 坚实较宽大的条形叶。

(4)带形 宽阔而特别长的条形叶。

(5)卵形 形如鸡卵,长约为宽的2倍或较少,中部以下最宽,向上渐狭。

(6)倒卵形 是卵形的颠倒。

(7)阔卵形 长宽约等或长稍大于宽,最宽处近叶的基部。

(8)倒阔卵形 是阔卵形的颠倒。

(9)披针形 长为宽的3～4倍,中部以上最宽,渐上则渐狭。

(10)倒披针形 是披针形的颠倒。

(11)圆形 长宽相等,形如圆盘。

(12)矩圆形(长圆形) 长为宽的3～4倍,两侧边缘略平行。

(13)椭圆形 长为宽的3～4倍,但两侧边缘不平行而呈弧形,顶、基两端略相等。

(14)阔椭圆形 长为宽的2倍或较少,中部最宽。

(15)长椭圆形 长为宽的3～4倍,最宽处在中部。

(16)镰刀形　狭长形而多少弯曲如镰刀。

(17)心形　长宽比例如卵形,但基部宽圆而凹缺。

(18)倒心形　是心形的颠倒。

(19)肾形　横径较长,如肾状。

(20)三角形　基部宽呈平截形,三边几相等。

(21)菱形　即等边斜方形。

(22)楔形　上端宽而两侧向下成直线渐变狭。

(23)匙形　全形狭长,上端宽而圆,向下渐狭,形如汤匙。

(24)扇形　顶端宽而圆,向下渐狭,形如扇状。

(25)提琴形　叶子的半段显然较另一半段为宽阔,而从宽阔的部分转变到较狭的半段时,缓慢地或则往往由于其"腰部"紧束即强烈地分成上下两部。

(26)管状　长度超过其宽度许多倍,横切面多少成圆形,中空,如葱。

3. 叶尖

叶尖的形状有(图 1-13-5):

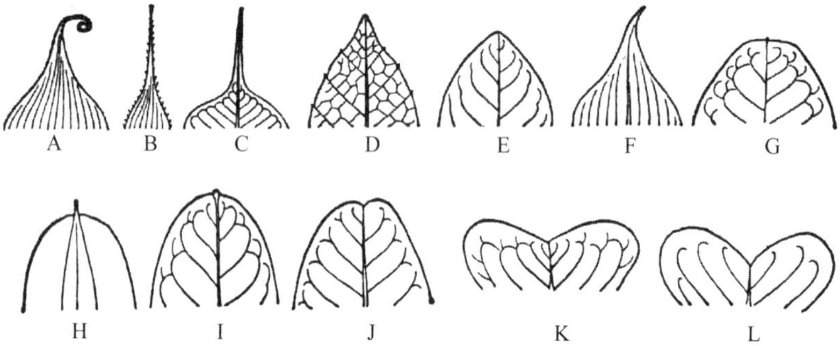

图 1-13-5　叶尖类型

A. 卷须状　B. 芒尖　C. 尾尖　D. 渐尖　E. 锐尖　F. 骤凸
G. 钝形　H. 凸尖　I. 微凸　J. 尖凹　K. 凹缺　L. 倒心形

(1)芒尖　即凸尖延长成一芒状的附属物。

(2)渐尖　尖头延长而有内弯的边。

(3)锐尖　尖头成一锐角形而有直边。

(4)尾尖　先端成尾状延长。

(5)钝形　先端钝或狭圆形。

(6)尖凹　先端稍凹入。

(7)凹缺　先端凹入的程度比前者更明显。

(8)倒心形　先端宽圆而凹缺。
(9)卷须状　先端渐尖而卷曲。
(10)骤凸　先端有一利尖头。
(11)凸尖　由中脉延伸于外而成一短锐尖。
(12)微凸　即中脉的顶端略伸出于外面。

4. 叶基

叶基的形状有(图 1-13-6)：

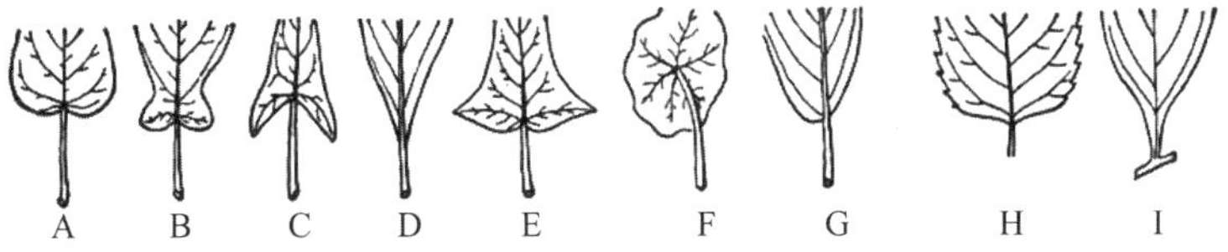

图 1-13-6　叶基类型

A. 心形　B. 耳垂形　C. 箭形　D. 楔形　E. 戟形　F. 盾状　G. 偏形　H. 截形　I. 渐狭

(1)心形　于叶柄连接处凹入成缺口,两侧各有一圆裂片。
(2)耳垂形　基部两侧各有一耳垂形的小裂片。
(3)箭形　基部两侧的小裂片向后并略向内。
(4)楔形　中部以下向基部两边渐变狭状如楔子。
(5)渐狭　向基部两边变狭的部分更长更渐进,与叶尖的渐尖类似。
(6)戟形　基部两侧的小裂片向外。
(7)圆形　基部呈半圆形。
(8)偏形(歪斜)　基部两侧不对称。
(9)截形　基部平截而多少成一直线。

5. 叶缘

叶片边缘叫叶缘(图 1-13-7)。常见的有以下几种：

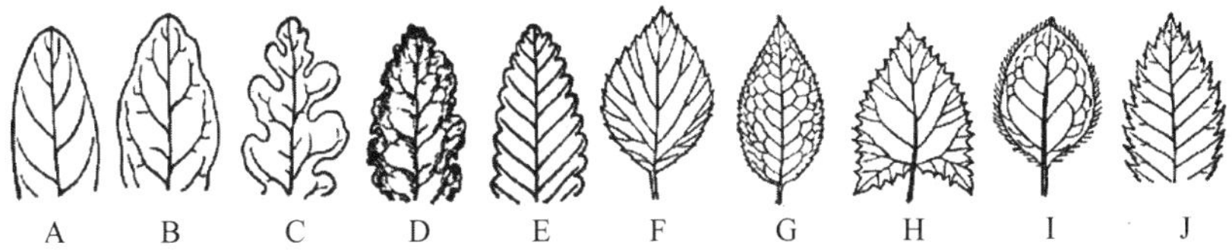

图 1-13-7　叶缘类型

A. 全缘　B. 浅波状　C. 深波状　D. 皱波状　E. 钝齿状　F. 锯齿状
G. 细锯齿状　H. 牙齿状　I. 有睫毛　J. 重锯齿状

(1)全缘　叶缘不具锯齿或缺刻。

(2)锯齿　边缘具尖锐的锯齿,齿端向前。

(3)牙齿　边缘具尖锐齿,齿端向外。

(4)钝齿　边缘具钝头的齿。

(5)波状　边缘起伏如微波。

(6)有睫毛　边缘有细毛,似眼睫毛。

6. 叶裂

叶裂的形状有(图 1-13-8):

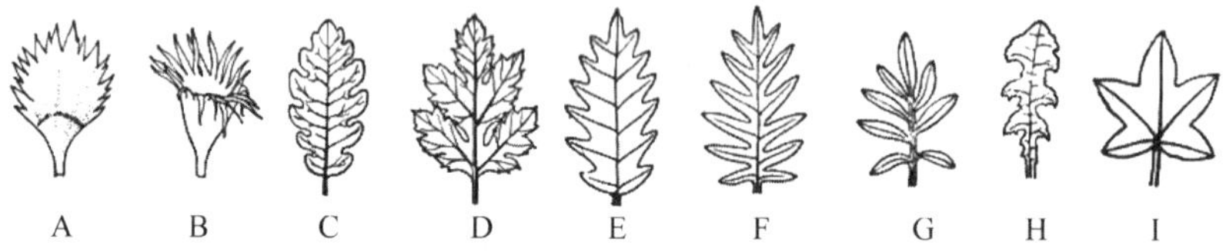

图 1-13-8　叶裂类型

A. 缺刻的　B. 条裂的　C. 浅裂的　D. 深裂的　E. 羽状浅裂
F. 羽状深裂　G. 羽状全裂　H. 倒向羽裂　I. 掌状半裂

(1)浅裂　叶片分裂不到半个叶片宽度的一半。

(2)深裂　叶片分裂深于半个叶片宽度的一半以上。

(3)全裂　叶片分裂达中脉或基部。

7. 脉序

脉序是叶脉在叶片中排列的方式(图 1-13-9),脉序有以下几种:

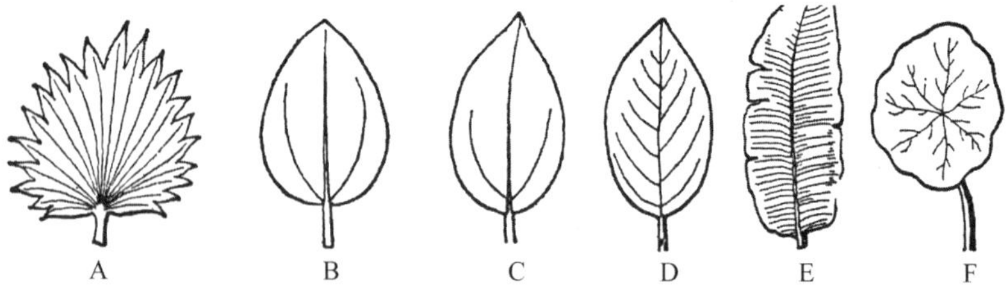

图 1-13-9　脉序类型

A. 掌状脉　B. 掌状三出脉　C. 离基三出脉　D. 羽状脉　E. 平行脉　F. 射出脉

(1)网状脉　叶脉数回分枝而有小脉互相连接成网,又可分为:

①羽状网脉　侧脉由主脉分出排列成羽毛状,又称羽状脉。

②掌状网脉　几条近等粗的脉由叶柄顶部射出,又称掌状脉。

(2)平行脉　叶脉大致平行排列,未形成网状结构。又可分为:

①直出平行脉　各脉由基部平行直达叶尖,又称直出脉。

②侧出平行脉　中央主脉明显,侧脉由主脉分出,平行直达叶缘,又称侧出脉。

③辐射平行脉　各脉由叶柄顶端辐射状分出,又称射出脉。

④弧状平行脉　各脉由叶柄顶端平行分出,彼此逐渐远离,最后在叶尖汇合,叶脉呈弧状,又称弧形脉。

(3)叉状脉　各脉作二叉分枝。

8. 复叶(图 1-13-10)

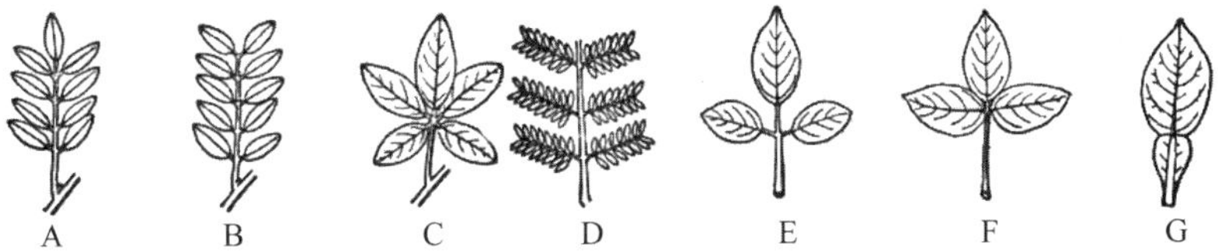

图 1-13-10　复叶类型

A. 奇数羽状复叶　B. 偶数羽状复叶　C. 掌状复叶　D. 二回羽状复叶　E. 羽状三出复叶　F. 掌状三出复叶　G. 单身复叶

有 2 至多个叶片生在一个总叶柄或总叶轴上的叶叫复叶。可分为:

(1)羽状复叶　小叶排列在总叶柄的两侧呈羽毛状,又可分为:

①奇数羽状复叶　顶生小叶存在,小叶数目为单数。

②偶数羽状复叶　顶生小叶缺乏,小叶数目为双数。

总叶轴的两侧有羽状排列的分枝,分枝上再生羽状排列的小叶,其分枝叫羽片,这样的叶子叫二回羽状复叶。依次又有三回羽状或多回羽状复叶。

(2)掌状复叶　小叶都生于总叶柄的顶端。同样有二回三出复叶、三回三出复叶。

(3)三出复叶　仅有 3 个小叶生于总叶柄上。有羽状三出复叶与掌状三出复叶之分,前者是顶生小叶生于总叶柄顶端,两个侧生小叶生于总叶柄顶端以下;后者是 3 个小叶都生于总叶柄的顶端。

(4)单身复叶　两个侧生小叶退化,而其总叶柄与顶生小叶连接处有关节。

四、重点与难点

重点:掌握被子植物根茎叶的形态学基础知识及分类术语。

难点:掌握分类术语及其对植物体根茎叶形态的具体细化描述。

五、课堂作业

1. 写出棉花、花生、大豆、萝卜、白菜、水稻、小麦、玉米及甘蔗等植物的根系类型。

2. 写出水稻、小麦、玉米、甘薯、蒺藜、地锦、狗牙根、草莓、黄瓜、葡萄、牵牛花、菜豆及豇豆植物的生长习性。

3. 写出水稻、春小麦、棉花、花生、玉米、冬小麦、萝卜、白菜 、甘蔗、马铃薯为几年生草本植物。

4. 列表比较下列植物的叶序、叶形、叶尖、叶基、叶缘、叶裂、脉序和复叶的类型：

玉兰、月季、紫荆、棉花、花生、萝卜、白菜、马铃薯、牵牛花、南天竹、天竺葵、酢浆草、大叶黄杨、清香木、八角金盘、女贞、夹竹桃、蓝花楹、紫茎泽兰、香樟、旱金莲、蓖麻、蔷薇、合欢、银荆、紫云英、刺槐、大麻、鹅掌柴、桂花、薄荷、紫苏、美人蕉、睡莲、桃、油菜、慈姑、打碗花、苹果、南瓜、水稻、小麦、玉米、甘蔗、芭蕉。

六、思考与讨论

叶的形态特征中，主要有哪些在植物分类上有重要作用？

注：图 1-13-1 至图 1-13-10 引自李扬汉主编《植物学》及《中国高等植物图鉴》。

实验十四　被子植物分类的形态术语(二)花及花序

一、实验目的与要求

1. 了解被子植物花的外部形态及其各组成部分的特点。
2. 学习解剖花以及使用花程式描述花的方法。
3. 理解花序的有关概念并掌握一些常见花序的特点。
4. 了解有关花及花序的形态术语，为学习植物分类部分打好基础。

二、实验用品与材料

1. 实验用品

用具：解剖镜、镊子、解剖针、刀片、载玻片。

2. 实验材料

新鲜材料：桃、黄瓜、百合、蓖麻、豌豆、锦葵、一串红、油菜花或白菜花序，车前或马鞭草花序，苹果或梨花序，大葱、胡萝卜或韭菜花序，柳、杨或胡桃花序，向日葵、菊或蒲公英花序，马蹄莲花序或玉米雌花序，小麦或黑麦花序，花楸或锈线菊花序，附地菜或龙葵花序，唐菖蒲或委陵菜花序，石竹或大叶黄杨花序，大戟或狼毒花序等适时季节的各形态术语所需代表植物的实物（新鲜植物株或枝条）。

三、实验内容及方法步骤

（一）花的组成

1. 花的基本结构

取一朵油菜花（图 1-14-1），观察以下各个部分：

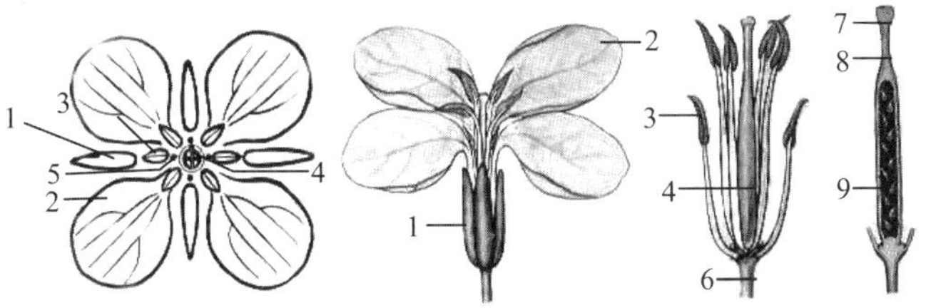

图 1-14-1　油菜花组成

1. 花萼　2. 花瓣　3. 雄蕊　4. 雌蕊　5. 蜜腺　6. 花柄　7. 柱头　8. 花柱　9. 子房

（1）花梗　花托之下绿色细长的柄，着生在花序轴上。

（2）花托　花梗顶端有稍微膨大的部分，是着生花萼、花冠、雄蕊及雌蕊的地方。剥除花萼、花冠、雄蕊及雌蕊后方可见到。

（3）花萼　在花的最外面，通常绿色，油菜花有 4 枚分离的萼片。

（4）花冠　位于花萼以内，由 4 片分离的黄色花瓣组成，因 4 片花瓣的形状、大小相同，通过花的中心纵切可以得到多个对称面故属整齐花（辐射对称）。

（5）雄蕊群　位于花冠内侧，由细长的花丝以及花丝顶端膨大的花药组成。一朵油菜花中的雄蕊群共 6 枚，2 短 4 长即为四强雄蕊。

（6）雌蕊群　位于花中央，形似一瓶状物者即为雌蕊，雌蕊由柱头、花柱、子房构成。具顶端膨大部分为柱头，基部膨大部分为子房，二者间较细的部分为花柱。用刀片将子房横切，在横切面上可看到一个假隔膜将子房分为假二室，雌蕊为 2 心皮愈合而成的复雌蕊。

2. 禾本科植物花的观察

取一小麦穗（图 1-14-2）观察可见：小麦穗由穗轴（中轴）、小穗（着生于穗轴的每个节上）及小花（着生于小穗轴上）组成。用镊子自穗轴上取下一个小穗观察，由下而上依次为：

图 1-14-2　小麦小穗模式图

1. 小穗轴　2. 外颖　3. 内颖　4. 外稃　5. 内稃

6. 浆片　7. 柱头　8. 子房　9. 花药　10. 花丝

（1）颖片　位于小穗最基部，两片呈倒卵形的结构，分为内颖和外颖。

（2）小花　位于内、外颖片之内，有 3～5 朵。取下其中一朵仔细观察，可看出每朵小花又由外稃 1 枚（其顶端伸长为芒）、内稃 1 枚、浆片 2 枚（位于外稃基部内侧，白色卵形，是花被的变态）、雄蕊 3 枚、雌蕊 1 枚（可见 2 个羽毛柱头，花柱短）组成。

3. 花瓣与萼片或其裂片在花芽中的排列方式

组成花冠的花瓣的数目常随植物种类的不同而不同，花瓣间的排列方式也因种而异，一般在花蕾初放时较为明显，常作为分类的依据。常见的花瓣间的排列方式有镊合状、覆瓦状和旋转状等类型（图 1-14-3）。取番茄、棉花、油菜、蚕豆等植物的花蕾，由外至内逐渐剥离，注意观察其花瓣间或萼片间的排列情况属于下列哪一种排列方式。

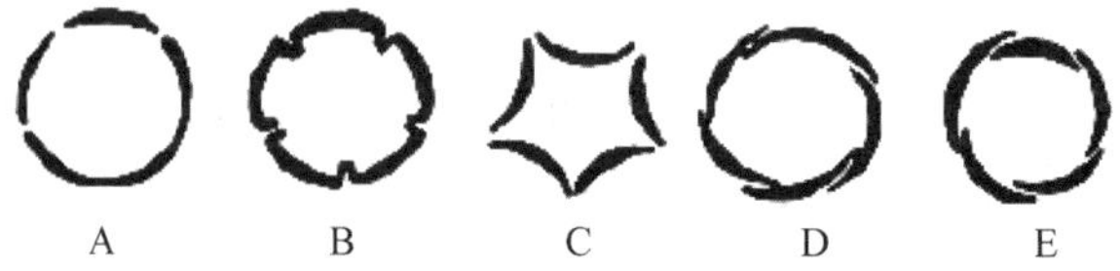

图 1-14-3　花瓣与萼片或其裂片在芽中的排列方式

A、B、C. 镊合状　D. 旋转状　E. 覆瓦状

（1）镊合状　在花芽中，花瓣或萼片各片的边缘彼此接触，但不覆盖。

（2）旋转状　在花芽中，花瓣或萼片每一片的边缘覆盖着相邻一片的边缘，而另一片又被另一相邻一片的边缘所覆盖。

(3)覆瓦状　在花芽中，花瓣或萼片的排列与旋转状相似，但各片中有一片或两片完全在外，另一片完全在内。

4. 常见花冠类型

花冠的形态多种多样。由于花瓣的离合、花冠筒的长短、花冠裂片的形状和深浅等不同，形成各种类型的花冠(图 1-14-4)，常见的有：

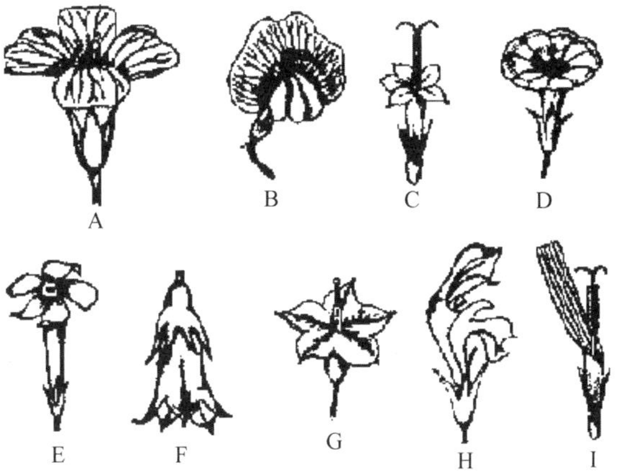

图 1-14-4　常见花冠类型

A. 十字形花冠　B. 蝶形花冠　C. 筒状花冠　D. 漏斗状花冠　E. 高脚蝶状花冠　F. 钟状花冠　G. 轮状花冠　H. 唇形花冠　I. 舌状花冠

(1)筒状　花冠大部分合成管状或圆筒状，花冠裂片向上伸展，如向日葵花序的盘花。

(2)漏斗状　花冠下部呈筒状，并由基部逐渐向上扩大成漏斗状，如甘薯等旋花科植物。

(3)钟状　花冠筒宽而短，上部扩大成一钟形，如南瓜、桔梗。

(4)轮状　花冠筒短，裂片由基部向四周扩展，状如车轮，如番茄、茄。

(5)唇形　花冠基部筒状，上部略呈二唇形，如芝麻、一串红、丹参。

(6)舌形　花冠基部呈一短筒，上端向一边张开成扁平舌状，如向日葵花花序的边花。

(7)蝶形　花瓣 5 片，排列成蝶形，最上一瓣叫旗瓣；两侧的两瓣叫翼瓣，为旗瓣所覆盖，且较旗瓣小；最下两瓣位于翼瓣之间，其下缘常稍合生，叫龙骨瓣，如豌豆等豆科蝶形花亚科植物。

(8)十字形　由 4 个分离的花瓣排列成十字形,如油菜、白菜、萝卜等。

筒状、漏斗状、钟状、轮状以及十字形花冠,各花瓣的形状、大小基本一致,常为辐射对称。蝶形、唇形、舌状花冠,各花瓣的形状、大小不一致,常呈两侧对称。也有一些植物的花是不对称的,如美人蕉。

5. 雄蕊类型

植物种类不同,花中雄蕊的数目、花丝的长短、花药和花丝的分离与联合方式常不同,形成不同的雄蕊类型(图 1-14-5)。

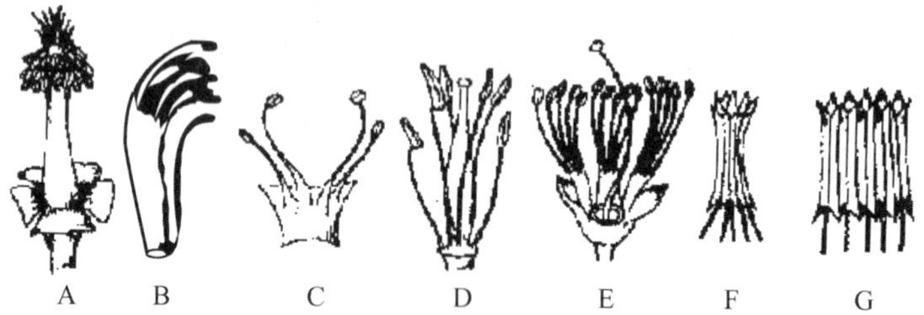

图 1-14-5　雄蕊类型

A. 单体雄蕊　B. 二体雄蕊　C. 二强雄蕊　D. 四强雄蕊　E. 多体雄蕊　F、G. 聚药雄蕊

(1)单体雄蕊　一朵花中雄蕊多数,花丝联合成一体形成一管状物包在花柱外侧,花丝上部及花药分离,如棉花、木槿、悬铃花等锦葵科植物。

(2)二体雄蕊　一朵花中有 10 枚雄蕊,其中 9 枚雄蕊的花丝联合,另 1 枚雄蕊单生,呈 2 束,如蚕豆、紫藤等蝶形花亚科植物。

(3)多体雄蕊　一朵花中雄蕊多数,雄蕊的花丝联合成多组,如金丝桃、蓖麻。

(4)聚药雄蕊　花药合生,花丝分离,如向日葵、蒲公英等菊科植物。

(5)二强雄蕊　雄蕊 4 枚,2 长 2 短,如一串红等唇形科植物。

(6)四强雄蕊　雄蕊 6 枚,4 长 2 短,如油菜、萝卜等十字花科植物。

6. 雌蕊类型

(1)雌蕊类型　根据心皮离合情况与数目,分为以下 3 种(图 1-14-6):

①单雌蕊　一朵花中的雌蕊仅由 1 个心皮组成,子房 1 室,如大豆、蚕豆、桃等。

②离生单雌蕊(离生心皮雌蕊)　一朵花中有若干彼此分离的单雌蕊,如八角、草莓、木兰等。

③复雌蕊(合生心皮雌蕊)　一朵花的雌蕊由 2 枚或 2 枚以上的心皮合生而成,可以是 1 室或多室,如黄瓜、柑橘、油菜等。

(2)辨别组成雌蕊的心皮数目

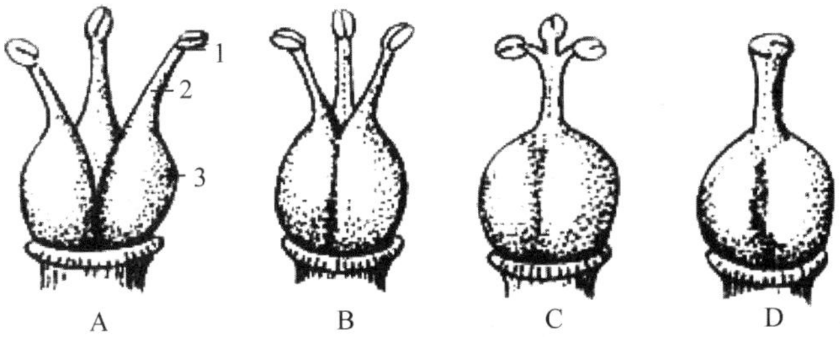

图 1-14-6 雌蕊类型

A. 离生单雌蕊 B、C、D. 不同程度的复雌蕊

1. 柱头 2. 花柱 3. 子房

①在具体观察一朵花时，如花中有 2 个或 2 个以上雌蕊时，该雌蕊类型为离生单雌蕊；如花中只有 1 个雌蕊时，则要判断该雌蕊是属于单雌蕊还是复雌蕊，也即判断组成该雌蕊的心皮数目。如图 1-14-6：A 是离生心皮雌蕊，由 3 个离生心皮形成，因此有 3 个柱头、3 个花柱和 3 个子房；B、C 是复雌蕊（B 有 3 个分开的花柱，1 个子房；C 有 3 个柱头，花柱和子房合生只有 1 个，B 和 C 都由 3 个心皮合生而成）；D 据其外观，有复雌蕊和单雌蕊两种可能。判断其心皮数需要对其子房横切，根据子房室和胎座的数目作进一步判断。

②如在一朵花中只有 1 个雌蕊，则首先观察花柱、柱头是否开裂及子房外侧是否有沟槽。如花柱和柱头开裂或子房外侧有沟槽，则花柱和柱头的开裂数目或子房外侧的沟槽数目即为该雌蕊的心皮数目；如花柱和柱头不开裂，则要对该雌蕊的子房作横切，进一步观察子房室数目。

③在雌蕊子房的横切面中，如子房被分成几个子房室（中轴胎座），则子房室数目即为组成该雌蕊的心皮数目；如子房中仅有 1 个子房室，则要对该雌蕊的胎座位置做进一步观察。

④当胎座位于子房室中央，并有许多胚珠着生其上，则该雌蕊属于复雌蕊；当胎座位于子房壁上，如胎座数目大于 2 个，则该雌蕊属于复雌蕊，如胎座数目仅为 1 个，则要对子房壁中的维管束（腹束和背束）数目作进一步观察。

⑤当胎座位于子房室中央或子房壁上只有 1 个胎座时，则必须观察子房壁中的维管束（腹束和背束）数目，维管束（腹束和背束）数目除以 2，即为组成该雌蕊的心皮数目。

将上述方法灵活应用于具体实验过程中，不仅可以准确地判别出心皮数目，还可以同时解决雌蕊类型和胎座类型等多个实验问题。

图 1-14-7A 为向日葵盘花的雌蕊，其柱头 2 裂，其雌蕊由 2 个心皮组成。

图 1-14-7B 为木芙蓉子房的横切面，可见有 5 个子房室，胎座为中轴胎座，这表明其雌蕊由 5 个心皮构成。

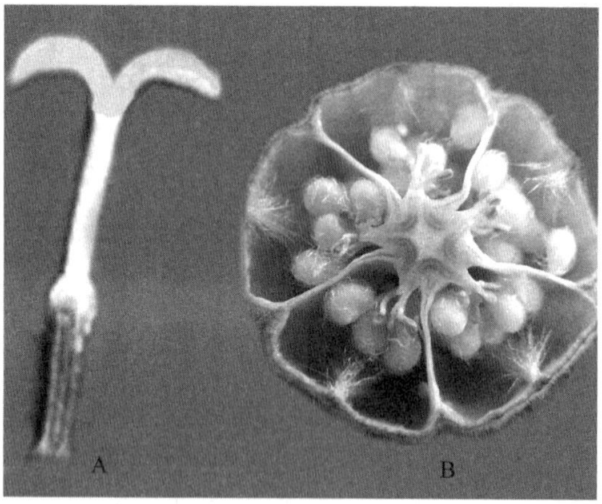

图 1-14-7　向日葵盘花雌蕊及木芙蓉子房横切

A. 向日葵盘花雌蕊(示柱头)　B. 木芙蓉子房横切(示子房室)

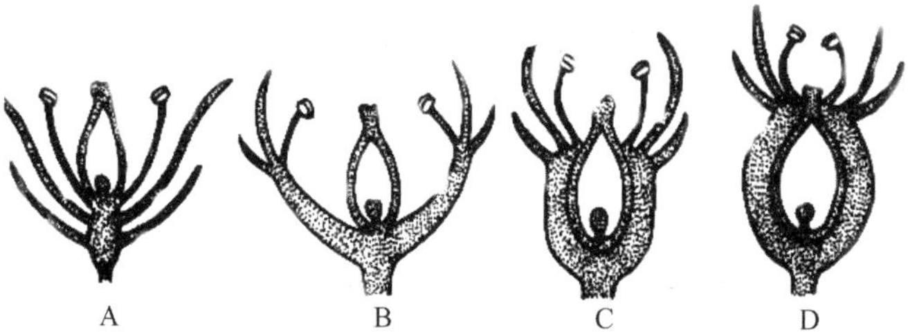

图 1-14-8　子房位置

A. 上位子房下位花　B. 上位子房周位花　C. 子房半下位周位花　D. 子房下位上位花

7. 子房位置类型(图 1-14-8)

根据子房与花其他部分(花萼、花冠、雄蕊群)的相对位置，通常分为以下 3 种：

(1)子房上位　雌蕊的子房仅以底部和花托相连，花的其余部分均不与子房相连。其中又可分为以下两种情况：一种是子房仅以底部和花托相连，萼片、花瓣、雄蕊着生的位置低于子房，称为上位子房下位花，如油菜，大豆等；另一种是子房仅以底部和杯状萼筒底部的花托相连，萼片、花瓣、雄蕊着生于杯状萼筒的边缘即子房的周围，称为上位子房周位花，如桃、李等。

(2)子房半下位　子房的下半部陷生于花托中，并与花托愈合，子房上半部仍外露，萼片、花瓣、雄蕊着生在子房周围花托的边缘，称为半下位子房周位花，如菱、马齿苋。

(3)子房下位　整个子房埋于下陷的花托或花筒中，并与花托愈合，仅柱头外露，萼片、花瓣、雄蕊着生在子房以上花托或花筒的边缘，称为下位子房上位花，如黄瓜、向日葵、苹果等。

8. 胎座类型

在雌蕊的子房内，胚珠着生的部位叫胎座，由于心皮的数目和连接方式以及胚珠着生的部位不同，形成了不同的胎座类型。

(1)边缘胎座　单心皮，子房1室，胚珠生于腹缝线上，如豆类。

(2)侧膜胎座　2个以上的心皮所构成的1室子房或假数室子房，胚珠生于心皮的边缘，如油菜、白菜、南瓜、黄瓜等。

(3)中轴胎座　多心皮构成的多室子房，心皮边缘于子房中央形成中轴，胚珠生于中轴上，如棉花、柑橘、百合。

(4)特立中央胎座　多心皮构成的1室或不完全数室子房，子房腔的基部向上有一个中轴，但不到达子房顶，胚珠即生于此轴上，如石竹、繁缕等石竹科植物。

(5)基生胎座　胚珠生于子房室的基部，如向日葵。

(6)顶生胎座　胚珠生于子房室的顶部，如桑、榆等。

(二)花程式

取新鲜的材料解剖观察，即分别由下向上或从外向内逐层剥离，按顺序将它们放置在白纸上或培养皿中，并用解剖镜观察各种花的子房横剖面，然后用花程式来描述花各个组成部分的情况。

如豌豆的花萼合生，呈钟状。萼齿披针形，花冠白色或带紫红斑，为两侧对称的蝶形花冠，由5瓣组成，最外面的1个大瓣为旗瓣，近于扁圆形；其中为2个侧生的翼瓣，呈宽卵形，基部具爪，最里面的2个花瓣合生成龙骨瓣呈半圆形。当去掉花冠后，仔细分析雄蕊的组成情况，在雄蕊群中可见9枚雄蕊结合在一起，另1枚雄蕊单生，这为二体雄蕊。雌蕊1枚，子房上位，由1个心皮组成，1室，边缘胎座，胚珠多数(图1-14-9)。其花程式写为：

$$\uparrow Ca_{(5)}Co_{1+2+(2)}A_{(9)+1}\underline{G}_{1:1:\infty}$$

(三)花序类型

被子植物的花可以单独着生于茎的顶端和叶腋，也可以是多数花朵按一定顺序生长在花序轴上组成花序。一般花序轴是没有典型的营养叶，只有叶状苞片，往

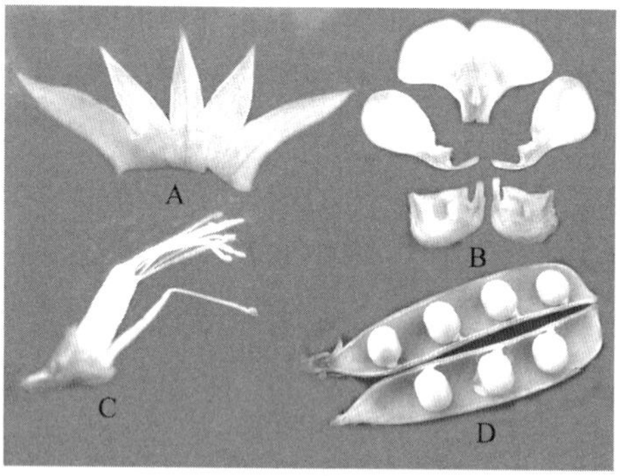

图 1-14-9 豌豆的花部特征

A. 花萼 B. 蝶形花冠 C. 二体雄蕊 D. 荚果

往是一个苞片的腋部着生一花朵。根据花序轴分枝的方式和开花的顺序，将花序分为无限花序和有限花序两大类。

1. 无限花序

花序轴下部或周围的花先开放，然后逐渐向上或中心开放，而花序轴顶端仍保持生长的能力，所以可以继续伸长(图 1-14-10)。

根据花序轴的长短、形态和是否分枝、小花在花序轴上的着生方式、小花花柄的有无、长短等特征，又可将无限花序分成下列常见的许多类型：

(1)总状花序 花序轴长不分枝，花柄长度相等，如白菜、油菜、荠菜等。

(2)伞房花序 花序轴不分枝，稍伸长，其上着生多朵花柄不等长的小花，靠下部的小花花柄较长，越往上花柄越短，使整个花序的各朵花在上面排成一平面，如苹果、梨、绣线菊等。

(3)伞形花序 花序轴短缩成一球形，上面集中着生许多花柄等长的小花。整个花序外形如张开的伞状，故称伞形花序，如葱、韭菜等。

(4)穗状花序 花序轴长不分枝，小花无柄，两性，如车前草等。

(5)葇荑花序 花序轴不分枝，常柔软下垂，小花无柄，单性，在开花或果实成熟后，整个花序脱落，如杨、柳、核桃和栎的雄花序。

(6)肉穗花序 花序轴肉质化，呈棒状，花无柄，单性，如玉米的雌花序。一些肉穗花序外包被有一大型苞片形似花冠特称佛焰苞，如芋、半夏和马蹄莲等。这种花序有时也特称佛焰花序。

(7)头状花序 由许多无柄的小花密集地着生于一缩短成头状或盘状的花序轴上，花序轴下有各苞叶常集成的总苞，如蒲公英、向日葵等菊科植物的花序。

(8)隐头花序 此类花序较特殊，不多见，其特点是花序轴缩短并膨大肉质化，

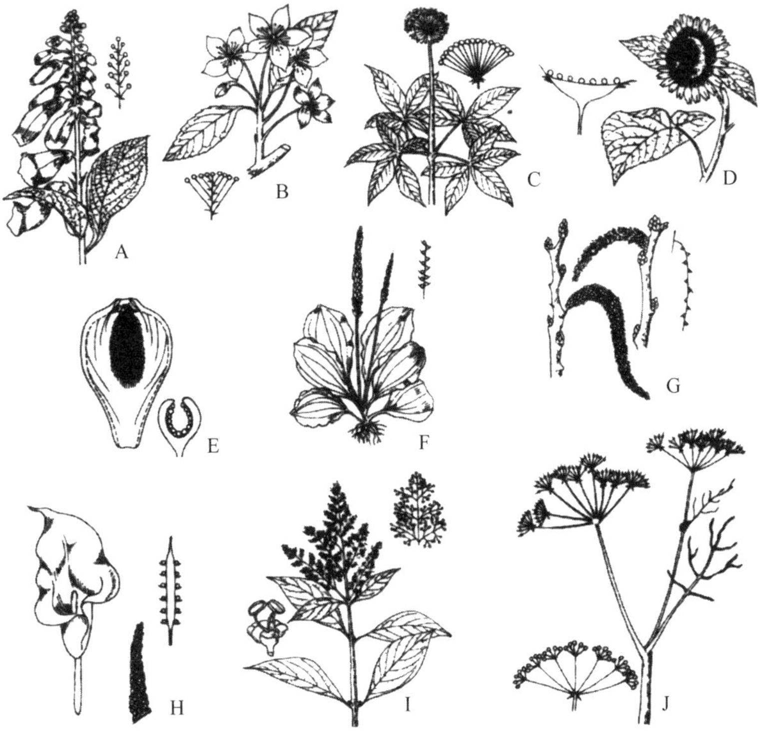

图 1-14-10 无限花序类型

A. 总状花序 B. 伞房花序 C. 伞形花序 D. 头状花序 E. 隐头花序 F. 穗状花序 G. 葇荑花序 H. 肉穗花序 I. 圆锥花序 J. 复伞形花序

中央部分下陷，花着生于花序轴的下陷部位，而被包围于膨大肉质化的花序轴之中，仅在顶端留下一开口，外表看不见花朵，称为隐头花序，如无花果。

(9)复总状花序(圆锥花序) 花序轴分枝，每一分枝为总状花序，如玉米的雄花、水稻和珍珠梅等。

(10)复穗状花序 花序轴分枝，每一分枝为穗状花序，如小麦、黑麦等。

(11)复伞形花序 花序轴顶端丛生若干长短相等的分枝，各分枝又各自成为一伞形花序，如胡萝卜、芹菜、茴香等。

(12)复伞房花序 花序轴上的分枝成伞房状排列，每一分枝又各自成一伞房花序，如绣线菊等。

2. 有限花序

有限花序的开花顺序是顶端花先开，基部花后开；或者是中心花先开，侧边花后开(图 1-14-11)。花序轴顶端不再伸长,新的花芽发生在侧轴上。根据侧生花序的数目和侧轴生长形式的不同,将其分为以下常见的 4 种类型:

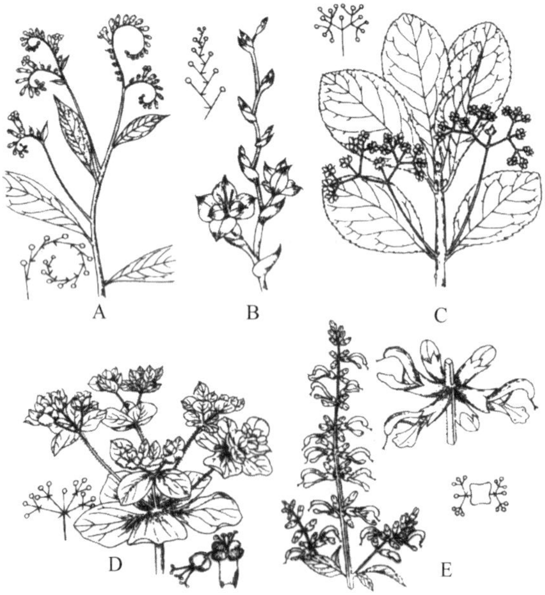

图 1-14-11　有限花序类型

A. 螺旋状聚伞花序　B. 蝎尾状聚伞花序　C. 二歧聚伞花序　D. 多歧聚伞花序　E. 轮伞花序

(1)单歧聚伞花序　花序轴顶花开放后,其下仅有一个侧芽开放,长成侧轴。侧轴上仍是顶花先开放,其下再有一侧芽开放,如此反复分枝形成了单歧聚伞花序。若所有侧生花序向一个方向生长,则幼期呈螺旋状,称为螺状聚伞花序,如附地菜、聚合草等。若侧生花序左右间隔形成,就叫蝎尾状聚伞花序,如唐菖蒲、委陵菜、龙葵等。

(2)二歧聚伞花序　花序轴顶花开放后,其下有一对侧芽同时开放,长成侧枝。侧枝上仍是顶花先开放,又以同样方式长出分枝,如此反复分枝形成了二歧聚伞花序,如大叶黄杨、茄、石竹、芒种花等。

(3)多歧聚伞花序　花序轴顶花开放后,其下同时发生几个侧枝。各侧枝上仍是顶花先开放,又以同样方式长出多个分枝,如此反复分枝形成了多歧聚伞花序,如大戟属植物泽漆。

(4)轮伞花序　聚伞花序生于对生叶的叶腋内,如益母草等唇形科植物。

四、重点与难点

重点：掌握被子植物花及花序的形态学基础知识及分类术语。

难点：掌握分类术语及其对植物体花及花序形态的具体细化描述；辨别组成雌蕊的心皮数目；根据花部特征写出花程式。

五、课堂作业

1. 写出蓖麻、豌豆、锦葵、一串红、油菜、向日葵等实验材料的花冠类型、雄蕊类型和花序类型。

2. 任选 5～6 种实验材料，写出其花程式。

六、思考与讨论

1. 如何鉴别无限花序和有限花序？

2. 以总状花序为对照，讨论、总结无限花序中穗状花序、伞房花序、伞形花序、头状花序和肉穗花序与其有何区别。

3. 根据实验材料中各花序的特征，作一个花序的定距缩进检索表。

注：图 1-14-1 至图 1-14-11 引自李扬汉主编《植物学》及《中国高等植物图鉴》。

实验十五　被子植物分类的形态术语(三)果实

一、实验目的与要求

1. 通过果实的解剖掌握胎座的类型、真果与假果的区别。

2. 掌握各种果实的基本特点及有关分类术语。

3. 认识常见植物的果实类型。

二、实验用品与材料

1. 实验用品

用具：显微镜、解剖镜、镊子、刀片、解剖刀、解剖针。

2. 实验材料

新鲜材料：桃或杏、苹果或梨、番茄、茄或柿、葡萄、黄瓜、南瓜、冬瓜、西瓜、橘子、柑、柠檬、大豆、豌豆、花生、皂荚、木兰或梧桐、油菜或白菜、棉花、百合、罂粟、向日葵或荞麦、玉米、小麦、水稻、榆、三角枫、臭椿、橡子、板栗、榛、胡萝卜或芹菜、莲或芍药、悬钩子、草莓、八角茴香、桑、无花果或薜荔、凤梨等植物的新鲜果实或浸制、干果标本。

三、实验内容及方法步骤

（一）果实结构的观察

1. 真果与假果

果实仅由子房发育而来称为真果，如花生、李等。果实除子房外，大部分是花托、花萼、花冠甚至是整个花序参与发育而成的，这类果实称为假果，如梨、苹果、黄瓜等瓜类，桑葚和菠萝等的果实。下位子房形成的果实一般是假果。假果结构见图1-15-1。

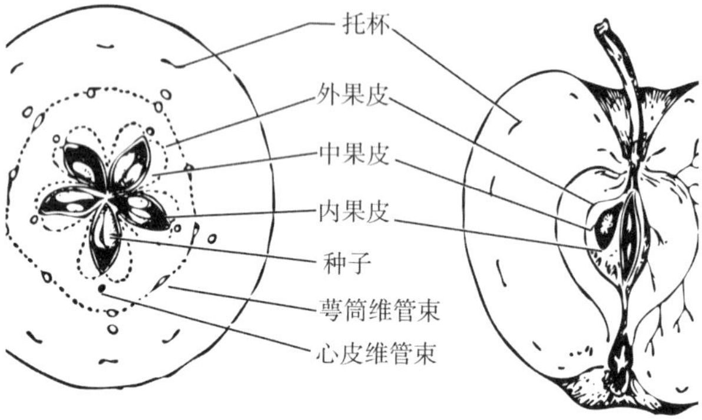

图1-15-1　苹果果实的纵切面和横切面

（引自李扬汉，1984）

2. 单果、聚花果和聚合果

依据一朵花中雌蕊的数目，若仅有1枚雌蕊，形成一个果实则为单果；若有多枚雌蕊，形成多个果实，相聚在一起则为聚合果；若由整个花序共同发育成果实则为聚花果（复果）。

（二）果实类型

根据各种果实的结构特点，观察实验各材料的果实类型。

1. 单果

单果是指由单雌蕊或复雌蕊（1朵花中只有1个雌蕊）形成的果实。

（1）肉质果　果实成熟后果皮肉质多汁。

①梨果　由花托和子房发育而成的假果，如苹果、梨等。花托显著肉质化，外果皮和花托无明显的界限，内果皮明显，由纸质或革质化的厚壁细胞组成。子房具5室，每室2个种子，中轴胎座。

②瓠果　由下位子房发育而成的假果，花托和外果皮发育成坚硬的果壁，中果皮、内果皮肉质，侧膜胎座常较发达，如葫芦科植物的果实。

③柑果　柑橘类植物特有的一类肉质果。由复雌蕊具中轴胎座的上位子房发育而成。外果皮厚，外表革质，内部分布许多油囊；中果皮较疏松，具多分枝的维管束；内果皮膜质，其内表皮上生众多的囊状多浆的毛状体，为食用的部分。

④核果　具有坚硬果核的一类肉质果。由单雌蕊或复雌蕊的上位子房或下位子房发育而来，外果皮薄，中果皮厚，多肉质化，内果皮石质化，由石细胞构成硬核，含1粒种子，如桃、梅、李、杏等。核桃为2心皮下位子房发育成的核果。

⑤浆果　由1至多个心皮的雌蕊发育而来。外果皮薄，中果皮、内果皮和胎座均肉质化，浆汁丰富，含1至多粒种子，如番茄、葡萄、柿等。

(2)干果　果实成熟时，果皮干燥，又依果皮开裂与否可分为裂果和闭果(图1-15-2)。

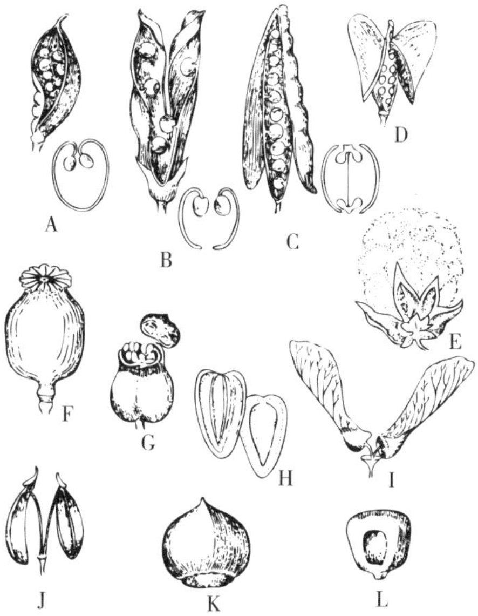

图1-15-2　干果的主要类型

A. 蓇葖果　B. 荚果　C. 长角果　D. 短角果　E. 背裂蒴果　F. 孔裂蒴果
G. 盖裂蒴果　H. 瘦果　I. 翅果　J. 分果　K. 坚果　L. 颖果
(引自中国高等植物图鉴)

①裂果　果实成熟后，果皮开裂。

角果：由两心皮组成的复雌蕊发育而来。果实中有一假隔膜将子房室分为2室，侧膜胎座。果实成熟时，沿腹缝线自下而上开裂，根据果实长宽比不同，又分长角果和短角果，如油菜和荠菜等十字花科植物的果实。

荚果：如大豆、豌豆等豆科植物的果实。由1心皮的单雌蕊发育而成，边缘胎座，胚珠不定数。成熟时，沿背、腹缝线同时开裂(但如花生、槐等则不开裂)。

蓇葖果：如八角、玉兰等。果实由多个离生的单雌蕊发育而成，边缘胎座。成熟时，只沿背缝线或腹缝线开裂。

蒴果：如百合、车前、金丝桃等。由复雌蕊形成的果实，成熟时开裂方式多样，如瓣裂、盖裂、孔裂等。

②闭果　果实成熟后，果皮不开裂。

瘦果：如向日葵、荞麦等。子房由1～3心皮合生而成，形成1子房室，其中仅着生1粒种子。成熟时果皮不开裂，但果皮与种皮易分离。

颖果：如小麦、玉米、水稻等。子房由2～3个心皮合生而成，1子房室，着生1粒种子，成熟时果皮与种皮愈合在一起，不易区分和剥离。

翅果：如榆树、三角枫等的果实。子房由2个心皮或2个以上心皮合生而成，常为1室，内含1枚种子。其特点是果皮向外延伸成翅状，有利于借风力传播。

坚果：如板栗、栓皮栎等的果实。子房由2个或多个心皮合生而成，常为1室，内含1枚种子。果皮坚硬，常有总苞(或壳斗)包围在果实之外。

分果：由复雌蕊发育而成，每室内含1粒种子。成熟时各心皮沿中轴分开而不开裂，悬挂于中轴之上，如胡萝卜、芹菜等伞形花科植物的果实类型。

2. 聚合果

聚合果是由一朵花中多数离生单雌蕊发育而成的果实总称(图1-15-3)。实际上是每个离生单雌蕊发育成一个果实，一般较小，聚生在花托上。有聚合蓇葖果如八角、玉兰、芍药等，聚合核果如悬钩子，聚合瘦果如草莓、毛茛等，聚合骨质瘦果如金樱子、蔷薇，聚合坚果如莲等。

3. 聚花果(复果)

聚花果是由整个花序发育而成的果实总称(图1-15-3)。

桑葚是由雌花序发育而成的复果，各花的子房发育成小坚果，花萼变为肉质多浆并包围小坚果，共同构成果实。

无花果的肉质部分是膨大中空的花序轴，内藏许多花发育而来的小坚果。

凤梨(菠萝)由肉质的花序轴和肉质的苞片以及许多不育的子房连合而成。

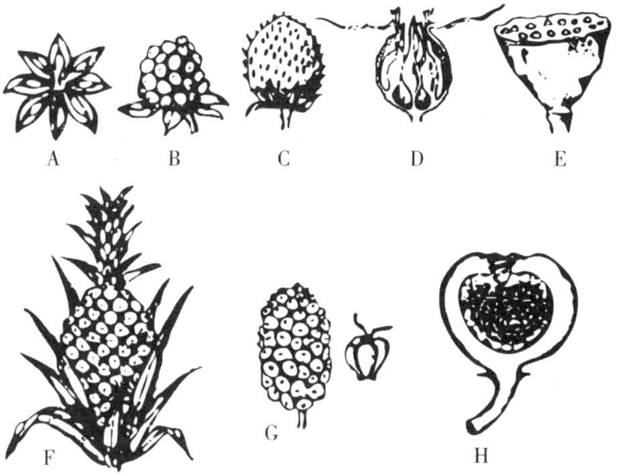

图 1-15-3　聚合果、聚花果

A. 聚合蓇葖果　B. 聚合核果　C. 聚合瘦果　D. 聚合骨质瘦果
E. 聚合坚果　F. 凤梨(聚花果)　G. 桑葚(聚花果)　H. 无花果(聚花果)
(引自李扬汉,1984)

四、重点与难点

重点:掌握被子植物果实的形态学基础知识及分类术语。

难点:如何判断真果和假果;通过对果实横切面和纵切面的联系和比较,能熟练判断果实类型、胎座类型、心皮数目及果实主要食用部分。

五、课堂作业

1. 绘苹果、李果实的横剖和纵剖面图,并注明各部分名称。

2. 根据对实验材料的观察分析,完成下表。

材料名称	果实类型	胎座类型	心皮数目	子房室数	每室胚珠数	食用部分	真果或假果
油菜	长角果	侧膜胎座	2	1	∞	种子	真果

六、思考与讨论

1. 根据各果实类型的结构特点,编制一定距缩进检索表。

2. 单果、聚合果和聚花果的结构有何不同?

3. 以黄瓜和番茄为例,说明判断真果和假果的依据。

实验十六　被子植物分科(一)

双子叶植物纲

一、实验目的与要求

1. 掌握木兰科、毛茛科、桑科和壳斗科的识别特征以及各科常见植物。

2. 通过对代表植物的形态特征、花及果实解剖结构的观察,掌握木兰科、毛茛科、桑科和壳斗科的主要特征及识别要点。

3. 通过对花的解剖,掌握每个科植物的花图式及花程式。

4. 学习使用被子植物分科检索表。

二、实验用品与材料

1. 实验用品

用具:体视显微镜、放大镜、镊子、解剖刀、解剖针、双面刀片、玻璃皿、载玻片、盖玻片和检索表。

2. 实验材料

新鲜材料:木兰科、毛茛科、桑科和壳斗科植物的新鲜植株(浸泡标本),具花、果的枝条。

植物标本:木兰科、毛茛科、桑科和壳斗科的常见植物的腊叶标本。

三、实验内容及方法步骤

(一)木兰科(Magnoliaceae)

(1)形态特征　乔木或灌木,单叶互生,托叶大且包被幼芽,脱落后常在枝上留下环状托叶痕。花大,两性,稀单性,单独顶生或腋生;萼片与花瓣通常无明显区分,3 基数,分离,排成数轮;雄蕊及雌蕊均多数,离生,螺旋状排列于一个延长的柱状花托上。果多为聚合蓇葖果,少为蒴果或翅果。种子有丰富的胚乳。

(2)识别要点　木本,有环状托叶痕。花大,单生;花萼、花瓣不分,为同被;雌雄蕊多数,分离,螺旋状排列于柱状的花托上。聚合蓇葖果。

(3)观察步骤

代表植物:山玉兰(*Magnolia delavayi* Franch.)(图 1-16-1)

图 1-16-1　木兰科　山玉兰

A. 山玉兰　B. 单叶互生　C. 环状托叶痕　D. 外轮花被片 3 枚　E. 内轮花被片 6 枚　F. 雌、雄蕊同体　G. 雄蕊多数　H. 聚合蓇葖果　I. 种子

茎、叶的形态观察：取一段山玉兰新鲜枝条观察，单叶互生，枝条上有明显托叶痕。

花的形态解剖观察：取新鲜山玉兰花由外向内剥离，可观察到最外侧有一层苞片，去除苞片，有 9 枚分离的花被（萼瓣不分），排成 3 轮。剥除花被，可见多数花丝极短的雄蕊和多数离生雌蕊螺旋状排列于伸长的花托上，雌蕊无雌蕊群柄。

果实的形态观察：果实为聚合蓇葖果，每心皮上着生 2 个胚珠。

代表植物：云南含笑（*Michelia yunnanensis* Franch.）（图 1-16-2）

图 1-16-2　木兰科　云南含笑

A. 云南含笑植株，树皮和叶上均密被锈色绒毛　B. 离生雄蕊多数　C. 雌蕊具雌蕊群柄

花的形态解剖观察:注意观察含笑雌蕊具雌蕊群柄。

(二)毛茛科(Ranunculaceae)

(1)形态特征　多年生直立草本,稀为攀缘藤本。叶为单叶分裂(常为三数)或羽状裂,也有一至多回三出复叶,叶基生或互生,偶对生,无托叶。花常两性,整齐,花部分离;花萼 3 至多数,有时花瓣状;花瓣 3 至多数;雌、雄蕊多数;心皮多数,螺旋排列于膨大的花托上,离生,子房上位。聚合瘦果或聚合蓇葖果。

(2)识别要点　草本,叶分裂或为复叶。花两性,花瓣、萼片 5 基数或无花瓣萼片花瓣状;雄、雌蕊多数离生,螺旋状排列于膨大的花托上。聚合瘦果或聚合蓇葖果。

(3)观察步骤

代表植物:石龙芮(*Ranunculus sceleratus* L.)(图 1-16-3)

图 1-16-3　毛茛科　石龙芮

A. 石龙芮植株　B. 花及离生心皮雌蕊　C. 聚合瘦果

茎、叶的形态观察:取一株新鲜石龙芮观察,植株光滑无毛。叶有光泽,且浅或深 3 裂,裂片常再分 2～3 裂,接近花的叶狭细而不裂,基生。

花的形态解剖观察:花为整齐花,萼片 5 枚,黄色花瓣 5 枚,分离。在花瓣基部近轴面有黄色的蜜腺。剥除花被,可见雄蕊多数离生;雌蕊心皮多数、离生为离生心皮雌蕊。

果实的形态观察:果实为聚合瘦果矩圆形。

芍药(*Paeonia lactiflora* Pall.)(图 1-16-4)

茎、叶的形态观察:取一株新鲜芍药植株观察,茎基部常有鳞片状变形叶;茎中部叶大,互生,有光泽,二回三出复叶,浅或深 3 裂,裂片常再分 2～3 裂。

图 1-16-4　毛茛科　芍药

A. 芍药植株　B. 花　C. 二回三出复叶　D. 聚合蓇葖果　E. 蓇葖果纵切　F. 种子

花的形态解剖观察：花两性，大型多色。萼片 5 枚，宿存；花瓣 5～10 枚，分离（栽培品种常重瓣）。剥除花被片，可见雄蕊多数离生；雌蕊心皮 2～5 枚，为离生心皮雌蕊，每室胚珠多个。

果实的形态观察：果实为聚合蓇葖果，种子多枚。

（三）桑科（Moraceae）

（1）形态特征　桑科植物多为乔木、灌木，有时藤本，稀为草本，常有乳汁。单叶互生，托叶早落。花小，单性，雌雄异株或同株，雌雄花常密集，常为头状花序、隐头花序、聚伞花序、葇荑花序、穗状花序；花单被，无花萼和花瓣之分；萼片常 4 枚，雄蕊与花被片同数且对生；上位子房，1 室，花柱 2 裂。果为聚花果或瘦果。种子具胚乳或缺，胚弯曲。

（2）识别要点　木本，常有乳汁，单叶互生。花小，单性，单被，集成各式花序；雄蕊与萼片同数对生；子房上位。聚花果。

（3）观察步骤

代表植物：桑（*Morus alba* L.）（图 1-16-5）

茎、叶的形态观察：取新鲜桑树植株观察，树皮灰白色，常有条状裂缝，枝折断后有乳汁流出。叶互生，卵形至广卵形，先端急尖或钝，基部圆形、浅心形或稍偏斜，边缘有粗锯齿，有时呈不规则分裂，上面无毛，有光泽，下面脉上有疏毛。

花的形态解剖观察：花为单性花，整齐花，雌雄异株。雄花花序长 1～3 cm，花被片 4 枚绿色，与雄蕊同数对生；雌花花柱短，柱头 2 裂，子房上位，子房横切可见 1 室 1 胚珠。

图 1-16-5　桑科　桑

A. 雌花枝　B. 雄花　C. 雌花　D. 雄花图式　E. 雌花图式　F. 聚花果

(引自李扬汉,1984)

果实的形态观察:果实为聚花果,子房被肥厚的萼片包裹,成熟时由绿色变为紫红色至黑紫色,俗称“桑葚”。

无花果(*Ficus carica* Linn.)(图 1-16-6)

茎、叶的形态观察:取新鲜无花果植株观察,干皮灰褐色,平滑或不规则纵裂。小枝粗壮,托叶包被幼芽,托叶脱落后在枝上留有极为明显的环状托叶痕。单叶互生,大型,厚膜质,宽卵形或近球形,掌状深裂,稀有不裂,边缘有波状齿,上面粗糙,下面有短毛。植株折断后有乳汁流出。

花的形态解剖观察:取无花果植株,或浸泡标本观察,花序托有短梗,单生于叶腋。将其纵剖,可观察到花小,单性花,可育雌花花柱长,不育的瘿花花柱短,密集着生于凹陷的花序轴上,形成隐头花序。雄花生于瘿花序托内面的上半部,雄蕊3;可育雌花生于另一花序托内。

果实的形态观察:果实为梨形聚花果,成熟时由绿色变为紫红色至黑紫色。

(四)壳斗科(山毛榉科)(Fagaceae)

(1)形态特征　壳斗科植物多为常绿或落叶乔木,稀为灌木。单叶互生,革质,羽状叶脉直达叶缘,托叶早落。花单性,雌雄同株,无花瓣;雄花为葇荑花序,直立

图 1-16-6　桑科　无花果

A. 无花果植株　B. 深裂掌状叶　C. 聚花果单生于叶腋，有环状托叶痕

D. 隐头花序　E. 具乳汁

或下垂，花萼 4～6 裂，雄蕊 4 至多枚；雌花稀单朵散生或由二歧聚伞花序组成，生于花后增大的总苞内，花萼 4～8 裂，花柱 3～7 个，下位子房，3～7 室，每室有胚珠 1～2 个，仅有 1 个发育。坚果部分或全部包于总苞形成的壳斗中。

（2）识别要点　木本。单叶互生，羽状脉直达叶缘。雌雄同株，无花瓣；雄花为葇荑花序；雌花 1～3 朵着生于总苞中。坚果。

（3）观察步骤

代表植物：板栗（*Castanea mollissima* Bl.）（图 1-16-7）

茎、叶的形态观察：取新鲜板栗植株观察，小枝有灰色茸毛，枝端无顶芽；单叶互生，羽状叶脉，叶背密被茸毛，边缘有刺毛状齿。

花的形态解剖观察：单性花，雌雄同株；雄花为直立的葇荑花序，雄花花被片 6 枚，雄蕊多数；雌花单独或数朵生于总苞内，壳斗完全封闭，外面密生针状长刺；雌蕊为 6 心皮复雌蕊，花柱 6 裂，子房下位。

果实的形态观察：果实为坚果，藏于总苞内，坚果内常有 1 枚种子。

代表植物：麻栎（*Quercus acutissima* Carruth.）（图 1-16-8）

叶的形态观察：取新鲜植株观察，树皮暗灰色，浅纵裂；幼枝密生茸毛，后脱落；叶椭圆状披针形，顶端渐尖或急尖，基部圆或阔楔形，边缘有锯齿，齿端具芒状刺，背面幼时有短茸毛，后脱落。

果实的形态观察：果实有杯形总苞，苞片锥形，粗长刺状，有灰白色茸毛，反曲，

图 1-16-7 壳斗科 板栗

A. 花枝、果枝 B. 羽状脉单叶 C. 雌花着生于总苞内，花柱 6 裂
D. 直立葇荑雄花序、雄花 E. 坚果密闭于刺状总苞内

图 1-16-8 壳斗科 麻栎

A. 麻栎植株 B. 果实，坚果半包于壳斗中
C. 开放的刺状壳斗 D. 卵球形坚果，果脐隆起

包围坚果 1/2;果为坚果,卵球形或长卵形,果脐隆起。

四、重点与难点

重点:木兰科、毛茛科、桑科和壳斗科的主要特征及其代表植物。

难点:毛茛科和桑科的主要特征。

五、课堂作业

1. 写出本次 3～5 种新鲜材料的花程式。

2. 根据实际情况,请将本实验中的 3～5 种新鲜材料检索至科,并写出检索步骤。

3. 分别绘制 2～3 种新鲜材料的花图式。

六、思考与讨论

1. 比较木兰科和毛茛科的异同点,思考从这些特点可看到有哪些主要的演化趋向。

2. 桑科和壳斗科的主要特征是什么?通过桑科和壳斗科的特征分析金缕梅亚纲的演化地位。

实验十七 被子植物分科(二)

双子叶植物纲

一、实验目的与要求

1. 掌握石竹科、苋科、藜科和蓼科的识别特征以及常见植物。

2. 通过对代表植物的形态特征,花及果实的解剖结构的观察,掌握石竹科、苋科、藜科和蓼科的主要特征及识别要点。

3. 通过对花的解剖,掌握每个科植物的花图式及花程式。

4. 熟练使用被子植物分科检索表。

二、实验用品与材料

1. 实验用品

用具:体视显微镜、放大镜、镊子、解剖刀、解剖针、双面刀片、玻璃皿、载玻片、盖玻片和检索表。

2. 实验材料

新鲜材料：石竹科、苋科、藜科和蓼科植物的新鲜植株（浸泡标本），具花果的枝条。

植物标本：石竹科、苋科、藜科和蓼科的常见植物的腊叶标本。

三、实验内容及方法步骤

（一）石竹科（Caryophyllaceae）

（1）形态特征　草本，茎通常节部膨大。单叶全缘对生。花两性，辐射对称，单生或为二歧聚伞花序；萼片 4～5 枚，宿存、分离或合生；花瓣 4～5 枚，分离具爪或否；雄蕊 2 轮，8～10 枚；雌蕊 2～5 心皮，子房上位，1 室，特立中央胎座（稀基底或中轴胎座）。果实通常为蒴果，稀为瘦果或浆果。

（2）识别要点　草本，节膨大。叶对生。花两性，辐射对称，雄蕊为花瓣的 2 倍，特立中央胎座。蒴果。

（3）观察步骤

代表植物：石竹（*Dianthus chinensis* L.）（图 1-17-1）

图 1-17-1　石竹科　石竹

A. 植株花枝　B. 膨大的节，叶对生　C. 花萼　D. 花瓣先端锯齿，基部爪状　E. 10 枚雄蕊两轮排列　F. 柱头两裂，子房上位　G. 特立中央胎座

茎、叶的形态观察：取新鲜石竹植株观察，茎节膨大，单叶全缘对生。

花的形态解剖观察：花为二歧聚伞花序，花两性，辐射对称。由外向内剥离，可观察到花萼 5 裂，连合成筒状，绿色。剥除花萼，花瓣 5 片，分离，先端锯齿状宽，基部细长呈爪状。剥除花瓣可见 10 枚雄蕊排成两轮；雌蕊 1 枚，花柱 2 裂，上位子房。子房横切，可见一室胚珠多数，胎座集中于子房室中央，为中央特立胎座。

果实的形态观察：果实为蒴果，包于宿存的萼片内。

代表植物：繁缕[*Stellaria media*(L.)Cry.](图 1-17-2)

图 1-17-2　石竹科　繁缕

A. 繁缕植株　B. 繁缕花　C. 节膨大，单叶对生

D. 花萼 5 枚　E. 花瓣 5 枚，2 深裂达基部

茎、叶的形态观察：取新鲜繁缕植株观察，草本植株，茎节膨大。单叶全缘或呈波状对生。

花的形态解剖观察：花两性，辐射对称，花梗细长，为聚伞花序。由外向内剥离，可观察到花萼 5 枚，边缘膜质；剥除花萼，花瓣短于萼片，5 片，白色，2 深裂直达基部；剥除花瓣可见 10 枚雄蕊排成两轮；雌蕊 1 枚，花柱 3～5 裂，上位子房。子房横切，可见一室胚珠多数，胎座集中于子房室中央，为特立中央胎座。

果实的形态观察：种子多数，黑褐色。

(二)苋科(Amaranthaceae)

(1)形态特征　多为一年生或多年生草本，稀攀缘藤本或灌木。单叶，互生或对生，无托叶。花小、两性，稀单性，辐射对称；单生或穗状、头状或圆锥状的聚伞花序；花萼片 3～5 枚，常干膜质；雄蕊常和花被片同数且对生；子房上位，1 室 1 胚珠，具基生胎座。果为胞果，常盖裂。种子小，有丰富的胚乳，胚环形。

(2)识别要点　草本。单叶，无托叶。萼片及苞片干膜质具色彩，雄蕊与萼片同数对生。胞果常盖裂。

(3)观察步骤

代表植物：苋(*Amaranthus tricolor* L.)(图 1-17-3)

茎、叶的形态观察：取新鲜植株观察，叶片菱状广卵形或三角状广卵形，互生，叶有绿色、红色、暗紫色或带紫斑等。

花的形态解剖观察：花单性，雌雄同株。苞片卵形，先端芒状，长约 4 mm，膜质；萼片 3，披针形，膜质红色，先端芒状，雄花有雄蕊 3 枚，雌花有雌蕊 1 枚，柱头 3 裂。

图 1-17-3　苋科　苋

A. 植株　B. 花序　C. 叶

果实的形态观察：果实为胞果，盖裂。

代表植物：千日红（*Gomphrena globosa* L.）（图 1-17-4）

图 1-17-4　苋科　千日红

A. 千日红　B. 头状花序球形

茎、叶的形态观察：取新鲜植株观察，全株密被白色柔毛。叶片长圆形至椭圆形，全缘，先端尖，基部渐狭，叶柄短或近无柄，两面有细长白柔毛。

花的形态解剖观察：花常为紫红色，小型花密集排成顶生、圆球形或椭圆状球形的头状花序；苞片和小苞片紫红色，膜质；花被5枚，密被长柔毛；雄蕊5枚，1子房室。

果实的形态观察：果实为胞果，不开裂，卵圆形，内有棕色细小种子1粒。

（三）藜科(Chenopodiaceae)

(1)形态特征　草本植物，稀灌木，常附有粉粒或皮屑状物。单叶互生，无托叶。花小，单被，常草绿色，两性或单性；花萼2～5裂，花后常增大宿存；无花瓣；雄蕊与萼片同数对生；上位子房，由2～3心皮合成，胚珠1枚。果为胞果。胚常为环形，具外胚乳。

(2)识别要点　草本。单叶互生。花小，单被，雄蕊与萼片同数对生。胞果。胚环形。

(3)观察步骤

代表植物：藜(*Chenopodium album* L.)(图1-17-5)

图1-17-5　藜科　藜

A. 藜植株　B. 灰绿色叶片边缘具不整齐锯齿　C. 花序
D. 花、雄蕊　E. 胚弯曲、环状

茎、叶的形态观察：取新鲜藜植株观察，叶片灰绿色，背面具粉状物，呈菱状卵形，先端急尖或微钝，基部宽楔形，边缘常有不整齐的锯齿。

花的形态解剖观察：花两性，多数花簇排成腋生或顶生的圆锥状花序。花被片5枚，绿色，宽卵形或椭圆形；雄蕊5枚与萼片同数对生；柱头2裂，子房上位，子房横切可见 1 室 1 胚珠。

果实的形态观察：果实为胞果，果皮薄，和种子紧贴。

（四）蓼科（Polygonaceae）

（1）形态特征　一年生或多年生草本，稀为灌木，茎节通常膨大。叶为单叶，互生，全缘少分裂，有鞘状抱茎的膜质托叶。花小，常两性，稀为单性，辐射对称；花序总状、穗状或圆锥状，少数簇生于叶腋；花被片 3～6 枚，花瓣状宿存；雄蕊 8 枚，少数为 6～9 枚，极少为 16 枚；雌蕊 1 个，子房上位，1 室，花柱 2～4 个。果为瘦果，具 3 棱或扁平，通常包于宿存的增大花被内。

（2）识别要点　草本，节膨大，有膜质托叶鞘。花两性，单被花。果为瘦果，常包于花后增大的花被内。

（3）观察步骤

代表植物：金荞麦［*Fagopyrum dibotrys*（D. Don）Hara］（图 1-17-6）

图 1-17-6　蓼科　金荞麦

A. 金荞麦植株，三角形叶　B. 鞘状抱茎膜质托叶

C. 金荞麦花，小型　D. 荞麦三棱形瘦果

茎、叶的形态观察：取新鲜金荞麦植株观察，茎光滑，无毛或具细茸毛，成熟时呈空腔。单叶，互生，三角形、卵状三角形，全缘。有膜质托叶鞘。

花的形态解剖观察：花整齐，两性，小型。单被，花瓣状，常为 5 枚，宿存。雄蕊为 8 枚，成两轮：内轮 3 枚，外轮 5 枚。雌蕊 1 个，子房上位，3 心皮联合，1 室，具 3 个花柱。

果实的形态观察：果实为瘦果，呈三棱形。

代表植物：齿果酸模（*Rumex dentatus* Linn.）（图 1-17-7）

茎、叶的形态观察：取新鲜齿果酸模植株观察，茎直立，分枝，枝纤细，表面具沟纹，无毛。基生叶长圆形，先端钝或急尖，基部圆形或心形，边缘波状或微皱波状，两面均无毛；茎生叶渐小，具短柄，基部多为圆形；具有筒状的膜质托叶鞘。

图 1-17-7　蓼科　齿果酸模

A. 齿果酸模植株　B. 齿果酸模瘦果

花的形态解剖观察：花小型，顶生，呈圆锥花序。花两性，簇生于叶腋上，呈轮状排列。雄蕊 6 枚，排列成 3 对，花丝细弱，花药基部着生；子房具棱，1 室，花柱 3 个，柱头细裂，呈毛刷状；花被片黄绿色，6 片，成 2 轮，外花被片长圆形，内花被片果期增大，卵形，先端急尖，具明显的网脉，被片边缘具 3～4 对，稀为 5 对不整齐的针状牙齿。

果实的形态观察：果实为瘦果，卵状三棱形，光滑。

四、重点与难点

重点：石竹科、苋科、藜科和蓼科的主要特征及其代表植物。

难点：苋科和藜科的主要特征。

五、课堂作业

1. 写出本次 3～5 种新鲜材料的花程式。

2. 分别选取石竹科、苋科、藜科和蓼科的各一种植物绘制的花图式。

3. 根据实际情况，请将本实验中的 3～5 种新鲜材料检索至科，并写出检索步骤。

六、思考与讨论

比较石竹科、苋科、藜科和蓼科的异同点，分析石竹亚纲的演化地位。

实验十八　被子植物分科(三)

双子叶植物纲

一、实验目的与要求

1. 通过解剖观察，了解锦葵科、山茶科、十字花科、葫芦科的形态构造。
2. 通过对代表植物的观察，掌握各科的主要特征及各科之间的主要区别。
3. 对一些重点科要求了解亚科及重点属的特征。
4. 了解各科的经济意义。
5. 学会利用检索表、植物志等工具书鉴定植物。
6. 要求认识常见植物100种左右。

二、实验用品与材料

1. 实验用品

用具：放大镜、刀片、镊子、解剖针等。

2. 实验材料

新鲜材料：草棉、木槿、锦葵、油茶、茶、山茶、白菜、萝卜、油菜、荠菜、黄瓜、南瓜、丝瓜等植物的新鲜植株(浸泡标本)，具花果的枝条。

三、实验内容及方法步骤

(一)锦葵科(Malvaceae)

(1)形态特征　草本或灌木，常被星状毛。单叶互生，掌状脉，有托叶，常早落。花两性，辐射对称；花萼3～5枚，基部常合生，裂片镊合状排列，常有副萼；花瓣5枚，旋转状排列，基部常与雄蕊柱合生；雄蕊多数，花丝连合成管状，称雄蕊柱，单体雄蕊，花药1室，花粉粒大而有刺；雌蕊由3至多心皮构成，子房上位，3至多室，以5室为多，中轴胎座，每室有1枚或多枚倒生胚珠。果为蒴果或分果；种子有胚乳。

(2)识别要点　草本或灌木，常被星状毛。单叶互生，掌状脉，有托叶。花两性，辐射对称，5基数，常具副萼；雄蕊多数，单体雄蕊，花药1室；子房上位。蒴果或分果。

(3)观察步骤

代表植物：草棉(*Gossypium herbaceum* L.)(图1-18-1)

图 1-18-1 锦葵科 草棉

茎、叶的形态观察：取新鲜草棉植株观察，注意叶形和叶脉上的特点。

花的形态解剖观察：萼片外边有 3 个苞片（副萼），花瓣 5，雄蕊花丝联合成管包在雌蕊的外围，即单体雄蕊。用刀片纵剖花，横切子房，观察中轴胎座和胚珠的数目。

果实的形态观察：观察蒴果开裂方式和种子表皮细胞延伸形成纤维——棉花。

代表植物：木槿（*Hibiscus syriacus* L.）（图 1-18-2）

图 1-18-2 锦葵科 木槿

茎、叶的形态观察：取新鲜木槿枝条观察，灌木；幼枝具星状毛，后逐渐脱落；叶卵形或菱状卵形，常3裂，有明显的3条主脉，叶背无毛或近无毛。

花的形态解剖观察：花外具多片副萼(可与棉属区别)，雄蕊柱短不超过花冠。

果实的形态观察：蒴果长椭圆形，被茸毛，黄褐色，宿萼5裂，蒴果室背开裂。

代表植物：锦葵(*Malva verticillata* L.)(图1-18-3)

图1-18-3　锦葵科　锦葵(棋盘花)

茎、叶的形态观察：取新鲜锦葵材料观察，草本；茎直立，分枝，有粗毛；叶3～7掌状浅裂，两面均无毛或仅脉上疏被短毛。

花的形态解剖观察：花紫红色，簇生叶腋，花柄长短不等；副萼(苞片)3片。

果实的形态观察：分果，扁圆形，具宿萼。

(二)山茶科(Theaceae)

(1)形态特征　常绿木本。单叶互生，革质，无托叶。花两性，少数单性，整齐花，5基数，单生叶腋；苞片2至多数，脱落或宿存；萼片4至多数；花瓣5至多数，离生或略合生；雄蕊多数，多轮，分离或略结合为5体；子房上位，中轴胎座，胚珠常多数。蒴果，或不开裂的核果和浆果。

(2)识别要点　常绿木本。单叶互生，革质。花两性，整齐花，5基数；雄蕊多数，成数轮，屡集为数束，着生于花瓣上；子房上位，中轴胎座。常为蒴果。

(3)观察步骤

代表植物：油茶(*Camellia oleifera* Abel.)(图1-18-4)

茎、叶的形态观察：取新鲜油茶材料观察，常绿灌木或小乔木，幼枝具毛。单叶互生，无托叶，叶片革质较厚，椭圆形，下面侧脉不明显。

图 1-18-4　山茶科　油茶

花的形态解剖观察：花大、白色，几无柄，1～2 朵顶生及腋生；苞片及萼片 8～10，外面密被淡黄色绒状丝毛，大小不等早落；花瓣 5～7 片；雄蕊多数，成内外两轮排列，外轮花丝基部合生；子房密生丝状茸毛，花柱顶端 3 裂，中轴胎座，每室有 4～6 胚珠。

果实的形态观察：蒴果球形，果皮较厚，室背开裂，种子有棱角，可榨油。

代表植物：茶[*Camellia sinensis* (L.)O. Ktze]

茎、叶的形态观察：取新鲜茶枝条观察，常绿灌木，枝条无毛，叶薄革质。

花的形态解剖观察：注意和油茶比较。花白色、较小，具柄而下弯，苞片 2 枚，花萼 5～6 宿存；花瓣 5～8；雄蕊多数，外轮花丝联合成短筒，并与花瓣合生；雌蕊子房外有柔毛，子房 3 室，中轴胎座。

果实的形态观察：蒴果果皮薄，种子近球形。

代表植物：山茶(*Camellia japonica* L.)

茎、叶的形态观察：取新鲜山茶枝条观察，叶片卵圆形，背面光滑。

花的形态解剖观察：花无柄，单生或对生于叶腋或枝顶，苞片及萼片 9～10 片，脱落，花瓣 5～6 片或重瓣，红色、淡红或白色，子房光滑。

(三)十字花科(Cruciferae)

(1)形态特征　草本，单叶互生，无托叶。花两性，整齐；萼片 4，分离，排成 2 轮；花瓣 4，分离，排列成十字形，基部常成爪；雄蕊 6 枚，外轮 2 枚短，内轮 4 枚长，称四强雄蕊，花托上常具蜜腺，与萼片对生；雌蕊 1 枚，子房上位，由 2 心皮组成，侧膜胎座，常由次生的假隔膜分成假 2 室，每室有胚珠多数。果实为长角果或短角果(图 1-18-5),成熟时 2 瓣开裂或不裂。种子较小,无胚乳。

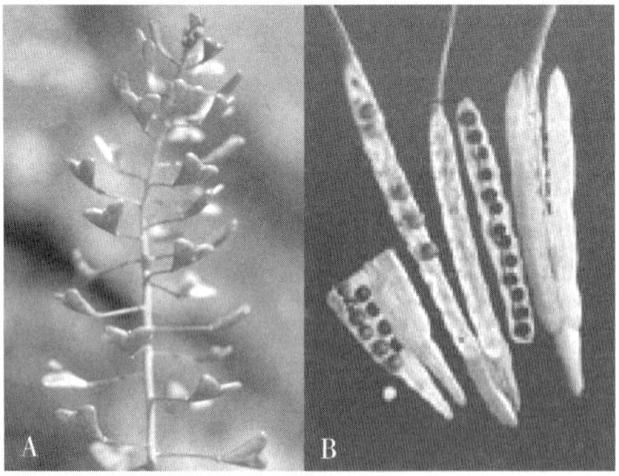

图 1-18-5 十字花科果实

A. 荠菜短角果 B. 油菜长角果

(2)识别要点 草本,常有辛辣汁液。花两性,整齐;萼片 4;十字花冠;四强雄蕊;花托上常具蜜腺,与萼片对生;子房上位,侧膜胎座,具假隔膜。角果。

(3)观察步骤

代表植物:大白菜(*Brassica pekinensis* Rupr.)

茎、叶的形态观察:取大白菜新鲜材料观察,叶浅绿色,有皱,叶球抱合紧密;叶柄厚,白色。

花的形态解剖观察:总状花序;小花的萼片与花瓣各 4 片,花瓣黄色,具短爪,排成十字花冠;雄蕊 6,四强雄蕊;内轮雄蕊之间有 4 个蜜腺,与萼片对生;雌蕊由 2 心皮合生。横切子房,注意子房室的数目和胎座类型。

果实的形态观察:长角果内具假隔膜;种子球形,黑色,剥开种皮观察对折子叶等特点。

代表植物:萝卜(*Raphanus sativus* L.)

茎、叶的形态观察:取萝卜新鲜材料观察,二年生草本,叶大,大头羽状半裂。

花的形态解剖观察:花淡红、紫或白色。

果实的形态观察:长角果肉质圆柱形,种子间缩细,具海绵横隔,有长喙,长角果成熟时在种子间缢缩,不开裂。

代表植物:油菜(*Brassica campestris* L.)(图 1-18-6)

茎、叶的形态观察:取油菜新鲜材料观察,二年生草本,植株无毛,微带白霜。基生叶大头羽状分裂,上部茎生叶提琴形或披针形,基部心形抱茎,全缘或具波状细齿。

A　　　　　　　　　　B

图 1-18-6　十字花科　油菜

A. 十字花冠　B. 长角果

代表植物：荠菜[*Capsella bursa-pastoris* (L.)Medic.]

茎、叶的形态观察：取荠菜新鲜材料观察，草本，茎直立有分枝，具毛。

花的形态解剖观察：花小、白色。

果实的形态观察：短角果倒三角形，假隔膜狭窄。

（四）葫芦科(Cucurbitaceae)

(1)形态特征　攀缘或匍匐草质藤本，有卷须。茎 5 棱，具双韧维管束。单叶互生，常掌状深裂，卷须侧生；花单性，同株或异株，单生或为总状花序、圆锥花序；雄花花萼管状，5 裂；花冠多合生，5 裂；雄蕊 5 枚，其中 2 对合生、1 枚单生，似 3 枚雄蕊，花药常弯曲成 S 形，为聚药雄蕊。雌花萼筒与子房合生，5 裂；花瓣合生，5 裂；雌蕊柱头 3 个，子房下位，侧膜胎座，胚珠多数。瓠果，肉质或渐干燥变硬，不开裂或瓣裂、周裂。种子多数，常扁平，无胚乳。

(2)识别要点　草质藤本，具双韧维管束，有卷须，与叶侧生。单叶互生，掌状分裂；花单性，5 基数；聚药雄蕊，花丝 2 对合生、1 枚单生；雌蕊 3 心皮组成，侧膜胎座，子房下位。瓠果。

(3)观察步骤

代表植物：黄瓜(*Cucumis sativus* L.)(图 1-18-7)

茎、叶的形态观察：取黄瓜新鲜材料观察，茎具棱，叶掌状浅裂，茎叶均有毛，卷须不分枝。

花的形态解剖观察：花生于叶腋，单性同株，雄花数朵丛生，雌花单生。取雄花及雌花分别进行观察。雄花花萼与花冠基部连合花萼钟形 5 裂，线形，花冠深裂；雄蕊 5，花药弯曲折叠成 S 形，形成(2)+(2)+1，药隔突出，花中有肉质花盘；雌花

图 1-18-7　葫芦科　黄瓜

A. 雄花　B. 雌花与幼果　C. 黄瓜成熟果实

子房下位，外有刺状突起，花柱短，柱头 3 个。

代表植物：南瓜[*Cucurbita moschata*(Duch.)Poiret](图 1-18-8)

图 1-18-8　葫芦科　南瓜

A. 雄花　B. 雌花　C. 雌花与幼果　D. 南瓜成熟果实

茎、叶的形态观察：取南瓜新鲜材料观察，草质藤本，植株有短刚毛，卷须有3～4分叉。叶片宽卵形，五浅裂或有五角，沿叶边缘及叶面上有白斑，边缘有细齿。

花的形态解剖观察：雌雄同株；花大，黄色，单生于叶腋。取一朵雄花观察，可见花萼条形，在上部扩大成叶状，花冠钟状，由5个顶端浅裂的裂片合生而成，雄蕊5枚，结合成3组，聚药并折叠成扭曲状；再观察雌花，雌花由3心皮组成，花柱短，柱头3个、膨大，先端2裂。花萼、花冠均着生于子房顶部；纵剖与横剖子房，可见花托与子房愈合，为下位子房，1室，胚珠多数着生于心皮边缘，有3个胎座，常肉质肥大，为侧膜胎座。

代表植物：丝瓜[*Luffa cylindrical*(L.)Roem.]

取丝瓜新鲜材料观察，注意植物体，花、果特征，并与南瓜、黄瓜比较。

四、重点与难点

重点：掌握各科的分类特征和主要识别要点。

难点：观察与分析各科的花部形态特征、心皮与胎座的构成情况。

五、课堂作业

1. 列表比较锦葵属、棉属及木槿属的主要特点。
2. 列表比较油茶、茶和山茶的主要区别。
3. 绘白菜花的解剖图(示四强雄蕊及蜜腺)，注明各部构造名称。
4. 描述油菜植株各部分的特征，并绘出花程式。
5. 绘黄瓜雄花纵解剖图(示雄蕊结合方式和花药卷曲的特征)。
6. 以南瓜为例说明葫芦科的主要特征。

六、思考与讨论

1. 锦葵科的主要特征是什么？
2. 山茶科的主要特征是什么？
3. 十字花科的主要特征是什么？
4. 葫芦科的主要特征是什么？
5. 从叶形、花色、角果(形状、是否开裂)区别白菜、萝卜、荠菜各属的主要特征。
6. 黄瓜的子房有几个组成？几室？胚珠数目，属于什么胎座？什么果实？

实验十九　被子植物分科(四)

双子叶植物纲

一、实验目的与要求

1. 通过解剖观察,了解蔷薇科、豆科、大戟科、伞形科的形态构造。
2. 通过实验掌握蔷薇科的特征和4亚科的区别及它们之间的演化趋向。
3. 注意观察蝶形花科花构造的特点、特征和分类的依据。
4. 掌握伞形科和大戟科的特征和分类依据。

二、实验用品与材料

1. 实验用品

用具:放大镜、刀片、镊子、解剖针等。

2. 实验材料

新鲜材料:珍珠梅、绣线菊、黄刺梅、苹果、桃、杏、落花生、菜豆、豌豆、刺槐、乌桕、蓖麻、油桐、胡萝卜、芫荽、茴香、旱芹、窃衣等植物的新鲜植株(浸泡标本),具花果的枝条。

三、实验内容及方法步骤

(一)蔷薇科(Rosaceae)

形态特征:草本、灌木或小乔木,常有刺及皮孔。叶互生,单叶或复叶,常有托叶,并成对附生于叶柄上。花两性,辐射对称,花托隆起或凹陷,花被与雄蕊常愈合成花筒(也称为萼筒或花托筒),花萼、花冠、雄蕊看似着生在花筒上;萼片5;花瓣5,分离,覆瓦状排列;雄蕊多数,花丝分离;子房上位或下位,心皮1至多数,分离或连合。果为核果、梨果、瘦果或蓇葖果。种子无胚乳。

识别要点:叶互生,常有托叶。花两性,整齐,花托隆起或凹陷;花部5基数,花被与雄蕊常结合成花筒;子房上位或下位。核果、梨果、瘦果或蓇葖果。种子无胚乳。

本科根据花托、雌蕊心皮的数目、子房位置、果实类型分为4个亚科(图1-19-1)。

1. 绣线菊亚科(Spiraeoideae)

(1)形态特征　灌木。常无托叶;心皮1～5个,常5个,分离或基部连合,子房

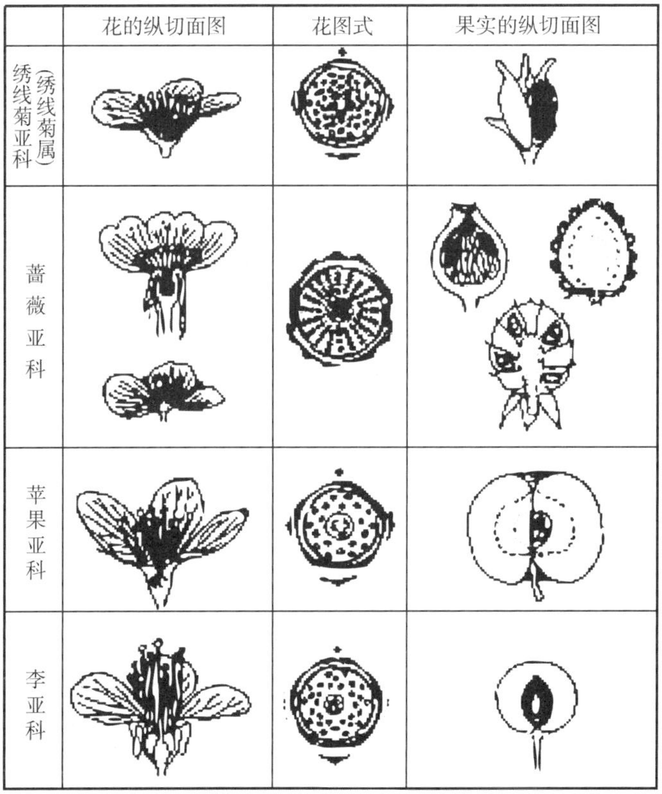

图 1-19-1　蔷薇科 4 亚科花、果实的比较

（引自李扬汉，1984）

上位，周位花。蓇葖果。

（2）观察步骤

代表植物：珍珠梅[*Sorbaria kirilowii* (Regel) Maxim.]

茎、叶的形态观察：取珍珠梅新鲜材料，观察叶形和叶序，有无托叶存在。

花的形态解剖观察：花序为顶生圆锥花序。取一朵花放在解剖镜下观察，萼片 5，卵状三角形；花瓣 5，白色，花托微凹成浅盘状；雄蕊多数；雌蕊由 5 心皮组成，离生。

果实的形态观察：蓇葖果轮状排列，成熟沿腹缝线开裂。

代表植物：中华绣线菊（*Spiraea chinensis* Maxim.）（图 1-19-2）

取中华绣线菊新鲜材料观察，注意其特征及与珍珠梅的区别。

图 1-19-2　绣线菊亚科　中华绣线菊

A. 植株及伞房花序　B. 上位子房周位花

2. 蔷薇亚科(Rosoideae)

(1)形态特征　木本或草本。叶互生,托叶发达。周位花;心皮多数,分离,着生于凹陷或突起的花托上;子房上位。聚合果。

(2)观察步骤

代表植物:黄刺梅(*Rosa xanthina* Lind)(图 1-19-3)

图 1-19-3　蔷薇亚科　黄刺梅

A. 蔷薇果　B. 花解剖图　C. 花

茎、叶的形态观察:取黄刺梅新鲜材料观察,灌木,具皮刺。奇数羽状复叶,小叶几乎无柄,近圆形或广椭圆形;托叶细小,常贴生于叶柄上。

花的形态解剖观察:取一朵花进行观察,萼片 5,宿存;花瓣 5,黄色;雄蕊多数,离生;花托深凹成瓶状,多数离生的雌蕊着生于花托的内壁。

果实的形态观察：所结的果实为聚合瘦果，多数瘦果集于肉质的花筒内，称蔷薇果。

3. 苹果亚科(Maloideae)

(1)形态特征　木本。单叶互生，有托叶。心皮 2～5，常与杯状花托结合为子房下位。梨果。

(2)观察步骤

代表植物：苹果(*Malus pumila* Mill.)(图 1-19-4)

A　　　　B

图 1-19-4　苹果亚科　苹果

A. 花　B. 梨果

花的形态解剖观察：取苹果花或山楂花新鲜材料观察，花两性；萼片 5 裂；花瓣 5，白色有红晕；雄蕊多数，沿花托的边缘着生，排成 1 至数轮。将花纵剖开，放在解剖镜下观察，注意柱头的数目，花柱是离生还是合生，子房壁与壶状花托是否完全愈合形成下位子房。

果实的形态观察：取苹果果实观察其全形，注意果实两端内陷的特点，将果实纵切和横切，可以看出它是由肉质、肥厚的花筒和子房愈合而成的假果。在果肉中间，有 10 条维管束横断面的小点，分为内外两轮，形成一个环形，称为果心线。5 个心皮合成 5 室，每室有 2 个胚珠，组成中轴胎座。

4. 李亚科(Prunoideae)

(1)形态特征　木本。单叶互生，有托叶，叶基常有腺体。花筒凹陷呈杯状，周位花；心皮 1 个，子房上位。核果。

(2)观察步骤

代表植物：桃[*Amygdalus persica* (L.)Batsch](图 1-19-5)

茎、叶的形态观察：取桃枝新鲜材料观察，单叶互生，椭圆状披针形，先端长尖，叶缘有锯齿，叶基部常生蜜腺。

图 1-19-5 李亚科 桃和李

A. 桃花 B. 桃的核果 C. 桃纵切 D. 李纵切

花的形态解剖观察：萼片 5；花瓣 5 或重瓣，雄蕊多数轮状排列；雌蕊 1 个，着生于花的中央。将花纵剖开，用放大镜观察，花托呈杯状；子房由 1 心皮组成，1 室，内含 2 个胚珠，仅有 1 个发育成种子。

对比观察：取杏花和果的新鲜材料观察，同桃、枇杷、月季、草莓等作比较，注意找出这些植物的异同点。

（二）豆科（Leguminosae）

形态特征：草本、灌木、乔木或藤本。常有根瘤。叶互生，常为羽状复叶或三出复叶，少数单叶，叶柄基部具叶枕；有托叶。花两性，两侧对称或辐射对称（含羞草亚科）；萼片通常 5，合生；花瓣 5，合常为蝶形花冠或假蝶形花冠；雄蕊通常 10 枚，分离、单体或二体雄蕊（9 枚花丝连合，1 枚分离）；雌蕊由 1 心皮组成，子房上位，1 室，侧膜胎座，胚珠常多数。果为荚果。

识别要点：叶常为羽状复叶或三出复叶，具叶枕。花冠常为蝶形或假蝶形；雄蕊分离、单体或二体雄蕊；雌蕊由 1 心皮组成。荚果。

根据花冠形态和雄蕊类型等可将本科分为 3 个亚科：含羞草亚科（Mimosoideae）、云实亚科（Caesalpinioideae）和蝶形花亚科（Papilionoideae）。

1. 含羞草亚科

形态特征：花辐射对称，花瓣镊合状排列，雄蕊多数。

2. 云实亚科

形态特征：花两侧对称，假蝶形花冠，呈上升覆瓦状排列，上方的旗瓣最小，位于最内方。雄蕊 10 枚。

3. 蝶形花亚科

(1)形态特征　花两侧对称，蝶形花冠，呈下降覆瓦状，上方的旗瓣最大在最外方。雄蕊 10 枚，二体雄蕊。

(2)观察步骤

代表植物：蚕豆(*Vicia faba* L.)(图 1-19-6)

图 1-19-6　豆科　蚕豆

A. 蚕豆蝶形花冠　B. 蚕豆植株　C. 蚕豆荚果　D. 蚕豆种子

茎、叶的形态观察：取蚕豆植株观察，偶数羽状复叶，小叶 2～6 个，托叶半箭头形或三角状。

花的形态解剖观察：总状花序，1～4 朵腋生，取花用放大镜观察，花白色，带紫色的斑点，萼钟状，花冠蝶形，最上面的 1 片称旗瓣，两侧的 2 片称翼瓣。下面的 2 片(最内的)最小，合成龙骨瓣。用解剖针剖开龙骨瓣可见雄蕊及雌蕊，观察雄蕊是否为二体雄蕊，即(9)+1，雌蕊由 1 个心皮组成，属于什么胎座？

果实的形态观察：注意荚果形状。

对比观察：结合各地实际观察刺槐、槐、菜豆、豌豆(图 1-19-7)、落花生、甘草、黄芪等标本，并注意同蚕豆的区别。

A B

图 1-19-7 豆科 豌豆

A. 蝶形花冠 B. 荚果

（三）大戟科(Euphorbiaceae)

(1)形态特征　草本、灌木或乔木，常有乳汁。单叶，互生，稀复叶，有托叶，叶基部常有腺体。花单性，雌雄同株，少异株，常为聚伞花序或特殊的杯状聚伞花序；花双被、单被或无花被，萼片 3～5，常无花瓣；有花盘或腺体；雄蕊 1 至多数；雌蕊由 3 心皮组成，子房上位，通常 3 室，中轴胎座；花柱 3，柱头 2 裂。果多数为蒴果。

(2)识别要点　常有乳汁。单叶，基部常有 2 个腺体。花单性；子房上位，通常 3 室，中轴胎座，胚珠悬垂。蒴果 3 室。

(3)观察步骤

代表植物：油桐(*Vernicia fordii* Hemsl.)(图 1-19-8)

茎、叶的形态观察：取油桐标本观察，乔木，具乳汁。

花的形态解剖观察：花先叶开放，单性同株；观察其圆锥状聚伞花序；雄花 1 至数朵着生于花序每一分枝的中央，多数雄花着生于外围，雄花花萼 2 裂，绿色，花瓣 5，白色，具黄红色条纹，雄蕊 8～12，排成 2 轮；雌花，萼片及花瓣同雄花，子房上位，横切子房观察子房数目，属于什么胎座？

果实的形态观察：核果近球形，种子含油 46%～70%，我国特产，为重要的工

图 1-19-8　大戟科　油桐

A. 花　B. 幼嫩蒴果　C. 成熟蒴果

业原料。

代表植物：蓖麻(*Ricinus communis* L.)(图 1-19-9)

图 1-19-9　大戟科　蓖麻

A. 蓖麻掌状叶　B. 蓖麻雄花　C. 蓖麻果

茎、叶的形态观察：取蓖麻叶及花序观察，单叶互生，掌状分裂，裂片 5～11。

花的形态解剖观察：花单性，雌雄同株，圆锥花序，上部为雌花，下部为雄花。取已开放的雄花观察，外具 3～5 个萼片，无花瓣，花柱 3 裂，柱头各自 2 裂，子房外通常具肉刺。横切子房，观察心皮和胚珠数目，是什么胎座？

对比观察：取乌桕花枝及叶枝或腊叶标本。观察其特征，并注意同油桐及蓖麻的区别(图 1-19-10)。

(四)伞形科(Apiaceae)

(1)形态特征　草木；茎常中空。叶互生，常为 1 至多回羽状复叶或三出复叶，

A　　　　B

图 1-19-10　大戟科　乌桕

A. 雄花序　B. 蒴果

叶柄基部膨大,呈鞘状抱茎;花两性,整齐,伞形花序或复伞形花序,花序常有总苞片;花萼与子房结合,萼齿 5 或无;花瓣 5,分离;雄蕊 5,与花瓣互生;雌蕊 2 心皮,子房下位,2 室,花柱 2,基部膨大为花柱基,即上位花盘。果实多为干果,成熟时 2 个心皮从合生面分离成二分果瓣,每个分果有一纤细的心皮柄和果柄相连而倒悬其上,又称双悬果,果皮上有 5 条主棱或呈翅状;每个分果有 1 种子,胚乳丰富。

(2)识别要点　芳香性草本,叶柄基部呈鞘状抱茎;伞形或复伞形花序,5 基数花;子房下位,2 室;双悬果。

(3)观察步骤

代表植物:胡萝卜(*Daucus carota* L. var. *sativa* DC.)(图 1-19-11)

图 1-19-11　伞形科　胡萝卜

茎、叶的形态观察:取胡萝卜新鲜材料观察,二年生草本,叶柄基部膨大,呈鞘状抱茎。

花的形态解剖观察：复伞形花序，各个单伞形花序基部是否有总苞片和小总苞片？花序中有二型花，边花的外侧花瓣较大，近两侧对称，花柄较长；花序中央的花是整齐的，取一朵花观察，花小、白色，花萼5齿裂，极小；花瓣5，与萼互生，雄蕊5枚，与花瓣互生；花中央雌蕊为2心皮，从其外只能见到2枚花柱，花柱与子房之间有一圈不明显的上位花盘。纵剖一朵花并在放大镜下观察，可见子房与花托完全愈合，为下位子房，2个子房室。

代表植物：芫荽（*Coriandrum Sativum* L.）（图1-19-12）

A　　B

图1-19-12　伞形科　芫荽

A. 植株　B. 复伞形花序

茎、叶的形态观察：取芫荽新鲜材料观察，草本，多回羽状复叶。

花的形态解剖观察：复伞形花序，无总苞片，但具线形小总苞片。外缘花有辐射瓣。

代表植物：茴香（*Foeniculum vulgare* Mill.）（图1-19-13）

A　　B

图1-19-13　伞形科　茴香

A. 植株　B. 复伞形花序

茎、叶的形态观察：取茴香新鲜材料观察，草本，多回羽状复叶，裂片细线形。

花的形态解剖观察：花序下无总苞和小总苞，花黄色，外缘花瓣不具辐射瓣。

代表植物：旱芹（Apium graveolens L. var. *dulce* DC.）（图 1-19-14）

图 1-19-14　伞形科　旱芹

A. 植株　B. 1～2 回羽状全裂叶　C. 复伞形花序　D. 花

茎、叶的形态观察：取旱芹新鲜材料观察，草本，羽状复叶，裂片较宽。

花的形态解剖观察：复伞形花序，无总苞和小总苞片。

代表植物：窃衣[*Torilis japonica* (Hout.) DC.]（图 1-19-15）

茎、叶的形态观察：取窃衣新鲜材料观察，草本，叶二回羽状分裂，裂片披针形至线形。

图 1-19-15　伞形科　窃衣

A. 被短刺毛的分果　B. 复伞形花序　C. 植株

花的形态解剖观察：无总苞片或1～2条，小总苞片线形。伞幅2～4，每个小伞形花序上花的数目较少。

四、重点与难点

重点：掌握各科的分类特征和主要识别要点。

难点：观察与分析各科的花部形态特征，心皮与胎座的构成情况。

五、课堂作业

1. 绘珍珠梅花的纵剖面图，注明各部构造的名称。
2. 绘桃花纵剖面，注明各部构造名称。
3. 绘蚕豆花的解剖图，注明各部构造名称。
4. 绘蓖麻雌雄花的外形图，注明各部构造名称。
5. 总结蔷薇科4个亚科的花托和子房位置的关系。
6. 列表比较蝶形花科、含羞草科、云实科的主要区别。
7. 绘图说明杯状聚伞花序的概念。
8. 通过对油桐、蓖麻花的解剖观察，总结大戟科的主要特征。

六、思考与讨论

1. 蔷薇科的主要特征是什么？
2. 豆科的主要特征是什么？
3. 大戟科的主要特征是什么？
4. 伞形科的主要特征是什么？
5. 三叶绣线菊与珍珠梅比较有什么区别？
6. 通过对油桐、蓖麻花的解剖观察，总结大戟科的主要特征。

实验二十　被子植物分科(五)

双子叶植物纲

一、实验目的与要求

1. 通过对芸香科、茄科、唇形科和菊科等各科代表植物的解剖观察(尤其是对花部的观察)，掌握各科主要特征。

2. 识别各科常见植物。

3. 根据各科代表植物花的结构,写出花程式和绘出花图式。

二、实验用品与材料

1. 实验用品

用具:体视显微镜、镊子、解剖针、刀片等。

2. 实验材料

新鲜材料:黄皮、九里香、少花龙葵、辣椒、矮牵牛、益母草、蜂巢草、蟛蜞菊、黄鹌菜、一点红等植物的带花、果枝条或植株。

三、实验内容及方法步骤

(一)芸香科(Rutaceae)

(1)形态特征 乔木、灌木或木质藤本,茎常具刺,全体含挥发油。叶互生,少数对生,单身复叶或羽状复叶,叶片上具透明油腺点,无托叶。花两性,辐射对称;萼片4～5,基部合生或离生;花瓣4～5,离生;雄蕊8～10枚,排成2轮;雌蕊由4～5心皮组成,多合生,少数离生,子房上位。柑果、浆果、蓇葖果或核果。

(2)识别要点 常绿木本植物;茎常具刺。单身复叶或羽状复叶,叶上有透明油腺点。外轮雄蕊常与花瓣对生;子房上位,位于花盘之上。果为柑果或浆果。

(3)观察步骤

代表植物:九里香[*Murraya paniculata* (Linn.) Mant.](图1-20-1)

图1-20-1 芸香科 九里香

茎、叶的形态观察:取九里香带花果枝条观察,灌木。一回奇数羽状复叶,互生,小叶3～7片,叶上有透明腺点。

花的形态解剖观察:花白色,两性,聚伞花序腋生或顶生。花萼5枚,联合;花瓣5枚,分离;雄蕊10枚,分离,长短不等;子房上位,2心皮合生2室,每室2枚胚珠。

果实的形态观察:浆果,红色。

代表植物:黄皮[*Clausena lansium* (Lour.) Skeels]

茎、叶的形态观察:取黄皮带花果枝条观察,小乔木或灌木,树干有粒状突起,幼枝被短绒毛。奇数羽状复叶,小叶5～11枚。

花的形态解剖观察:花白色,芳香,两性,排成顶生圆锥花序。萼基部合生,裂片 4～5 片，长不及 1 mm；花瓣 4～5 片，长不及 5 mm，两面被黄色短柔毛；雄蕊 8～10 枚，排成 2 轮，外轮与萼片对生，内轮与花瓣对生，比外轮长，插生在花盘上；5 心皮，子房 5 室，中轴胎座。

果实的形态观察：浆果球形、卵形、倒梨形或椭圆形，黄色或暗黄色，被密或疏的柔毛；种子 1～3 颗，很少 5 颗。

（二）茄科（Solanaceae）

（1）形态特征　多为草本，少数灌木或小乔木，具双韧维管束；叶互生，或在开花枝上有大小不等的 2 叶双生，无托叶；花两性，辐射对称，单生或聚伞花序，花轴常与茎结合，使花序生于叶腋之外；花萼 5 裂，宿存，常花后增大；花冠 5 裂，合瓣花，轮状、钟状或漏斗状花冠；雄蕊 5 枚，着生于花冠筒基部，与花冠裂片同数互生；雌蕊由 2 心皮组成，位置偏斜，子房 2 室，或由假隔膜隔成 3～5 室，中轴胎座，胚珠多数。果实为浆果或蒴果；种子具有丰富的肉质胚乳。

（2）识别要点　常为草本，单叶互生。花两性，整齐，花部 5 基数；花萼宿存；花冠轮状；雄蕊 5 枚生于花冠基部，与花冠裂片互生；花药常孔裂；2 心皮，2 室，位置偏斜，多数胚珠。浆果或蒴果；种子压扁状。

（3）观察步骤

代表植物：少花龙葵（*Solanum photeinocarpum* Nakam et Odash.）（图 1-20-2）

茎、叶的形态观察：取少花龙葵带花果植株观察，一年生直立草本，高 30～100 cm 左右。叶互生，薄，呈卵形，无托叶。

图 1-20-2　茄科　少花龙葵

花的形态解剖观察：聚伞形花序腋生，由 3～10 朵小花组成。花两性、整齐，辐射对称。花萼小，浅杯状，具 5 齿裂，宿存，常于开花后增大；花冠白色，轮状，连合具 5 浅裂；雄蕊 5 枚，着生于花冠基部，与花冠裂片互生；子房下位，2 心皮组成，2 室，中轴胎座，胚珠多数。

果实的形态观察：浆果球形，成熟时黑色。

代表植物：辣椒（*Capsicum frutescens* L.）

茎、叶的形态观察：取辣椒带花果植株观察，多年生灌木状草本，通常作一年生栽培；茎下部直立，光滑无毛。叶互生，长圆卵形至卵状披针形，全缘或具浅波状缘。

花的形态解剖观察：花 1～3 朵簇生于叶腋。花萼绿色，钟状，5 小裂；花冠白色或青黄色，辐射状，5 深裂；雄蕊 5 枚，着生于花冠管的基部；雌蕊 1 枚，子房上位,1 室,胚珠多数,柱头头状。

果实的形态观察:浆果长指状,成熟后红色;种子多数,黄色,肾形而扁。

代表植物:矮牵牛(*Petunia hybrida* Vilm.)

茎、叶的形态观察:取矮牵牛带花植株观察,多年生草木;植株较矮小,高 18～25 cm,全株具黏毛。叶互生,嫩叶略对生。

花的形态解剖观察:花大,单朵腋生或顶生。花萼 5 裂;花冠粉红色、紫色、紫红色等,喇叭状,先端具波状浅裂,冠管外具黏毛;雄蕊 5 枚,短于花冠管;子房上位,2 室。

果实的形态观察:蒴果 2 瓣裂。

(三)唇形科(Labiatae)

(1)形态特征　草本,含挥发性芳香油。茎常四棱形。叶常为单叶,对生或轮生,无托叶。花两性,两侧对称,稀近辐射对称;腋生聚伞花序构成轮伞花序,常再组成总状、穗状或圆锥状花序;花萼 5 裂,或 2 唇形,常上唇 3,下唇 2,宿存;花冠 2 唇形,合瓣,上唇 2,下唇 3,花冠筒内常有毛环;雄蕊 4,二强,稀 2 枚,分离或药室贴近两两成对,着生于花冠筒上;花盘下位;子房上位,由 2 心皮形成,浅裂或常深裂成 4 室;中轴胎座;花柱常着生于子房裂隙的基部,柱头多 2 裂。果为 4 个小坚果。

(2)识别要点　草本,含挥发性芳香油;茎四棱。单叶,对生或轮生。轮伞花序;唇形花冠;二强雄蕊或 2 枚;子房上位,4 分子房,花柱基生。小坚果。

(3)观察步骤

代表植物:益母草[*Leonurus artemisia* (Lour.)S. Y. Hu]

茎、叶的形态观察:取益母草带花植株观察,一年生或二年生草本;茎四棱形。下部叶轮廓卵形,掌状 3 裂,其上再分裂,中部通常 3 裂成矩圆形裂片。

花的形态解剖观察:轮伞花序轮廓圆形,并组成长的穗状花序。花两性,两侧对称(稀近辐射对称)。花萼筒状钟形,5 齿裂;花冠粉红色至淡紫色,唇形,合瓣,上唇 2 花瓣合生直伸,下唇 3 花瓣直伸或张开,3 裂;雄蕊 4 枚,2 长 2 短,为二强雄蕊,雄蕊与花冠裂片互生,着生在花冠上。雌蕊为 2 心皮合生,上位子房,花柱先端相等 2 裂。

果实的形态观察:小坚果矩圆状三棱形。

代表植物:蜂巢草[*Leucas zeylanica* (Linn.) R. Br]

茎、叶的形态观察:取蜂巢草带花植株观察,一年生草本,高 20～40 cm;茎四棱形,多被刚毛,多分枝。叶对生,卵状披针形,长 3～6 cm,边缘有粗圆齿。

花的形态解剖观察:花白色,轮生于叶腋内。花冠筒内藏,冠檐二唇形,上唇直伸,盔状,外密被长柔毛,下唇长于上唇,3 裂,中裂片最大;雄蕊 4 枚,前 2 枚较长,上升至上唇片之下，花药 2 室；花柱先端不相等 2 浅裂，后裂片近于消失；花落后留下很多残存的花萼，形如蜂窝。

果实的形态观察：小坚果长圆状三棱形。

代表植物：一串红（*Salvia splendens* Ker. -Gawl.）

茎、叶的形态观察：取一串红带花植株观察，亚灌木状草本，茎方形。叶对生有柄，卵形或卵圆形，边缘有锯齿。

花的形态解剖观察：轮伞花序由 2～6 朵花组成，密集成顶生假总状花序，苞片卵圆形。花萼钟形，上唇全缘，下唇 2 裂；花冠红色，合生，二唇形，上唇 2 裂，下唇 3 裂，比上唇短；发育雄蕊 2 枚，着生于花冠管上，花丝短，药隔长而柔弱，上下臂近等长，上臂药室发育，下臂增粗，药室退化；退化雄蕊短小；花盘发达偏于一侧；子房上位，由 2 个心皮组成，花柱生于子房裂缝的基部，为基生花柱，与花冠近等长，柱头 2 裂。

果实的形态观察：4 个小坚果，椭圆形，暗褐色，每小坚果具种子 1 枚。

（四）菊科（Compositae）

形态特征：多为草本，植物体内有乳汁或无。常单叶互生，无托叶；头状花序，基部具 1 至多层苞片组成的总苞；花多两性；花萼 5，常变态为毛状、刺毛状或鳞片状，称为冠毛；花冠裂片 5 或 3，合瓣，管状、舌状或唇状花冠；雄蕊 5，着生于花冠筒上，花药合生成筒状，称聚药雄蕊；雌蕊由 2 心皮构成，花柱细长，柱头 2 裂，子房下位，1 室，1 胚珠。果为连萼瘦果，顶端常具宿存的冠毛。

识别要点：多为草本。常单叶互生，无托叶。头状花序有总苞；聚药雄蕊。连萼瘦果，常具冠毛。

根据花冠类型的不同、乳汁的有无，可将本科分为两个亚科：管状花亚科（Carduoideae）、舌状花亚科（Cichorioideae）。

1. 管状花亚科（Carduoideae）

（1）形态特征　头状花序全为筒状花，或边缘花假舌状、漏斗状，而盘花为筒状花，植物体不含乳汁。

（2）观察步骤

代表植物：蟛蜞菊［*Wedelia chinensis* (Osb.) Merr.］（图 1-20-3）

茎、叶的形态观察：取蟛蜞菊植株观察，多年生草本，全株具硬毛。叶宽卵形，基部心脏形，外缘具齿，具 3 主脉。

花的形态解剖观察：头状花序，单生，花序外面有多数苞片组成的总苞，花序边缘是舌状花，中央为管状花。再各取一朵解剖观察：舌状花为中性花；管状花在花的最外面有一苞片，萼片退化形成鳞片状。花瓣结合呈管状，5 裂；雄蕊 5 个，着生

图 1-20-3　菊科　蟛蜞菊

在花冠上，花丝分离，花药合生，为聚药雄蕊；柱头 2 裂，子房下位，子房由 2 个心皮组成，1 室，每室 1 颗胚珠，着生在子房基部。

果实的形态观察：瘦果。

2. 舌状花亚科(Cichorioideae)

(1)形态特征　头状花序全为舌状花，植物体含乳汁。

(2)观察步骤

代表植物：黄鹌菜[*Youngia japonica* (Linn.)DC.]

茎、叶的形态观察：取黄鹌菜带花植株观察，一年生草本，茎直立，高 20～70 cm，有乳汁。叶多生于基部，倒披针形，提琴状羽裂，顶端裂片较两侧裂片稍大，裂片边缘有不规则细齿，无毛或有稀疏细软毛。

花的形态解剖观察：头状花序排成聚伞状圆锥花序式，总苞开花前圆筒形，花后钟状，内层苞片 5，外层苞片 8。花全为舌状花，17～19 朵，顶截平，5 齿裂。小花花冠黄色，花冠管上部被白色稀毛。

果实的形态观察：瘦果扁纺锤形，有 11～13 粗细不等纵肋；冠毛白色，和瘦果近等长。

代表植物：一点红[*Emilia Sonchifolia* (L.)DC.]

茎、叶的形态观察：取一点红带花植株观察，一年生草本；茎直立，折断后有白色乳浆流出。叶互生，生于下部的叶长卵形，叶缘具钝齿，上部的叶较小，卵状披针形，常不分裂，具齿，基部抱茎。

花的形态解剖观察：头状花序筒状，有长梗。总苞筒状，总苞片 1 层，条形，基部分生。全部为管状花，两性，紫红色，花冠先端5齿裂；雄蕊5枚，为聚药雄蕊；子房下位，心皮2。

果实的形态观察：瘦果狭矩圆形，有5纵肋，顶端有白色柔软冠毛。

四、重点与难点

重点：芸香科、茄科、唇形科和菊科等科的主要特征及其代表植物。

难点：唇形科和菊科的主要特征。

五、课堂作业

1. 写出并绘出九里香(或黄皮)的花程式及花图式。
2. 绘一朵蟛蜞菊舌状花和管状花，并绘聚药雄蕊展开图。
3. 写出并绘出少花龙葵(或辣椒)的花程式及花图式。
4. 写出并绘出益母草(或蜂巢草)的花程式及花图式。

六、思考与讨论

1. 菊科植物具有哪些主要特征和次生形状？为什么说菊科是双子叶植物中较进化的类群？

2. 唇形科植物在花结构上有何特征？

实验二十一 被子植物分科(六)

单子叶植物纲

一、实验目的与要求

1. 通过对泽泻科、棕榈科、禾本科、莎草科和百合科等各科代表植物的解剖观察(尤其是对花部的观察)，掌握各科主要特征。

2. 识别各科常见植物。

3. 根据各科代表植物花的结构，写出花程式和绘出花图式。

二、实验用品与材料

1. 实验用品

用具：体视显微镜、镊子、解剖针、刀片等。

2. 实验材料

新鲜材料：慈姑、椰子、油棕、槟榔、软叶刺葵、粉单竹、水稻、画眉草、牛筋草、香附子、水蜈蚣、猴子草、葱、花叶麦冬和芦荟等植物的带花、果枝条或植株。

三、实验内容及方法步骤

(一)泽泻科(Alismataceae)

(1)形态特征　水生或泽生草本，具球茎或根状茎，叶常于茎基生，有鞘，变化较大。花两性或单性，常轮生于花序轴上；花被 2 轮，外轮 3 片萼片状，宿存，内轮 3 片花瓣状，脱落；雄蕊常 6 至多数；雌蕊心皮 6 至多数，离生，螺旋状排列于凸起的花托上或轮状排列于扁平的花托上，胚珠 1～2 个。聚合瘦果，种子无胚乳。

(2)识别要点　水生或泽生草本，叶基生具叶鞘。双被花，各 3 枚，雄蕊常 6 至多数；雌蕊心皮 6 至多数，离生，螺旋状排列于凸起的花托上或轮状排列于扁平的花托上，聚合瘦果。

(3)观察步骤

代表植物：慈姑(*Sagittaria sagittifolia* L.)(图 1-21-1)

A　　B　　C

图 1-21-1　泽泻科　慈姑

A. 慈姑花　B. 慈姑球茎　C. 慈姑箭头形叶片

茎、叶的形态观察：取新鲜慈姑植株观察，可见根状茎先端膨大形成球茎，球茎表面附薄膜质鳞片，端部有较长的顶芽，叶着生于基部，叶柄较长，中空。叶形变化较大，叶片箭头形或戟形，全缘。

花的形态解剖观察：花单性，雌雄同株，雄花常着生于花序上部，雌花着生于花序下部；萼片 3 枚，草质；花瓣 3 枚，白色；雄蕊多数离生；心皮多数离生，密布于球形花托上。

果实的形态观察：聚合瘦果。

（二）棕榈科（Palmae）

（1）形态特征　乔木或灌木，少藤木；茎直立，通常不分枝，少分枝。叶簇（聚）生于茎顶。花小，辐射对称，两性或单性，雌雄同株或异株，有时杂性，组成分枝或不分枝的肉穗花序，佛焰苞各式。花萼 3 片，分离或合生，镊合状或覆瓦状排列；花瓣 3 片，分离或合生，镊合状排列或覆瓦状排列；雄蕊 6 枚（2 轮），花药 2 室，纵裂；子房上位，1～3 室，每室胚珠多数。

（2）识别要点　木本，茎不分枝；大型叶丛生与茎顶部。肉穗花序，具佛焰苞；花 3 基数。

（3）观察步骤

代表植物：椰子（*Cocos nucifera* L.）（图 1-21-2）

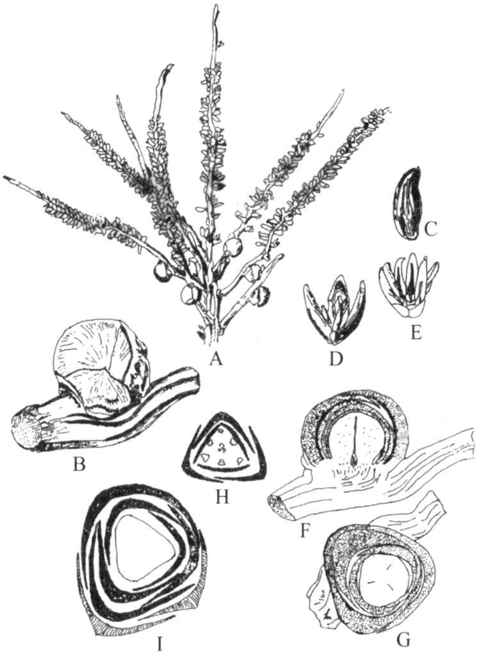

图 1-21-2　棕榈科　椰子

A. 花序一部分　B. 雌花　C、D、E. 雄花　F、G. 雌花剖面　H、I. 花图式

茎、叶的形态观察：直立高大乔木；茎上有明显环状叶鞘，茎干不分枝；大型羽状全裂叶簇生于茎顶。

花的形态解剖观察：穗状花序组成圆锥花序腋生，佛焰苞 2 至多个；花单性，雌雄同体；雄花小，多数，聚生于分枝的上部；花被片 6 片，分 2 轮，内轮为镊合状排列方式，外轮为覆瓦状排列方式；雄蕊 6 枚，分离；退化雌蕊小；雌花大、少数，生于分枝下部，基部小苞片数枚；花被片 6 片，卵形，分 2 轮，外轮较内轮短，皆为覆瓦状排列方式；雌蕊 1 枚，子房 3 室，每室有胚珠 1 颗，但只有 1 室发育，花柱短，柱头 3 枚外弯。

果实的形态观察：核果大，外果皮薄，光滑，中果皮厚纤维状，内果皮坚硬，在一端具有圆形凹陷的发芽孔；种子紧贴于内果皮上，胚乳白色，腔中有汁液（液状胚乳）。

代表植物：油棕（*Elaeis guineensis* Jacq.）

茎、叶的形态观察：直立乔木。叶多，簇生于茎顶端，羽状全裂，下部的退化成针刺；叶柄阔。

花的形态解剖观察：雄花序由多数指状的肉穗花序组成，花密生；苞片长圆形，顶有刺状小尖头；雌花序近头状，密集；苞片大，顶端具刺；雄花花萼 3 枚，分离；花瓣 3 枚，分离；雄蕊 6 枚，基部连合；雌花萼片与花瓣成卵形或卵状长圆形；子房 3 室，常有 1～2 室不发育，柱头 3 裂。

果实的形态观察：坚果卵形或倒卵形；顶端有 3 个萌发孔。

代表植物：槟榔（*Areca cathecu* Linn.）

茎、叶的形态观察：乔木；茎干笔直，不分枝，有明显环状叶痕。叶聚生于茎顶，羽状全裂，裂片狭长披针形，顶端渐尖呈不规则齿裂，两面光滑。

花的形态解剖观察：肉穗花序生于叶鞘束下，多分枝，排列成圆锥花序式，上部着生雄花，下部着生雌花；雄花小，无梗，花被 6 片；雄蕊 6 枚，分离，花丝短；退化雌蕊 3 枚，线形；雌花外轮 3 枚花被，内凹，内轮 3 枚；退化雄蕊 6 枚，合生；子房 1 室，柱头 3 裂，基生胎座。

果实的形态观察：果实长椭圆形，基部有宿存的花被片，橙红色，中果皮厚，纤维质；种子卵形，基部平坦。

代表植物：软叶刺葵（*Phoenix roebelenii* O. Brien.）

茎、叶的形态观察：灌木；茎单生，直立。叶羽状全裂，2 排，近对生，裂片芽时内折，下部的小叶退化为针刺。

花的形态解剖观察：肉穗花序生于叶丛中，由一革质的佛焰苞内抽出；花单性，雌雄异株；雄花花萼联合成杯状，3 齿裂，裂片 3 角形；花瓣 3 片，披针形，稍肉质；雄蕊 6 枚，花丝短；雌花卵圆形；花萼与雄花的相似；花瓣也为 3 片；退化雄蕊 6 枚；雌蕊心皮 3 个，分离，柱头钩状。

果实的形态观察：果实长圆形或长椭圆形；有具槽纹的种子 1 颗。

（三）禾本科（Gramineae）

形态特征：草本或木本，地上茎称为秆；秆圆柱形，有显著的节和节间，节间多中空。单叶互生，成 2 列，叶由叶鞘、叶片和叶舌构成，有时具叶耳；叶鞘包秆，常在一边开裂；叶片带形、线形或披针形，具平行脉；叶舌生于叶片与叶鞘连接处的内方，成膜质或毛状或退化；叶耳位于叶鞘顶端两侧。花序以小穗为基本单位，在穗轴上再排成穗状、总状或圆锥状；小穗由 1 至多朵小花着生在小穗轴上组成，每个小穗基部有 2 个颖片；小花通常两性，由 1 枚外稃、1 枚内稃、2 枚浆片、3～6 枚雄蕊和 1 枚雌蕊组成；子房由 2～3 心皮构成，1 室，1 胚珠；花柱通常 2，稀 1 或 3，柱头常为羽毛状。果实的果皮与种皮密接，称颖果，稀为胞果或浆果。

识别要点：草本或木本，茎圆柱形，多中空，有节；叶鞘开裂，叶 2 列，常有叶舌、叶耳；颖果。

禾本科分为两个亚科：竹亚科（Bambusoideae）和禾亚科（Agrostidoideae）。

1. 竹亚科（Bambusoideae）

（1）形态特征　秆一般为木质，多为灌木或乔木状，秆的节间常中空。叶为 2 种形状，主干叶（秆箨）与普通叶明显不同，秆箨的叶片（箨片）常缩小而无明显的中脉；普通叶片具短柄，且与叶鞘相连处成一关节，叶易自叶鞘脱落。

（2）观察步骤

代表植物：粉单竹[*Lingnania chungii*（McClure）McClure]

茎、叶的形态观察：取粉单竹部分秆观察，秆直立或近直立；节间圆柱形，淡绿色，被白粉；秆枝簇生，秆上有箨（笋壳），但早落。箨的先端有变形的小叶，称为箨叶，下方为宽大的箨鞘，在箨叶与箨鞘之间有箨舌和箨耳；秆上小枝着生光合作用的正常叶（营养叶），叶片呈披针形，具短柄；叶柄通过关节与叶鞘相连，叶鞘顶端有流苏状的遂毛；叶片脱落，叶鞘不脱落。

花的形态解剖观察：花序无叶，假小穗于花枝节上，小花 2～5 朵；颖片 1～2 枚；外稃宽卵形，内外稃近等长；鳞被 3，顶端有纤毛；雄蕊 6 枚，花药顶端尖锐；花柱 1，柱头 2 或 3，疏稀羽毛状。

2. 禾亚科（Agrostidoideae）

（1）形态特征　草本，秆通常草质。叶为 1 种形状，秆生叶即为普通叶，叶片大多为狭长披针形或线形，具中脉，通常无叶柄，有叶片、叶鞘、叶舌、叶耳；叶片与叶鞘之间无明显的关节，不易从叶鞘脱落。

（2）观察步骤

代表植物：水稻（*Oryza sativa* L.）（图 1-21-3）

茎、叶的形态观察：取水稻带花植株观察，节间中空。叶片基部内侧有膜质叶舌，叶基两侧具叶耳 1 对。

花的形态解剖观察：顶生圆锥花序，小穗具柄，每 1 小穗只含 1 朵发育小花，颖

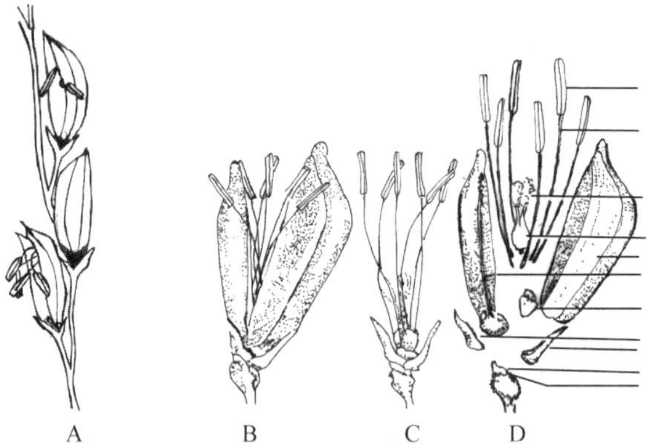

图 1-21-3 禾本科 水稻

A. 花序一部分 B. 开花时颖花外形 C. 开花时颖花内观(除去内外颖) D. 花的各部分

片退化,只有残留的痕迹。在发育小花的基部可看到 2 个鳞片状的外稃,它是 2 朵退化花的外稃,其他部分均已退化;发育花的外稃大而硬,成船形,外稃和内稃间有 2 个浆片。雄蕊 6 枚;雌蕊由 2 个心皮组成,1 室,1 胚珠,柱头 2 裂,呈羽毛状。

果实的形态观察:颖果,由被外稃和内稃包住。

代表植物:画眉草[*Eragrostis pilosa* (L.) Beauv.]

茎、叶的形态观察:取画眉草带花植株观察,一年生草本;秆直立或基部微膝曲。叶鞘光滑或鞘口生长柔毛,叶舌退化为一圈纤毛。

花的形态解剖观察:圆锥花序稍开展,枝腋间有长柔毛。小穗有小花 3~14 朵,小穗轴宿存;第 1 颖小,常无脉,第 2 颖稍长,有 1 脉;外稃侧脉不明显,第 1 外稃长 1.5~2 mm,内稃作弓形弯曲,稍短,两脊粗糙至有纤毛;雄蕊 3 枚,花药暗紫色;雌蕊 1 枚,柱头 3 裂。

果实的形态观察:颖果长圆形,黄棕色。

代表植物:牛筋草[*Eleusine indica* (L.) Gaertn.]

茎、叶的形态观察:取牛筋草带花植株观察,一年生草本;秆丛生,直立或基部膝曲。叶片条形,叶鞘扁而具脊,鞘口边缘膜质,叶舌短。

花的形态解剖观察:穗状花序 2~7 枚,指状排列于秆顶。小穗含 3~6 朵小花;颖和稃均无芒,外颖短于内颖,内稃短于外稃,脊上具短纤毛;雄蕊 3 枚;柱头 2,羽毛状。

果实的形态观察:种子卵状长圆形。

(四)莎草科(Cyperaceae)

(1)形态特征　多年生或一年生草本,常有根状茎。茎特称为秆,常三棱柱形实心,无节;叶基生或秆生,通常 3 列;叶片条形,基部有闭合的叶鞘,或叶片退化仅具叶鞘。花小,两性或单性,单生于鳞片(颖片)的腋内;2 至多数的带鳞片的花组成小穗;小穗单一或再排成穗状、总状、圆锥状、头状或聚伞花序;花序下常有 1 至多枚叶状、刚毛状或鳞片状苞片;花被缺或退化为下位刚毛、丝毛或鳞片;雄蕊多为 3,少数 1～2;雌蕊由 2～3 心皮构成,子房上位,1 室,胚珠 1,花柱 1,柱头 2～3。果为小坚果。

(2)识别要点　草本,秆(茎)常三棱形,实心,无节。叶常 3 列,叶鞘闭合。花被退化,小穗组成各种花序。小坚果。

(3)观察步骤

代表植物:香附子(*Cyperus rotundus* L.)

茎、叶的形态观察:取香附子带花植株观察,多年生草本;匍匐根状茎和黑色坚硬的椭圆形块茎;秆直立,散生,三棱形。单叶基生;叶鞘棕色,边缘合生成管状抱茎,常裂成纤维状。

花的形态解剖观察:叶状苞片 3～5 片,下部的 2～3 片长于花序;3～6 个聚伞花序,每个花序 3～10 个小穗;小穗线形,扁平,茶褐色;小穗轴具翅,长圆形。小花 10～25 朵。鳞片(苞片)2 列,膜质,卵形,每一鳞片内着生一无被花;两性;3 枚雄蕊,花药线形;雌蕊花柱长,柱头 3 裂。

果实的形态观察:小坚果三棱状长圆形。

代表植物:水蜈蚣(*Kyllinga brevifolia* Rottb.)

茎、叶的形态观察:取水蜈蚣带花植株观察,多年生草本;根状茎纤细,匍匐,外被褐色鞘状鳞片;地上茎直立,三棱形。叶条形,扁平,上部边缘及背面中肋具细齿;叶有鞘,干膜质。

花的形态解剖观察:叶状总苞 3～4 枚,长短不一。穗状花序近球形,单生于茎顶;小穗多数密聚,长圆状披针形,两侧压扁,小花 1 朵;鳞片白色具锈斑,3～4 片;花被退化;雄蕊通常 3 枚,花药线形;子房上位,花柱细长,柱头 2。

果实的形态观察:小坚果倒卵形,稍扁,双凸状,褐色。

代表植物:猴子草(*Kyllinga monocephala* Rottb.)

茎、叶的形态观察:取猴子草带花植株观察,具细长、多节而匍匐的根状茎。叶长条形,边缘有疏锯齿;叶鞘较短,褐色并夹有紫褐色斑点。

花的形态解剖观察:叶状苞片 3 或 4 枚,长于花序;穗状花序多单生,小穗多数,倒卵形或披针状长圆形。小花数朵,其中 1 朵为不育;鳞片膜质,背面具龙骨状凸起，呈半月形的翅；翅缘具细刺；雄蕊 3 枚；花柱细长。

果实的形态观察：小坚果倒卵形，平凸状。

（五）百合科（Liliaceae）

（1）形态特征　多年生草本，有地下茎。茎直立或攀缘状；叶基生或茎生，茎生叶常互生，少有对生或轮生，有时退化成鳞片状。花两性，少单性，辐射对称；花序为总状、穗状、圆锥状或伞形花序等；花被为花瓣状，裂片通常 6，花丝分离或连合，与花被片对生；子房上位或下位，稀半下位，常 3 室，中轴胎座，稀 1 室而为侧膜胎座，每室胚珠多数。果为蒴果或浆果。

（2）识别要点　花部 3 基数；花被片 6，排成 2 轮；雄蕊 6，与花被片对生；子房 3 室，中轴胎座。

（3）观察步骤

代表植物：葱（*Allium cepa* L.）

茎、叶的形态观察：取新鲜或浸泡葱的植株和花序观察，草本，基部有粗大球形鳞茎。叶基出，中空成管状，具白粉。

花的形态解剖观察：花葶圆柱形，中空，中下部膨大；伞形花序球形，多花密集，外包有 2～3 片反卷的苞片。小花花被 6 片，绿白色，排列 2 轮；雄蕊 6 枚，2 轮，各与花被片对生，花丝基部（内轮）极扩大，两侧各具一小齿，并与花被贴生；子房上位，雌蕊 3 心皮，3 室，每室 2 胚珠。

果实的形态观察：蒴果。

代表植物：花叶麦冬[*Ophiopogon japanicus* (L.f.) Ker-Gawl.]

茎、叶的形态观察：取花叶麦冬带花植株观察，多年生草本；须根近末端处具纺锤形的小块状；地下走茎短，包于叶基之中。叶宽细型，革质，叶边缘为金黄色，边缘内侧为银白色与翠绿色相间的竖向条纹，基部具膜质鞘。

花的形态解剖观察：总状花序生于花葶上，苞片膜质，每苞片内有小花 2～5 朵；花淡紫色，花被片 6 片，分离，卵状披针形；雄蕊 6 枚，内藏，生于花被片的基部；子房半下位，3 室，每室有 2 颗胚珠，柱头 3 浅裂。

果实的形态观察：种子球形。

代表植物：芦荟[*Aloe vera* Linn. var. chinensis (Haw.) Berg.]

茎、叶的形态观察：取芦荟的花及叶观察，多年生常绿肉质植物，茎极短。单叶围肉质茎呈莲座状簇生，叶背拱凸，粉白色，具斑点，边缘有刺状小齿。

花的形态解剖观察：几十朵花组成总状花序，有苞片。花黄色或具红色斑点，开时稍下垂；花被圆柱形，裂片先端稍外弯；雄蕊 6 枚，与花被近等长；花柱伸出花被外。

果实的形态观察：蒴果长圆形，具 3 棱，室背开裂；种子有翅。

四、重点与难点

重点：泽泻科、棕榈科、禾本科、莎草科和百合科等科的主要特征及其代表植物。
难点：禾本科和莎草科的主要特征。

五、课堂作业

1. 写出慈姑的花程式。
2. 绘禾本科植物小穗模式图，并注明各部分。
3. 结合观察水稻小穗和花，填写图 1-21-3 中横线所指各部分的名称。
4. 写出并绘出椰子雌雄花的花程式和花图式。
5. 绘香附子小穗图，并注明各部分。

六、思考与讨论

1. 为什么说泽泻科是单子叶植物原始的类群？
2. 棕榈科植物在单子叶植物中有何显著的特点？
3. 通过对水稻等实验材料的观察，你能否列出禾本科植物的重要特征？为什么说禾本科植物花的结构特点是适应风媒传粉的高级类型？
4. 禾本科植物与莎草科植物在花结构上有何不同？

第二章　植物学综合性实验

实验一　植物细胞形态结构与功能相关性观察

一、研究背景及应用前景

细胞是生命活动的基本结构单位和功能单位。生物体的各项生命活动及生命的生理、行为特点都是建立在细胞这一特殊结构基础之上的。多细胞植物体上的不同细胞由于执行不同的功能，相应细胞的形态、结构也呈现出差异。许多的研究表明，细胞一定的形态结构必然有与之相对应功能的存在，任何功能都需要细胞一定的形态结构来完成。细胞的形态结构与功能相关是很多细胞的共同特点，分化程度越高的细胞表现得越明显，细胞之间有了功能上的分工和形态结构上的分化，它们相互依存、彼此协作，共同保证着整个有机体正常生活的进行，这种合理性是生物长期进化过程所形成的适应。因此，细胞的结构与功能的相关性观点是学习细胞生物学的重要原则之一，既是学生学习生物体结构层次知识的出发点和学习细胞分化形成组织、生物体组成等的基础，也是学生理解生物体的多种生命现象、熟悉生物体的多项生命活动的基础。

二、实验要求

通过本实验了解植物细胞形态、结构和功能之间的关系，以便更好地理解结构和功能之间的相互关系在植物形态建成中的作用。

三、实验用品与材料

1. 实验用品

药品：碘液、硫酸、钌红溶液等。

用具：光学显微镜、解剖针、镊子、载玻片、盖玻片、吸水纸等。

2. 实验材料

新鲜材料：薄荷茎、芹菜叶柄、洋葱鳞茎、莲藕根状茎或叶柄、凤眼莲茎等。

四、实验内容及方法步骤

(一)观察多棱形叶柄或茎内部细胞形态

取薄荷茎或芹菜叶柄作徒手横切面切片,在显微镜下观察,最外一层排列整齐的扁平细胞为表皮,在表皮下方有一圈细胞,注意观察这些细胞有何特点。是活细胞还是死细胞?依据是什么?其细胞形态、结构与其所起的功能是如何统一的?

接着在载玻片上加稀碘液和 66%的硫酸溶液,封片观察,注意此时茎或叶柄的棱角处被染成淡颜色的细胞壁,细胞的角处增厚明显,细胞腔略呈菱形,用高倍镜认真观察,细胞内是否看到原生质体的存在?

(二)观察植物细胞壁的分层(胞间层、初生壁、次生壁)

1. 胞间层(中胶层)

中胶层为相邻两个细胞共有的一层,主要成分为果胶质,具有黏性和弹性。通过用钌红染色反应来鉴定果胶,以此确定细胞胞间层的位置。先用镊子撕取洋葱鳞片上表皮一块,放置在载玻片上,加入钌红溶液染色 5~10 min 后,用水冲洗多余的染料,封片观察,可见相邻细胞壁中间有一条被染料着色的细线,即为含果胶的中胶层。

2. 初生壁与次生壁

纤维素是植物细胞初生壁和次生壁的主要成分,木质素则主要是沉积于细胞的次生壁上。具木质化细胞壁的成熟细胞多为死细胞,多为厚壁组织,如石细胞和纤维、木质部的输导组织如导管和管胞。取薄荷茎做徒手横切片置于载玻片中央,先加一滴碘化钾溶液,然后再加一滴 70%硫酸封片观察,次生壁颜色的深浅决定于细胞壁木化程度。在同一制片上还可看到四个角处一些被染成蓝色的即为纤维素细胞壁。

由于硫酸和浓盐酸为强腐蚀性的溶液,因此在操作过程一定要谨慎小心,务必将盖玻片外溢出的硫酸吸干净,人体的任何部位以及显微镜的任何部件都切勿接触到硫酸或浓盐酸。一旦不小心触及,应尽快妥善处理,以免造成伤害及损失。

也可取洋葱鳞茎表皮,依据以上方法进行操作,观察洋葱表皮细胞壁各层次的颜色变化。观察的同时注意表皮细胞与纤维细胞的细胞壁在结构上有何不同,这种差异是如何与它们各自行使的功能相适应的?

（三）观察水生植物的通气组织和输水组织

因莲藕、凤眼莲等水生植物长期生活在水生环境下，因此，最突出的特点是植株具有很发达的通气组织。相反，水生植物的输水组织则比陆生植物退化许多。

用刀片横切莲藕或凤眼莲的叶柄或茎制作临时制片观察。观察时可与薄荷或芹菜的叶柄或茎的横切片上相应部分的结构做比较。

五、结果与讨论

阐述实验所得结果，并根据结果就植物细胞形态、结构和功能之间的关系进行分析和讨论。

实验二　不同生境下植物营养器官形态结构比较

一、研究背景及应用前景

水是生命之源，是影响植物生长发育的重要生态因子。根据植物对水分的需求，需在水中完成生活史的植物叫水生植物，适应干旱环境的植物叫旱生植物。由于生长环境的特殊性，水生植物和旱生植物会受到水分的胁迫，为此，在长期的适应进化过程中植物就形成了一些特殊的生存策略以减少水分的不利影响。

植物的形态结构总是与环境相适应，环境会影响植物生长，并可引起植物形态结构的相应变化。植物地上、地下各器官由于所处环境不同，执行的生理功能不同，所以形态、结构特征也不同。

水生植物很容易得到水分，它们的输导组织的维管束都表现出不同程度的退化。根一般不发达，叶表面没有角质层加厚、蜡质或栓质。水分充足对水生植物是个有利条件，但水过多也会产生不良后果，所以水生植物都具有排水器，它既能把多余的水排出体外，又能源源不断地得到水体中的无机营养物。而有些旱生植物的叶子上常有浓密的表皮毛或白色的蜡质，这可能与减低蒸腾作用和反射强光有关。

由于植物与环境相互联系，统一而不可分隔，因此，研究植物的形态构造和生理功能时，不可忽略其周遭的生活环境。运用解剖学方法，研究特定生境下植物营养器官的解剖结构及其变化规律已成为生态学研究的一个重要方面。同时，研究不同生境下植物的形态结构，对这些结构与植物抗性之间的关系进行分析，既可以丰富细胞学和形态学内容，也为植物抗逆性机理的研究和抗逆性品种培育提供理论依据，对农业生产具有重要的理论和现实意义。

二、实验要求

1. 了解植物各器官与环境条件相适应的形态结构特点。

2. 通过综合应用前面所学形态结构学知识和技术，分析、比较不同类型植物营养器官形态与结构上的区别，巩固以前所学知识和技术；初步了解通过形态解剖学实验技术解决实际问题的方法。

三、实验用品与材料

1. 实验用品

用具：光学显微镜、解剖针、镊子、载玻片、盖玻片、吸水纸等。

2. 实验材料

新鲜材料：水葫芦、芦荟、夹竹桃等植物的植株。

四、实验内容及方法步骤

(一)外形观察

对采回的水葫芦、芦荟、夹竹桃等植物的根、茎和叶进行外部形态观察，并将观察到的特征列表一一记录下来。

(二)解剖结构观察

采用徒手切片法对不同生境下的水葫芦、芦荟、夹竹桃等植物的根、茎和叶制取临时制片，仔细区分相对应器官的结构差异。

五、结果与讨论

阐述实验所得结果，根据结果进行分析，并围绕“植物根、茎、叶的形态结构是如何适应生存环境的”展开讨论。

实验三 不同植物淀粉粒形态的观察

一、研究背景及应用前景

淀粉是葡萄糖分子聚合而成的长链化合物，以淀粉粒的形式贮藏在植物的根、茎及种子等器官的薄壁细胞细胞质中。由于淀粉粒形态特征稳定，而且不同种属植物来源的淀粉粒在外部形状、大小、轮纹特征及脐点类型等方面都有一定的差异，是显微观察区别植物物种的重要指标，在植物分类学中具有重要的意义。

20世纪70年代以后，淀粉粒开始应用于考古学的研究，用于鉴定植物残留物的来源，并借此推断古人对植物的利用、器物的功能以及食物加工技术等。研究表明，淀粉可以在考古遗物(如石器、陶器等)和地层中长时间的保存，并且与孢粉、植硅石分析相比，淀粉粒分析还有很多优势，比如很多植物的淀粉粒可以达到种一级的分辨率、产量非常高等，可以很好弥补这些研究方法的不足。因此，淀粉粒分析在考古学研究中大有可为。

在中药学中，也常根据淀粉粒的形态特征作为生药鉴定的依据之一。中成药及粉末状中药在鉴定时，除了外观形状及经验鉴别之外，对于那些已粉碎的或难以识别的粉末药材与成药，常用显微鉴别淀粉粒的形态特征来判断真伪。

根据淀粉粒的特征，通过显微镜观察，可以鉴别市售淀粉食品、药物等的真伪，以维护消费者的利益和健康。

二、实验要求

掌握淀粉粒的类型及鉴定，运用所学的植物学实验基本技能解决生活和生产中遇到的实际问题。

三、实验用品与材料

1. 实验用品

药品：碘液。

用具：镊子、刀片、显微镜、载玻片、盖玻片、吸水纸。

2. 实验材料

新鲜材料：马铃薯块茎、莲藕根状茎、甘薯块根、市售淀粉等。

四、实验内容及方法步骤

分别依次将马铃薯块茎、莲藕根状茎和甘薯块根切开，用刀片或解剖针的先端在刚切开的剖面上轻轻刮取1滴混浊的液汁，将液汁分别放在3张载玻片上。先加1滴蒸馏水于载玻片上，用解剖针挑少量市售淀粉放到水滴中，将淀粉拌匀。分别在4张载玻片上加1小滴稀甘油，放上盖玻片后再轻轻地滑动盖玻片，让充满淀粉粒的样本能够完全散开，以方便进行显微镜观察。

观察时，注意脐点在淀粉粒上的位置，说明点状、星状、裂缝状等具体形态；描述轮纹的特性、淀粉粒的形状；测量淀粉粒的长度、宽度；条件许可的话，描述淀粉粒消光的特征与位置。

五、结果与讨论

1. 根据实验观察，完成下表。

实验材料	淀粉粒形态	大小(μm)	轮纹特征	脐点形态
马铃薯块茎				
莲藕根状茎				
甘薯块根				
市售淀粉				

2. 阐述实验所得结果，根据结果进行分析和讨论，并就“淀粉颗粒的轮纹结构是什么原因造成的”问题进行探讨。

实验四　不同植物分泌结构的观察

一、研究背景及应用前景

分泌结构是植物体内或表面具分泌功能的细胞或细胞群。它所产生的分泌物为植物代谢的次生物质，包括蜜汁、挥发油、有机酸、生物碱、树脂、油类、蛋白质、酶、杀菌素、生长素、维生素及多种无机盐。分泌结构及其分泌物在植物生活中起着多种作用。如蜜汁和芳香油能招引昆虫，有助于传粉；根的分泌物能使土壤中难溶的养分转化为可溶性物质，以利于植物吸收；盐生植物通过分泌把过多的盐分排出体外，避免对细胞的毒害；食虫植物的捕虫叶分泌的消化液，能将捕捉到的昆虫消化等。许多种植物的分泌物具有重要的经济意义，如橡胶、生漆、芳香油、松香、蜜汁等，是人类利用植物资源的一个重要方面。

研究一些特殊类型的分泌结构可作为植物分类的鉴定依据。一些分泌结构在不同植物中存在明显的演化上的联系，有助于研究进化。例如，花上蜜腺的着生位置的演化趋向是向顶到向心的，即从着生在花被演化到着生于雄蕊，最后到雌蕊；蜜腺的结构从简单趋向特化；而所分泌的蜜汁中的氨基酸浓度也随着植物种类的进化而增加。一些植物分泌结构的产物，如橡胶、松脂、生漆、挥发油、蜜汁及鸦片等，是重要的药物或食品工业原料。因此对这些分泌结构及其分泌产物的产生、运输和释放规律的研究，并应用各种现代技术方法提高分泌物质的产量和质量，也都具有重要的生产实践意义。

二、实验要求

通过对芸香科、桑科代表植物相关材料的观察，掌握分泌结构在不同植物中的形态、结构、功能及其在植物体中的分布。

三、实验用品与材料

1. 实验用品

用具：显微镜、载玻片、盖玻片、吸水纸、刀片、镊子等。

2. 实验材料

新鲜材料：芸香科植物如九里香、柑橘、柠檬等的叶；桑科植物如菠萝蜜、对叶榕等的幼茎。

四、实验内容及方法步骤

(一)观察芸香科植物叶的分泌结构

以芸香科的九里香、柑橘、柠檬等植物的叶为材料，采用徒手切片的方法制作临时装片，观察 3 种材料叶片中分泌腔的结构特点。

(二)观察桑科幼茎的分泌结构

以桑科的菠萝蜜、对叶榕、小叶榕幼茎为材料，采用徒手切片的方法制作临时装片，观察 3 种材料幼茎中乳汁管的结构特点。

五、结果与讨论

阐述实验所得结果，并根据结果就“分泌结构在不同植物中的形态、结构、功能之间的关系”进行分析和讨论。

实验五　不同植物叶片表皮结构的观察及比较

一、研究背景及应用前景

(一)叶表皮细胞的研究意义

植物叶表皮性状有重要的分类学和系统学价值。在缺少生殖器官的情况下，对于枝叶形态特征相似的化石植物，表皮的特征常作为重要的鉴定依据。植物叶片表皮特征包括表皮细胞形状、大小、气孔器类型、气孔器的分布、排列方式、开口方向以及气孔器的形态结构、表皮毛有无及有无角质层和纹饰等，这些重要性状在大多数高等植物种间具有明显的区别，在分类鉴定上具有重要意义。近 20 年来，不少研究发现叶表皮的微观结构在一定程度上能反映分类群间的系统发生，可用于科下属间关系的探讨，同时表皮的特征为展示进化环节上形态结构的特征演变与系统联系，以及植物体的整体重建和植物的生存环境提供了有用的信息，可为植物的分类和系统发育关系研究提供科学依据。

同时，由于叶片表皮是植物的最外部位，对外界环境的变化所引起的反应非常敏感，叶片表皮中角质层、硅质、绒毛、气孔器等在控制水分散失和光热伤害方面具有重要生理生态意义。植物叶片表皮外壁角质层片层的排列方式、密度以及厚度因物种与环境的不同而不同，与叶片的抗旱性具有较大相关性；气孔在叶子上的分布、密度、形状、大小以及开闭等情况与植物的光合及蒸腾等生理过程有密切关系，因而在研究化学物质及其他因素对植物的光合、蒸腾、抗性等的影响时，经常需要观察或测定气孔的类型、开闭程度、气孔密度、气孔指数等。

（二）常用的叶表皮制片法

由于不同物种叶片具有不同的特征，用于光学显微镜下观察，常用的叶表皮制片主要有以下 4 种方法。

(1)次氯酸钠法　将叶片中部中脉附近的部分（均在叶的相同部位）剪下约 1 cm×1 cm 的小片，沸水浴 10～20 min，用稀释的次氯酸钠溶液（次氯酸钠饱和溶液与水的体积比依材料不同可有所不同）浸泡离析 12 h 以上，待叶片颜色变白时取出，蒸馏水冲洗后用镊子撕下表皮，将其展平在干净的载玻片上。直接制成水封片或番红固绿对染后制成装片，在显微镜下观察与拍照。

次氯酸钠法已逐渐成为叶表皮制片的常规方法。其优点很多，它的药品易得且价格低廉，作用温和，操作简单，并且对环境污染小。

(2)铬酸法　将叶片中部中脉附近的部分（均在叶的相同部位）剪下约 1 cm×1 cm 的小片，沸水浴 10～20 min 软化后，用质量百分比浓度为 10%铬酸溶液浸泡，待叶片颜色变白时取出，蒸馏水冲洗后用镊子撕下表皮，将其展平在干净的载玻片上。直接制成水封片或番红固绿对染后制成装片，在显微镜下观察与拍照。

(3)压膜法（印记法）　在叶片下表面均匀地涂一层透明的指甲油，完全风干后(1～2 h)用透明胶布取下指甲油印记置于载玻片上，番红染色后用甘油胶封片。置光学显微镜下进行观察与拍照。

此法除用于观测表皮的细胞形态，较多用于观测气孔的开关，还可用于观察茸毛以及蜜腺、蜜盘、刺、鳞片等附属物。

(4)三氧化铬离析法制备角质层　取叶片中部中脉附近的部分，剪下约

1 cm×1 cm 的小片，室温中用20%三氧化铬水溶液氧化3 d以上获得叶片角质层，蒸馏水彻底清洗后制成临时水装片供光学显微镜观察。还可用双面胶带粘到扫描电镜样品台上，自然干燥后，离子溅射仪镀金膜，扫描电镜下观察角质层内、外表面。

角质层分析是古植物学分类研究的一种标准方法，在利用扫描电镜观察植物角质层的工作中，使用三氧化铬离析植物叶片可使叶片表皮的许多微细结构得以保留。由于角质层制样较简单，即可以做成装片在显微镜下观察细胞的形态，又可以利用SEM观察角质层的内、外表面，尤其是对有些角质层较厚的叶片从外表面观察细胞轮廓无法做到时，可从角质层的内面观察，以获得更多的叶片表皮细胞的信息。

二、实验要求

1. 学习了解不同植物表皮的不同制片方法。

2. 通过气孔密度观测，测量气孔大小、气孔密度、气孔指数，理解不同生活型、生态型是植物对环境光、热、水、气条件适应的结果。

三、实验用品与材料

1. 实验用品

药品：次氯酸钠溶液、10%铬酸溶液、透明的指甲油、20%三氧化铬水溶液、番红固绿染液。

用具：显微镜、镊子、载玻片、盖玻片、刀片、培养皿、吸水纸、滴管等。

2. 实验材料

新鲜材料：不同植物的新鲜植株(学生自主选取)，每份植物不少于3株。

四、实验内容及方法步骤

(一)实验方法

将叶片中脉(均在叶的相同部位)剪下约1 cm×1 cm 的小片，根据材料选用次氯酸钠法、铬酸法或压膜法制作临时水装片或染色封片后，于光镜下观察并拍照。每个样品撕取5片表皮。

(二)测定内容

利用数码成像系统拍照，并用其软件进行测量分析。每种材料取3片叶片对表皮的细胞及气孔特征进行观察计数，每片叶观测5个视野，取3片叶的平均值为报告值。测定表皮细胞大小、气孔大小、气孔密度、气孔开度、气孔指数等相关指标。

气孔密度(SD):每个视野单位面积气孔器的个数(个/mm^2)。一个气孔器包括两个保卫细胞及其所形成的孔腔。

气孔指数(SI):每个视野单位面积表皮上的气孔器数目除以相应面积上的表皮细胞的数目。

五、结果与讨论

1. 根据实验观察,完成下表。

表皮观察项目	植物材料			
表皮毛的有无				
表皮毛的类型				
表皮细胞类型				
上表皮气孔大小(长×宽)				
上表皮气孔密度				
上表皮气孔指数				
下表皮气孔大小(长×宽)				
下表皮气孔密度				
下表皮气孔指数				
气孔类型				
气孔开度				

2. 根据气孔密度、气孔开度等表皮细胞的特征,说明不同类型植物对环境因子的适应。

3. 请结合自己的选题,分析所得的实验数据以科研论文的格式完成实验报告。

实验六　不同植物叶片解剖结构的比较

一、研究背景及应用前景

生长在不同生态环境中的同种植物，它们的形态结构也会表现出明显的趋异现象，这通常被认为是植物对特殊环境的适应。叶片暴露在空气中的面积比例在整个植物体上最大，同时叶片又是植物最基本、最主要的生命活动场所，因此它是植物对不同环境反应最敏感的器官，而叶片结构对不同环境的响应模式也成为当前研究的热点。

结构是功能的基础，植物结构的变化必然影响到生理生态功能的改变。因而了解植物叶片形态解剖结构对环境变化的响应与适应是探索植物对环境变化的适应机制和制定相应对策的基础。水分、温度、光照和 CO_2 浓度等是影响植物形态解剖结构变异非常重要的环境因子，因而植物对其响应与适应逐渐成为植物学家和生态学家研究工作中较活跃的领域。植物解剖学研究从多角度切入到生态学研究，发挥了积极作用，并取得了初步研究结果。

植物叶片形态解剖结构对环境因子变化的响应与适应极为活跃，以多种方式表现，叶片形态、表皮特征和基本组织结构等发生适应性变化，这种变化具有一定的规律性。叶片解剖结构对环境的适应主要体现在表皮细胞层数及体积大小、叶肉细胞的分化及其排列方式、栅栏组织和海绵组织厚度、细胞层数及栅栏细胞的形态变化、叶片厚度及叶片维管束等方面。

现有研究表明，植物对干旱胁迫的响应方式表现在表皮角质膜厚度、气孔数量和内部导管大小，栅栏组织与海绵组织的分化程度，发达的网状叶脉、较大的维管束鞘细胞和机械组织增强等方面。气孔密度随着环境中水分和湿度减少而增加，但气孔面积则向小型化发展，气孔多下陷形成气孔窝或其上有突出的角质膜。叶厚度增加也有利于防止水分的过分蒸腾。一般常用的抗旱指标为栅栏组织厚度、第 1 层栅栏组织细胞密集度、海绵组织厚度、栅栏组织与海绵组织厚度比、上下表皮细胞厚度、上表皮细胞厚度和气孔下陷深度等。

叶片形态解剖结构对阴湿环境的响应与适应方面相对较少。一般认为叶面积大而薄，表皮细胞大且含有叶绿素；气孔多分布于叶上表皮；叶肉组织分化程度低，气腔和通气组织发达，组织间隙较大，比叶重(LMA)和密度减小；维管束和机械组织退化等特征是植物对阴湿环境的适应。

植物叶片对盐分胁迫响应和对干旱胁迫的响应表现出极为相似的形态解剖结

构。叶片形态解剖结构对盐分胁迫的响应存在较大的种间和种内差异，并且与植物个体发育阶段有关。

叶解剖结构对阴生环境的适应主要体现在表皮细胞和栅栏组织细胞的形状及其排列方式两方面。表皮形态结构表现为细胞凸透、层数减少、体积增大、细胞壁薄、常含叶绿素、表皮角质膜薄或无角质膜。近方形栅栏细胞可以提高近轴面和侧面叶绿体分布的密度，增加了受光面积，是植物对弱光条件的适应。叶片小而厚，表皮角质膜和表皮毛等附属物发达，表皮细胞层数多且体积减小，有下皮层，叶肉栅栏组织发达、细胞长柱形及海绵组织排列紧密等特征是对强光生境的适应。

生长在高温条件下的植物，比叶面积(SLA)显著增加，而叶片厚度、栅栏组织和海绵组织细胞的层数及厚度、叶绿素含量等则减少。叶表皮气孔特征参数与环境温度变化也有密切关系，随着温度升高，气孔密度增加，而气孔器面积和气孔长宽指数减小，气孔导度和 CO_2 同化速率也降低。叶面积缩小，上下表皮厚度、栅栏组织和海绵组织厚度及叶总厚度增加等都是植物对低温环境的反应。对于长期生长在高山低温且干旱环境中的植物，叶角质膜呈增厚趋势。目前低温对叶原基和叶芽中幼叶的影响引起了人们的重视。

植物对大气 CO_2 浓度变化的适应与响应已经引起科学界的普遍关注，目前 CO_2 浓度对叶肉解剖结构的变化报道相对较少。有研究表明高 CO_2 浓度条件下，叶片厚度似乎呈增加趋势，但不同的受试植物叶表皮、叶肉薄壁组织及厚角组织等的厚度以及它们所占叶片总厚度的比例变化趋势不相同。

通过叶片形态结构与水分、温度、CO_2、光强度以及光质的关系进行研究，可探讨不同植物的抗旱性、揭示植物对不同光环境的适应机制以及植物叶片形态解剖结构对环境因子复合作用的响应机制等。

二、实验要求

1. 学习通过滑走切片法或冷冻切片法制作叶片横切的临时封片的过程。

2. 学习利用数码显微成像系统对叶片的结构特征进行分析比较，了解同一植物不同生境或不同植物叶解剖结构差异的具体表现。

三、实验用品与材料

1. 实验用品

用具：显微镜、滑走切片机、冷冻切片机、切片刀、载玻片、盖玻片、双面刀片、毛笔、培养皿、滤纸、滴管和软木。

2. 实验材料

新鲜材料：不同植物的新鲜植株（学生自主选取），每种植物不少于 3 株。

四、实验内容及方法

（一）取材部位

同一实验材料中随机选取 3 株，选取成熟叶片中部近脉处 1 cm 的地方切割取作标本。采用滑走切片机或冷冻切片机切片，切片厚度为 8～10 μm。

将切片制成临时水装片或进行简单的显微化学染色后观察，亦可以通过固定、脱水、染色和封固等程序制成永久制片保存。

（二）观测内容

观测和测量均利用数码显微成像系统进行，并对切片进行拍照，同时根据学生设计的实验目标，可有选择地测定下列指标：上下表皮厚度、上下表皮角质层厚度、叶片厚度、栅栏组织层数、栅栏组织厚度、第一层栅栏组织密度、栅栏组织/海绵组织、海绵组织厚度、主脉维管组织及主脉厚度等。

五、结果与讨论

1. 根据实验植物的观察结果，完成下表。

观察项目		植物材料			
表皮	表皮毛的有无				
	表皮毛的类型				
	角质层厚度				
	表皮细胞类型				
	上表皮厚度				
	下表皮厚度				
叶肉	叶片类型				
	栅栏组织层数				
	海绵组织层数				
	栅栏组织厚度				
	海绵组织厚度				
	栅栏组织与海绵组织原度比				
叶脉	叶脉类型				
	木质部与韧皮部比例				
	维管束鞘层数				

2. 根据学生设计的实验目标，结合对叶片解剖结构一些指标的测定和比较，写一篇论文。

实验七　植物各营养器官间的组织联系

一、研究背景及应用前景

植物的器官是其长期适应环境进化发展起来的，是植物体高度复杂完善的标记，是自然选择的结果，器官间形态结构、功能各异，共同协调完成植物体的生命活动过程。但被子植物各器官间又是密切相关的，它们彼此贯通、紧密联系，表现出植物体结构上的整体性。

（一）根、茎维管系统的联系部位

种子萌发时，胚轴的一端发育为主根，另一端发育为主茎，二者之间通过下胚轴相连。然而根的维管组织的特点（即间隔排列和外始式木质部）与茎的特点（外韧维管束的环状排列和内始式木质部）明显不同，所以，在根、茎的交界处，维管组织必须从一种形式逐步转变为另一种形式，发生转变的部位称为过渡区，一般是在下胚轴的一定部位。

转变时维管柱有增粗的变化过程，维管组织中木质部或韧皮部，或两者都发生分叉、旋转、靠拢和并合的变化过程。转变之后的维管组织在根-茎间就建立起了统一联系（图 2-7-1）。过渡区的结构非常复杂，各种植物不仅转变区的位置、长度可能不同，而且细节也常有出入。当次生生长时，由于根、茎中次生维管系统的各组分及相对位置均基本相同，因而能直接连续。

（二）茎、叶间维管系统的联结

茎与叶的维管组织也是密切联系的（图 2-7-2）。在茎的节部，维管组织的结构比节间部分复杂得多。因为有些维管束从茎内的维管柱斜出到茎的边缘，然后伸入叶柄进入叶片，组成反复分支的叶脉。进入叶的维管束，从茎中维管束分支起，穿过皮层到叶柄基部为止，这一段称为叶迹。也就是说叶迹就是进入叶的维管束在茎里的一段。叶脱落后，在叶痕上可以看到叶迹的痕迹。在一个叶迹进入一个叶子位置的上方，出现一个没有维管束而被薄壁细胞所填充的区域，称为叶隙。

主干与侧枝的维管组织同样也是密切联系的，侧枝的维管束同样是从主干的维管束分支出来的。主干上维管束的分支通过皮层进入侧枝的部分称为枝迹，每

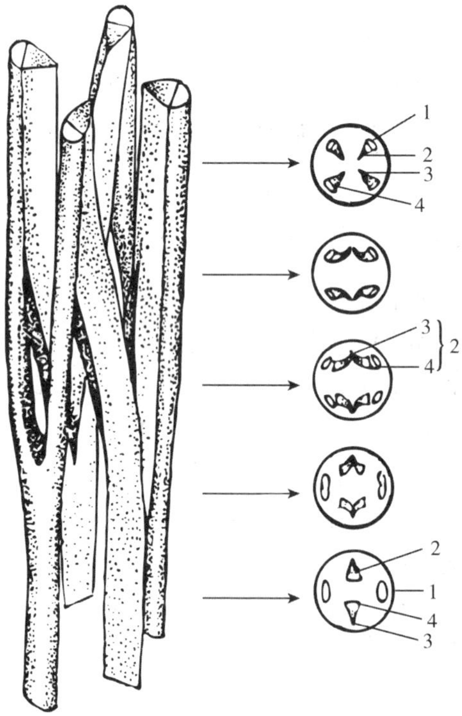

图 2-7-1　根-茎过渡区图解

1. 韧皮部　2. 木质部　3. 原生木质部　4. 后生木质部

（引自陆时万等,1994）

一枝的枝迹一般为两个。在枝迹上方,同样出现被薄壁细胞所填充的区域,称为枝隙。

可见,植物体营养器官的维管组织,从根通过过渡区与茎相连,再通过枝迹和叶迹与枝、叶相连,构成完整的维管系统。这种结构,保证了植物生活中所需的水分、矿质元素和有机物的输导和转移,并得到良好的机械支持作用。

二、实验要求

1. 观察植物体的整体形态结构,了解植物外观的整体性。

2. 通过植物整体解剖,了解植物体各营养器官间结构的相互联系,建立植物器官与整体间的相对独立性和统一性。

3. 观察输导组织和机械组织在纵向结构上的联系。

4. 学会运用滑走切片、冰冻切片等多种方法研究植物整体结构。

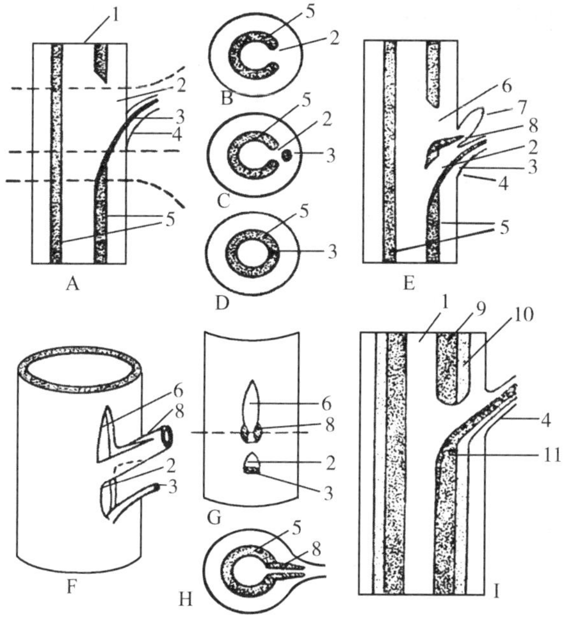

图 2-7-2　叶迹、叶隙、枝迹和枝隙的图解

A. 茎节处经过叶迹、叶隙的纵切面　B、C、D. A 图中虚线部位所指的横切面

E. 茎节中经过叶迹、叶隙、枝迹和枝隙的纵切面　F. 维管柱，示叶迹、叶隙、枝迹和枝隙

G. F 图中正面的剖面　H. G 图虚线处所作的横切面　I. 同图 A，示较详细的结构

1. 髓　2. 叶隙　3. 叶迹　4. 叶柄　5. 茎中的维管组织　6. 枝隙

7. 腋芽　8. 枝迹　9. 木质部　10. 韧皮部　11. 原生木质部

（引自陆时万等，1994）

三、实验用品与材料

1. 实验用品

用具：显微镜、滑走切片机、切片刀、载玻片、盖玻片、双面刀片、毛笔、培养皿、滤纸、滴管和软木。

2. 实验材料

新鲜材料：大豆或黄瓜幼苗，新鲜草本植物和幼嫩的木本枝条。

永久制片：棉、毛茛根-茎过渡区系列切片及棉茎节部横切制片。

四、实验内容及方法步骤

(一)观察根茎接合区部位

取大豆或黄瓜幼苗,自根部开始,向上胚轴方向作徒手横切片,每隔 1~2 mm 取一切片,按顺序将切片逐一放于载玻片上。然后加上盐酸和间苯三酚溶液,待木质部导管分子的细胞壁染成红色后,盖上盖玻片,置显微镜下依次观察初生维管组织的结构变化,注意后生木质部的分叉、倒转和并合的过程,记录过渡区起始和终止的位置和过渡区的长度。同时观察棉、毛茛根-茎过渡区系列永久切片。

(二)观察枝叶接合部位

茎-叶的连接位点在茎的节部。取棉茎节部横切制片,观察其叶迹和叶隙的特征。

取夹竹桃的嫩枝,摘去叶片后,利用滑走切片机在节处稍偏处作横切,制作临时切片,并用番红-固绿染色,观察叶迹和枝迹。由于其嫩枝粗且软,呈三棱形,在棱上作纵切比较容易观察到叶迹。

通过切片观察,注意根茎间维管组织的转变过程和特点,树立植物体维管系统整体性的观念。

五、结果与讨论

1. 总结本次实验具体实施的实验设计方案。
2. 试述供试材料根、茎、叶的解剖结构及根、茎间组织结构的相互关系。

实验八　植物花粉生活力测定技术

一、研究背景及应用前景

各种不同植物花粉寿命长短相差悬殊,一是由花粉本身的特征决定的,二是由贮藏条件决定的。花粉保存以温度较低(0~15℃),空气湿度稍干(不能太干)、黑暗条件下为宜。一般来说,禾谷类作物花粉的寿命较短,自花授粉植物花粉的寿命尤其短,如小麦在花药开裂后 30 min,花粉即由鲜黄色变为深黄色,此时已有大量花粉丧失活力。在许多特殊条件下,花粉的生活力的测定显得很重要,如:①外地采集来的花粉或杂交时父本花期早于母本时都要将花粉进行短暂贮藏;②自交或远缘杂交时,为了分析结实率或不结实原因;③为了鉴定雄性不育系；④了解某些杂交技术，如测定花粉的刺激等作用，测定受精选择性等。

因此，要根据各种植物花粉的特点，采取适当的保存方法。当使用采集和贮存的花粉之前，通常要做花粉生活力的鉴定，以估价其是否具有萌发能力。

二、实验要求

1. 学习花粉生活力测定的方法。

2. 扩充与农学、遗传育种有关的基础知识，了解不同植物花粉活力和保存方法的不同。

三、实验用品与材料

1. 实验用品

药品：配制好的缓冲液、联苯胺液、过氧化氢液、TTC 粉、蔗糖、琼脂等。

用具：显微镜、载玻片、盖玻片、凹面载玻片、玻璃棒、擦镜纸、吸水纸、标签纸、铅笔等。

2. 实验材料

新鲜材料：4～6 种正在开花植物的花粉，如小麦、玉米、大白菜、黄瓜、杏、苹果等。

四、实验内容及方法步骤

（一）染色鉴定法

（1）TTC 染色法　TTC 即 2,3,5-三苯基四唑氯化物。主要原理在于检验花粉呼吸过程中去氧酶的活性。具有生活力的花粉的脱氢酶，在催化去氢的过程中，把氢转移到其他的物质上去，使用 TTC 与催化过程中产生的氢结合成红色化合物，从而使具有生活力的花粉变为红色。

操作步骤：①用 2 mol/L pH 7.2 的磷酸缓冲液配制成 1％的 TTC 溶液，溶液配好后装入棕色滴瓶内，置入暗处，因氯化三苯基四唑有毒，操作时要注意安全。②染色时取少数花粉置于载玻片上，加 1～2 滴 TTC 溶液，盖上盖玻片，在室温下放置 10～15 min，凡被染成红色的花粉，其生活力较强，淡红色次之，无色的为不具活力的花粉或不育花粉。

（2）碘-碘化钾染色法　根据淀粉遇碘变蓝的特性，从蓝色的深浅程度来判断花粉粒中淀粉的含量，进而确定花粉粒活性的高低。

操作步骤:①取 2 g 碘化钾溶于 10 mL 蒸馏水中,然后加入 1 g 碘,待全部溶解后,再加蒸馏水定容到 300 mL。②染色时可将花粉置于载玻片上,滴上 1～2 滴碘-碘化钾染液,5 min 后显微镜下观察,呈蓝黑色具较强活力花粉,淡蓝色次之,几乎无色的为无活力的花粉。

(3)观察和测定结果　每片观察 3 个视野,并统计具有生活力花粉的百分率,填入下面表格中。

(二)发芽测定法(培养基培养法)

(1)培养基的配制　常用的花粉发芽培养基有液体和固体两种。液体培养基有效成分主要有蔗糖、硼酸、柠檬酸、赤霉素等。不同的植物所用的蔗糖培养液的浓度是不同的。

(2)制片　取双凹载玻片,滴 2 滴培养液于槽中,用解剖针挑少许花粉均匀撒于培养液的表面(注意不必搅拌,以防花粉混于液体中因缺少空气而影响发芽,又因花粉深浅不一而在显微镜检查时因光线折射而不易观察)。处理好后,放于下部有少量蒸馏水、内有两根玻璃棒的培养皿中(注意不要使水没过载玻片),选择在最适温度下培养。

(3)镜检　一般情况下,花粉在培养基上培养数 10 min 至数小时即可观察到其萌发出花粉管,实验过程应确定在培养相同时间后开始统计萌发率。一般将花粉管长度超过花粉直径 2 倍以上判定为已萌发,计算已萌发花粉占视野中全部花粉的百分比,每组实验材料统计 20 个或更多视野为宜。统计总花粉数与发芽的花粉数,然后计算比例,填入下面的表格中。

(三)形态鉴定法

将新采集的花粉用解剖针播于一般载玻片上,然后直接放到显微镜下观察,根据形态特征判断花粉的生活力状况。一般来说,畸形、皱缩、小型化等均为无生活力花粉,而有光泽、饱满、具有本品种花粉典型特征等性状的均为有生活力花粉。

综上所述,染色方法的操作最为简便,且适合野外应急实验,其中以 TTC 染色法最佳,不过染色测定法的误差相对较大。萌发测定法应用较为普遍,其测定结果比染色法更为精确。因此,研究者可根据具体的实验条件和要求,以及样品特点等因素,选用上述最适合的方法。

五、结果与讨论

1. 填表

供试品种	花粉收集日期	测定日期	第 1 视野	第 2 视野	第 3 视野	具有生活力的花粉/%	备注

2. 测定花粉生活力的意义有哪些?

3. 分析在实验中出现的问题,并找出原因所在。

4. 在优化培养基的基础上,比较研究几种不同植物的花粉萌发率。

实验九　观察比较常见植物的新鲜花粉粒

一、研究背景及应用前景

花粉大小,花粉上的沟、孔(萌发孔)及各种纹饰(花粉表面的突起物),如大自然匠师们精心雕刻的工艺品。可根据花粉的大小,花粉壁上的纹饰,沟、孔的排列和数目等差别,借以区分植物种类及研究它们之间的亲缘与系统关系,从而建立“孢粉学”。孢粉(是孢子花粉的简称)与植物的其他部分不同,它的外壳成分特殊且很坚硬,不怕酸、碱的腐蚀,即使埋在土中上万年或者埋在地层中几千万年乃至几亿年也不会毁坏变形,因此地质及古生物工作者根据花粉在地层中出现的规律,来确定地层及其所属的地质年代,以寻找石油和煤等矿藏。对地层中的花粉进行分析,还可以反映出当时当地的植物种类、植被类型,以推断出当时当地的气候环境条件;通过花粉类型植物母体生态环境的归纳总结和统计分析,研究它们生态环境指标也有重要意义,这样,对人们进行绿化规划时确定这个地区是适宜造林还是适宜种草,或者适宜采用什么树种,以及如何布置人工植物群落等,都很有参考价值;在遗传育种领域也有广泛应用前景。

目前，对植物花粉的形态观察中光学显微镜仍发挥着无可替代的作用，光学显微镜设备简单，观察与操作实时、方便，能观察到新鲜花粉的真实形态，还能较清楚地观察到花粉表面的纹饰。实验多采用 Erdtman 的醋酸酐分解法和醋酸洋红染色方法进行制片处理；也可在蒸馏水中观察，但效果差些。

二、实验要求

1. 在进行本实验前，学生应提前查阅孢粉学相关资料，掌握一定花粉形态学方面的基础知识。

2. 采集成熟的花粉粒，通过光学显微镜在水中或配制的试剂中进行认真观察，内容有观察花粉粒大小、形态与色彩。

三、实验用品与材料

1. 实验用品

药品：Erdtman 醋酸酐、甘油、石炭酸、蒸馏水。

用具：显微镜、水浴锅、离心机、解剖针、双面刀片、培养皿、载玻片、盖玻片、凹面载玻片、玻璃棒、擦镜纸、吸水纸、标签纸、铅笔。

2. 实验材料

新鲜材料：十几种植物的成熟花粉粒。

四、实验内容及方法步骤

（一）Erdtman 醋酸酐分解观察法

(1)将成熟的花粉粒抖落于培养皿或纸上，或取快要成熟或已成熟的花药用纸包好，并做好记录。

(2)将花粉粒装入具塞离心管中(5 mL/管)中，把醋酸酐∶浓硫酸(9∶1)混合液(缓慢混合)慢慢加入到盛有花粉粒的具塞离心管中搅拌，水浴锅里加热至沸腾，维持 1～2 min。再离心分离。

(3)用蒸馏水将花粉粒清洗，离心 2～3 次，最后加入少量甘油和 3～4 滴石炭酸，保存于小青霉素瓶中待用。制样时蘸取少许离解花粉粒于载玻片上，光学显微镜 100×物镜下观察摄影。

(4)将所采植物花粉粒全部混合一起，重复前面操作，进行对比观察。

(5)记录观察结果。

（二）蒸馏水中观察法

将每一种植物新鲜花药中成熟的花粉抖落，滴上蒸馏水制作成水封片观察其形态特征，再将不同植物的花粉抖放在一起，观察比较形态差异。如果要较长时间观察，可用甘油封片。

五、结果与讨论

1. 对以上两种观察方法的优劣进行比较。两种观察方法对花粉形状和表面纹饰的影响有何不同？

2. 将你观察得到的结果，按 Larsen(1975)划分标准或其他孢粉分类方法进行初步分类，分类难在什么地方？

3. 从结果表明，哪些花粉是进化型？哪些是原始型？

实验十　植物分类知识的综合运用

一、研究背景及应用前景

植物资源是国民生活与经济发展的重要因素，从人类有史以来就已开始认识与利用植物。特别是近 200 多年以来，人们对植物分类已从过去人为的以较单一性状进行分类，发展成今天以综合性状为依据，进行系统科学的分类。植物分类学所总结的经验和规律，已成为人类认识植物和利用植物的有力武器。

植物分类的重要任务是将自然界的植物分门别类，鉴别到种。人们只有在认识植物种类的基础上，才能进行深入研究植物其他方面的问题。本综合性实验旨在强化学生分类学的基础知识和技能，达到能够灵活运用分类的知识与手段，利用植物检索工具进行植物鉴定和确定正确的植物名称，为认识植物、植物资源的开发利用与新植物资源的寻找创造更好的条件，服务于科学研究与生产实践。

二、实验要求

能正确把握植物分类综合性状，能将理论标准与实际材料性状相结合；能使用检索表准确进行植物名称的检索。

三、实验用品与材料

1. 实验用品

用具：枝剪、放大镜、镊子、解剖针、刀片、卷尺等。

资料：相关植物检索表及参考书

2. 实验材料

新鲜材料：2～3 种植物（学生自主采集）。

四、实验内容及方法步骤

(一)植物标本采集

学生自主采集2～3种有花和果实的植物。

(二)植物标本鉴定

通过标本性状与检索表中性状的比对,通过分科、分属和分种检索表完成植物的鉴定,查出正确的植物名称。

在检索植物时,首先要认真复习与把握植物分类的形态基础知识,还应注意文献资料的使用。供鉴定植物的文献资料种类很多,如植物志、树木志、图鉴、图说、图谱、手册以及各科、属、种的专著及书刊和学报等。选用这些文献时要区分情况,已知被鉴定种的采集地或产地,可选用地方性文献,范围由小到大,直到查阅全国性文献。地方文献很多,如各省或直辖市的植物志、图谱、树木志、经济植物志、图鉴等。如产地及采集地不详,选用文献时,其地域范围应当由大到小,先查全国、大区的文献,后用地方性文献。没有适用于某一地区的文献时,可选用与这一地区有关或接近的文献,先利用《中国种子植物科属检索表》查到科(最好到属),排除非当地产种类,逐步缩小范围,再利用地方志,减少盲目性。各文献后索引供查对中文名、拉丁名用。查中文名时注意同名异物现象,查拉丁名时应引用最新修订名称。除索引外,供查找的专门典籍有《拉英汉植物名称》、《有花植物和蕨类植物词典》等。查对的名称要进一步与文字描述、图、照片等反复对照,重视外部形态描述兼顾解剖特征,达到准确鉴定的目的。

使用检索表鉴定植物是否顺利和准确,客观上取决于标本的质量和数量、解剖器材和参考书及所用检索表编写水平;主观上受限于使用者对于植物形态名词术语理解的准确性、观察事物的能力、工作态度和方法等。因此,在检索时必须注意以下几个问题:

(1)用以检索的植物标本必须是比较完整而具有代表性的。木本植物除茎、叶外,还必须有花和果实,甚至树皮;草本植物应有根、茎、叶、花及果实。两者都应附有野外采集原始记录,但各种植物有其自身的生物学特性,茎、叶、花、果要同时在一份标本上得到是极不易的,即使有这样一份标本也不能完全以点带面作为种群全部特征,还须有其余的标本互为补充。

(2)必须具有必要的解剖用具,如放大镜、镊子、解剖针、刀片、卷尺和参考书。

(3)尽量选择一个二歧对立性状比较鲜明的检索表查阅。如果交叉性状比较多的检索表会使人难以适从,即使是经验很丰富的专家拿到一种不认识的植物,使用这类检索表也难免会出错。

(4)使用检索表时必须熟悉植物形态名词术语的含义,并一丝不苟、耐心细致地解剖、观察,否则会误入歧途。差之毫厘,谬以千里,自然查不下去或得到的结果与图鉴、植物志等书的记载不相符合。因此就得停下来检查错误所在,针对原因,克服困难,再查。如果主客观条件都没有出现可疑,反复查阅都得不出结果,便可请专家鉴定或可置疑此物是否属于尚未记载过的新种以至新属。真是如此,需查阅有关的中外文献资料和标本,作出最后结论;反之,证明所查逐条无误。反复查阅检索表鉴定一种植物几天还得不出结果是常有的事,不足为怪,要有这种百折不挠的求知精神。

(5)查阅检索表在尚不知科的情况下,一定要按科、属、种 3 级顺序进行,切忌倒查,在每级检索表中也应如此。另外,如前所述,检索表所选取的特征是综合归纳一个类群,条文中的特征只要在相对立的两支中核对主要的或大部分相符合即可,并非字字句句完全相符。检索表不是万能的,所得结果必须接受工具书的检验。

(6)要明白检索表的编写是人为的。在表中植物类群的出现顺序丝毫不反映各类群之间的亲疏关系,它是取决于编制者选取特征的先后或排列组合。亲疏关系是以相似性状多少而定,检索表则是以对立性状排列。

五、结果与讨论

1. 对你检索出来的植物名称把握性怎样？主要的疑问在哪几个步骤？什么原因？

2. 通过对植物的检索,你认为植物分类基础知识的重点与难点在什么地方。

3. 哪些类群的植物难以检索？比较欠缺的知识点在什么地方？

实验十一　植物特征观察与分种检索表的编制

一、研究背景及应用前景

地球上生活着数十万种植物,每种植物都有自己的形态特征,同一种植物受遗传和环境两方面的影响,其形态也会有不同幅度的变化,其中营养器官会因处于不同部位和生境出现较大变异,因而被子植物植物分类主要以生殖器官为主要形态学判断依据。对不同植物种类进行分类,形态基础特征的细致观察与记录是植物识别与鉴定的前提和重要环节,可以促进同学对被子植物形态术语的掌握和进一步熟悉。在观察的基础上，利用二歧分类的原则，指导同学利用花、果实等形态特征进行检索表的编制，使同学熟悉检索表的类型、使用方法，为后继性学习或从事植物分类相关工作打下坚实的基础。

二、实验要求

1. 学生每人自主采集 15～20 种校园及周边植物。
2. 用形态术语描述所观察植物根、茎、叶、花和果实的特征。
3. 编制检索表。

三、实验用品与材料

1. 实验用品

用具：标本夹、吸水纸、标本箱、解剖针、放大针、镊子、直尺、枝剪、小铲、笔记本、铅笔、刀片。

资料：《中国高等植物图鉴》(1～5 册，补编 1～2 册)、《中国种子植物科属检索表》等。

2. 实验材料

新鲜材料：植物标本 15～20 种。

四、实验内容及方法步骤

(一)采集及观察标本植物的要求

(1)所采集的植物标本一定要尽量完整，除营养体外，要有花、有果。所采集的植物如是草本，要有根、茎、叶、花或果实，如为木本，应剪取 30 cm 左右的有花或有果的枝条。有时一份标本不能满足这种要求时，同种植物可多采几份，这样几份标本放在一起，可将各部分特征观察完整。

(2)用形态术语对所采集到的植物标本的各部分特征进行描述，特别是对花、果实的组成特征，尤其要作认真细致的解剖观察，如子房的位置、心皮和胚珠的数目等。

(二)植物检索表的编制原理

植物检索表的编制是根据法国学者拉马克(Lamarck)的二歧分类原则，即非此即彼的原则来编制，也即把某群植物的同一关键特征分成相对应的两个分支，把每个分支中的典型特征再归纳分成相对应的两个分支，如此反复下去直到目标为止。特别需要注意的是在编制检索表之前，一定要对编制对象中所有植物的特征有全面的认识，包括生长习性、生境、植物体各部分特征以及生活史等，对任何特征的忽略都可能导致编制的错误。

常用的检索表主要有定距检索表和平行检索表。为了便于使用，在各类分支的前边按其出现的先后顺序加上一定的顺序数字或符号，相对应的两类或两个分支前的顺序数字或符号应是相同的。

1. 定距检索表（等距检索表）

在这种检索表中，相对立的特征编为同样的号码，且在书页左边同样距离处开始描写。如此断续下去，描写行越来越短，直到检索到科、属或种的学名为止。它的优点是将相对性质的特征都排列在相同距离，一目了然，便于应用；缺点是两相对性状常分开列出，不便于比较，且如果编排的种类过多，检索表势必偏斜而浪费很多篇幅。例如：

1. 植物无花、无种子，以孢子繁殖
　2. 小型绿色植物，结构简单，仅有茎、叶之分，有时仅为扁平叶状体；不具真正的根和维管束 …………………………………………… 苔藓植物门(Bryophyta)
　2. 通常为中型或大型草本，很少为木本植物，分化为根、茎、叶，并有维管束 ……………………………………………………… 蕨类植物门(Pteridophyta)
1. 植物有花（裸子植物门除外），以种子繁殖
　　3. 胚珠裸露，不包于子房内 …………………… 裸子植物门(Gymnospermae)
　　3. 胚珠包于子房内 ………………………………… 被子植物门(Angiospermae)

2. 平行检索表

在这种检索表中，每一相对立的特征描写紧密并列，而每一项条文之后还注明下一步依次查阅的号码或已查到对象的学名。平行检索表，由于各项特征均排列在书页左边的同一直线上，既美观、整齐又节省篇幅，但不足的是类群间分类不明显，使用时比较烦琐，没有定距检索表那样醒目易查。例如：

1. 植物无花，无种子，以孢子繁殖 ……………………………………………… 2
1. 植物有花（裸子植物门除外），以种子繁殖 …………………………………… 3
2. 小型绿色植物，结构简单，仅有茎、叶之分，有时仅为扁平的叶状体；不具真正的根和维管束 ………………………………………… 苔藓植物门(Bryophyta)
2. 通常为中型或大型草本，很少为木本植物，分化为根茎叶，并有维管束 ……… ……………………………………………………… 蕨类植物门(Pteridophyta)
3. 胚珠裸露，不包于子房内 …………………… 裸子植物门(Gymnospermae)
3. 胚的朱包于子房内 ………………………………… 被子植物门(Angiospermae)

（三）检索表的编制

认真观察植物标本的主要特征并归纳比较，确定各级检索特征后再编制检索表。

编制检索表时的注意事项：

(1)首先确定是编制分科、分属还是分种检索表，然后将各植物的特征比较分析，找出相同点和主要区别。

(2)语言规范，对植物根、茎、叶、花、果实的特征描述必须使用形态术语。

(3)选用区别特征尽量为花或果实的特征，这些特征应为容易观察且性状稳定，如单心皮或多心皮，两性花或单性花等，避免使用如叶的长度、毛的疏密等这些具有连续变化特征的性状。

(4)检索表的编排序号必须且只能出现 2 次；同一序号后的形态特征描述，必须两两对应。

(5)为了验证你所编制的检索表是否适用，需要实际检验一下。

五、结果与讨论

1. 根据所用实验材料特征填写下表。

实验材料	茎干质地	叶片类型	叶序	花冠类型	雄蕊类型	心皮数目	胎座类型	果实类型	花程式

2. 将 15～20 种植物标本编制成定距与平行式两种检索表后，与同学所编制检索表进行比较，看是否一样？为什么产生不同的结果？

3. 制作分种检索表时，怎样采用相对性状才是科学的？

4. 你觉得哪一项观察最难？为什么？你认为本实验对你观察能力的培养有帮助吗？

5. 任找一种你采的植物用别组的检索表检索，是否可以检索出来？

实验十二　花粉母细胞减数分裂、小孢子形成与花部发育时期观察

一、研究背景及应用前景

减数分裂是生物在形成性细胞过程中的一种特殊方式的细胞分裂，在此过程中先由有性组织（花药或胚珠）中的某些细胞分化为二倍性的小孢子母细胞或大孢子母细胞，这些细胞连续进行两次细胞分裂即减数第一次分裂和减数第二次分裂，结果1个性母细胞形成4个配子。

减数分裂在遗传上具有重要意义。性母细胞（$2n$）经过减数分裂形成染色体数目减半的配子（n）。经过受精作用，雌雄配子融合为合子，染色体数目恢复$2n$。这样在物种延续的过程中确保了染色体数目的恒定，从而使物种在遗传上具有相对的稳定性。另外在减数分裂过程中包含有同源染色体的配对、交换、分离和非同源染色体的自由组合，这些都是遗传学分离、自由组合和连锁互换规律的细胞学基础。在这些基本规律的作用之下，导致了各种遗传重组的发生，而遗传重组又是生物变异的重要源泉。

在适当的时候采集植物的花蕾制备染色体标本就可在显微镜下观察到植物细胞的减数分裂和小孢子形成的各个阶段。

花粉母细胞减数分裂与小孢子发育的研究，可为物种的演化、地理分布和分类学提供指导；对于探讨杂交亲本的育性（如雄性不育）、指导遗传育种工作，尤其在确定种间杂交组合、诱变育种等具有重要意义；在品种群的选育、杂交后代和新品种的鉴定、分类、推广方面具有重要的理论价值。

由于花粉母细胞减数分裂、小孢子形成对环境与营养因子比较敏感，而许多植物种类花粉母细胞减数分裂、小孢子形成与花部发育时期有较好的相关性，利用这种相关性，我们可在作物对环境与营养敏感时期进行科学管理，避免作物减产或得到有效增产。

二、实验要求

实验前必须充分预习，完成指定的预习任务；掌握实验基本原理和基本研究方法；自主设计实验；熟悉基本操作技术和仪器的使用；观察分析花粉母细胞减数分裂与小孢子发育装片，识别减数分裂不同阶段的染色体与不同阶段小孢子发育的形态特征，加深对减数分裂与小孢子发育过程的认识与理解；将得到的结果与花部发育时期、大小进行科学的相关分析；掌握该领域的研究进展情况。

三、实验用品与材料

1. 实验用品

药品:卡诺氏固定液、95%酒精、80%酒精、70%酒精、45%冰醋酸、1%醋酸洋红、蒸馏水。

用具:游标卡尺、培养皿、纱布、指形管、玻璃瓶、冰箱、酒精灯、镊子、载玻片、盖玻片、解剖针、显微镜、吸水纸。

2. 实验材料

新鲜材料:常见农作物或经济作物的花。

四、实验内容及方法步骤

(一)取样

选取你要做的某种经济作物或农作物,在花芽形成时起,每 2～3 d 进行 1 次取样(如果是科研必须每天进行取样镜检),用刀片或剪刀将花取下,并用游标卡尺测花的大小,并记录。

(二)固定

取样后立即投入配制的卡诺固定液中,并摇动瓶子使固定液迅速进入材料的细胞组织,材料过大应分成几段或分成几瓣后固定,有的也可用针刺后固定,固定时不要曝晒,固定的材料最好放于低温处保存。

固定时间在 20～60 min,材料大的固定时间长,小的固定时间短,后用 95%酒精洗 2 次,直到没有醋酸气味为止,做法上首先倒去固定液,换入 95%的酒精放置约 10 min 便倒去,再换入 95%酒精,放置约 10 min,再倒去后换入 80%酒精,放置 10 min 后倒去,再换成 70%酒精便可长期保存。

(三)压片和观察

先将花或花芽置于培养皿中,加入少许保存液,以防变干,然后用解剖针从花内挑出花药,置于吸水纸上,除掉酒精,再放在载玻片上,加 1 滴醋酸洋红,持解剖针横切花药,再用针头轻压,挤出花粉母细胞或小孢子等,尽量挤净,立刻加上盖玻片,盖上玻片时,不必施加压力,有多余的染液时,可用吸水纸吸去,但盖上玻片后,不能来回移动。

烘烤压片是一项很重要技术,但盖上玻片后,不能来回移动。比较烘烤前面细胞质与染色体的着色情况。通常将片子在酒精灯光焰上来回移动,直到气泡逐渐扩大时为止,烘烤要反复多次进行,可使细胞染色尽量褪去,染色体或核得到充分鲜明的着色。如染色过深，可以在盖玻片边缘注一滴45%的冰醋酸，而在相对的边缘用吸水纸吸收在盖玻片下流动的染色液，直到胞质脱色而染色体仍清晰可见为止。如材料比较理想，可用石蜡（溶入1/3松香）粘胶把盖玻片四周密封起来，写上材料的号码、分裂时期或小孢子发育时期，即可作为临时保存再观察之用，如制永久片，可以将玻片放在CO_2干冰或生物切片半导体冰冻机上，待玻片结冰后，取出玻片，用刀片迅速揭开盖玻片，放在空气中干燥数天，用树胶封固。

（四）减数分裂过程的观察

1. 第一次分裂

前期Ⅰ：时间长且较复杂，一般分下列5期：

①细线期　染色体很细很长，呈细线状在核内交织成网。每一染色体含两个染色单体，但显微镜下看不到双线结构。染色体呈丝状结构，绕成一团。

②偶线期　染色体的形态与细线期差别不大，同源染色体配对，形成二价体，每个二价体有两个着丝点，染色丝比细线期粗，此时期很短，往往不易找到。

③粗线期　染色体螺旋化，进一步缩短变粗，显微镜下可明显看到每个染色体的两个姊妹染色单体。二价体由四个姊妹染色单体和两个着丝粒组成，这时非姊妹染色单体间可能有交换的发生。

④双线期　染色体进一步螺旋化，变得更为粗短，更为清晰可见，二价体中的两条同源染色体相互分开出现交叉现象，呈“X”“V”“∞”“0”等形状。

⑤终变期　染色体浓缩变得更为粗短，交叉结向端部移动，核仁和核膜消失，这时观察染色体最为清楚，便于计数。

中期Ⅰ：细胞中出现纺锤丝，染色体排列在赤道面上，每个二价体的成对染色体各有一个着丝点，它们相对排列在赤道区的两侧，而它们的染色体臂则朝向在赤道面方位上，各同源染色体的两个成员朝向哪一极是随机的，所以在不同性母细胞中，此期染色体的排列就有极大变化。

后期Ⅰ：同源染色体随纺锤丝而分开向两极移动。由于染色体的着丝点没有分裂，所以每个子核只接受半数染色体，形成单倍性核，染色体在后期的趋向与中期染色体在赤道面上的排列有关。

末期Ⅰ：同源染色体分别到达细胞两极，染色体变成了染色质状，形成两个子核，每个子核染色体数目减半为n。同时细胞质分开形成两个子细胞叫二分体。

2. 第二次分裂

前期Ⅱ：经过短暂间期后的核内，每个二分染色体又开始明显缩短起来，末了核膜再次消失。

中期Ⅱ:细胞中出现纺锤体,染色体排在赤道面上,着丝点分裂,每姐妹染色体成独立的染色体。

后期Ⅱ:每个染色体已分离的姐妹染色单体彼此分开,移向两极。

末期Ⅱ:新核形成,胞质分裂,每个花粉细胞至此形成4个新细胞,叫四分体或四分孢子。

(五)小孢子的发育过程的观察

单核未成熟花粉粒:经减数分裂产生的4个小孢子,由于胼胝质壁的溶解,从四分体中游离出来,彼此分离并释放到花粉囊中。初游离出来的单核花粉粒,细胞质浓厚,细胞壁极薄,细胞核位于细胞的中央。随着细胞不断地从周围环境中吸收养分及水分,液泡不断增大并形成中央大液泡,细胞质成一薄层、细胞核被挤向一侧(单核靠边期是组织培养中诱导单倍体植株的最佳接种时期)。

2-细胞花粉粒:接着细胞进行第一次有丝分裂,形成一大一小两个细胞,大的叫营养细胞(vegetative cell),小的是生殖细胞(generative cell)。生殖细胞仅含少量原生质,其形状呈半球形,位于花粉粒的壁附近。2个子细胞间的细胞壁不含纤维素,主要由胼胝质组成。此时生殖细胞紧贴花粉粒的内壁。以后,逐渐从与壁的交界处沿壁向内推移,并逐渐变圆。最终,生殖细胞完全脱离花粉粒的壁,游离在营养细胞之中,出现了细胞中有细胞的独特现象。此时,生殖细胞变为球形,胼胝质壁消失,细胞仅为其自身的质膜和营养细胞的质膜所包围,即由双层质膜包围,成为一裸露的细胞。以后,生殖细胞逐渐伸长,形成纺锤丝。

3-细胞花粉粒:有些植物的生殖细胞进行第二次有丝分裂,形成2个精子;但也有些植物,精子的形成是在花粉管中进行的。因此,成熟的花粉粒有2种形式:3-细胞花粉和2-细胞花粉。

形态:因种而异,一般直径为20～50 μm。外壁光滑或产生突起和花纹,具一定形状的萌发孔或萌发沟。

(六)相关分析

将你观察到的花粉母细胞减数分裂和小孢子发育的各个时期与花的大小和发育阶段进行列表分析,找出相关性。

五、结果与讨论

1. 减数分裂与有丝分裂在形态上表现的异同?

2. 本实验成败的重要步骤与注意事项有哪些？

3. 小孢子母细胞期、四分体期、单核小孢子期和二胞花粉期均有无观察到异常？与败育的发生有关系吗？

4. 花粉母细胞减数分裂与小孢子发育各时期是否同步？有何意义？

5. 花粉母细胞减数分裂与小孢子发育各时期与季节、温度有相关性吗？请进行分析。

第三章　植物学基本实验技术

第一节　植物显微技术

一、显微镜的结构和使用

显微镜的种类很多，一般可分为光学显微镜和电子显微镜两大类。在生命科学的教学和研究工作中，显微镜是十分重要的工具。光学显微镜是植物学实验教学过程中最常用的工具，它可以通过特殊的光学成像原理将生物体的细微结构进行放大，可放大几百倍甚至上千倍，可帮助我们对一些微小的结构进行观察和了解。所以在学习植物学课程和进行植物学实验前，必须了解光学显微镜的基本构造和性能，掌握正确的使用方法。

光学显微镜可分为单式和复式两类。单式显微镜是由一块或几块透镜组成的，结构比较简单，放大率不高，如放大镜、解剖镜；复式显微镜是由目镜、物镜和聚光镜等组成。

（一）显微镜（复式显微镜）的基本构造

显微镜的种类繁多，但是基本的构造都是包括机械装置和光学系统两大部分。

1. 显微镜的机械装置

由金属制成，其作用是固定和调节光学系统和放置及移动标本等。

（1）镜座　显微镜的底座（有马蹄形、长方形）支持整个镜体，使显微镜保持平衡。

（2）镜柱　是在镜座后方中部直立向上的部分，支持镜臂及其以上部分。

（3）镜臂　全形弯曲，为取显微镜时手握之处，可以使镜臂及其以上所有的部分在 90 °范围内倾斜，以利观察，但通常不超过 30 °。

（4）载物台　方形或圆形，上有压片夹，用作固定玻片标本。载物台中央有一个通光孔。反射镜反射上来的光线，通过通光孔而透到标本上。

（5）镜筒　是由金属制成的圆筒，其上端放置目镜，下端连接物镜转换器及物镜，后侧有齿刻与镜壁相连，通过调焦螺旋可使镜筒上下升降。镜筒有直筒式和斜筒式两种。

(6)物镜转换器 镜筒下端能旋转的圆盘,由两个凸面形的金属圆盘组成。下盘有3～4个物镜螺旋口,用于安装物镜,旋转此盘,可以转换观察所用的物镜(由低倍镜转向高倍镜)。

(7)调位装置 为了得到清晰的图像,必须调节物镜与标本之间的距离,使物镜的焦点对准标本,这种操作叫调焦。有粗准焦螺旋和细准焦螺旋两种。

2. 显微镜的光学系统

(1)物镜 安装在镜筒下端的物镜转换器下方,因为它靠近被视物体所以称为接物镜(物镜)。物镜的作用:是将标本第一次放大成倒像。每个物镜由数片不同球面半径的透镜组成。物镜下端的透镜口径越小,镜筒越长,其放大倍数越高。物镜有低倍镜和高倍镜。其放大倍数一般刻在物镜的镜筒上,如10×、20×、40×、60×、100×,其中40～60倍称高倍物镜,90或100倍以上一般都是油浸物镜,简称"油镜",其镜头标有Oil或OI、HI等字样,有的还刻有一圈黑线(使用时需在标本和物镜之间加入折射率大于1、与玻璃折射率相近的液体才能看清物体,如以香柏油作为介质)。

(2)目镜 安装在镜筒上端,因为它靠近观察的眼睛,又称为接目镜。目镜的作用:是将物镜放大的实像进一步放大成一个直立的虚像。其作用相当于一个放大镜,但它并不增加显微镜的分辨率。目镜可安装一段头发,叫做"指针",可以指示所观察的部位。根据需要,目镜内也可安装测微尺,用于测量观察物体的大小。目镜放大倍数刻在目镜边框上,如5×、10×、15×等。显微镜的总放大倍数=物镜放大倍数×目镜放大倍数。

(3)聚光镜 安装在载物台下方支架上,由一组透镜和光圈组成。调节圆孔大小,以调节光线的强弱。升降聚光器也可调节照明强度。

(4)反射镜(反光镜) 有两面(一面是平面镜,光线强用平面镜;一面是凹面镜,光线弱用凹面镜),安装在聚光器下面,其作用是把光源投射来的光向上反射到聚光器直到标本等。它可以朝任意方向旋转以对准光源。没有聚光器的显微镜使用低倍镜时用平面镜,用高倍镜时则用凹面镜,因为凹面镜也会有聚光作用;有聚光镜的显微镜,一般用平面镜,如果室内光线弱时,则可使用凹面镜。

(二)显微镜的使用方法

1. 取用和放置

使用时首先按照编号从镜箱中取出显微镜,一只手握持镜臂,另一只手托住镜座,保持镜身直立,切不可用一只手倾斜提,防止摔落目镜。放置显微镜要轻取轻放,应放在距桌边沿5～10 cm处,使镜臂朝向自己。调整、对中、调光3个部分做好就能正确观察片子。暂不用时要将显微镜放置到桌面中央。

2. 对光

先将低倍镜对准载物台的通光孔，眼观目镜，在镜内可看到一个圆形的区域，叫做视场。调整反光镜(外光源显微镜)或电源电压(内光源显微镜)，使视场中的光线均匀、明亮即可。外光源显微镜通常采用自然光或日光灯作为光源，反光镜有两面，一面为平面镜，一面为凹面镜，光线比较弱的时候可使用凹面镜。对光后不再移动显微镜的位置。

3. 放置玻片标本

将制片标本放置在载物台上，使材料需要观察的部分正对通光孔中央，再用压片夹固定住标本的两端，防止标本移动。

4. 低倍物镜观察

因为低倍物镜观察的范围大，较易找到物像，且易找到需要做精细观察的部位。

(1)转动粗准焦螺旋，使镜筒下降，直到低倍物镜距标本 0.5 cm 左右为度。

(2)双目显微镜同时用两眼进行观察；单目显微镜用左眼从目镜中观察，同时右眼自然睁开，用手转动粗准焦螺旋，使镜筒缓慢上升，直到视野内出现物像，此后调节细准焦螺旋使物像最清晰。当细准焦螺旋向上或向下转不动时，即表明已经达极限，且勿再硬拧，应重新调节粗准焦螺旋，拉开物镜与标本间距离，再反拧细准焦螺旋。

(3)用手前后、左右轻轻移动载玻片标本或调节玻片移动旋钮，便可以找到所观察的部位。要注意视野中的物像为倒像，移动玻片应向相反方向移动。找到物像后如果视野太亮，可降低聚光器或缩小虹彩光圈，反之则升高聚光器或开大虹彩光圈。

5. 高倍物镜观察

在低倍观察基础上，如放大倍数不够，可进行高倍观察。高倍镜只能将低倍视野中心的一部分放大，所以在高倍镜使用之前应在低倍视野下选好目标且清晰后再移至视野中央，然后转动物镜转换器，换高倍镜观察(高倍镜的工作距离比较短，操作要格外小心，以免使镜头和玻片碰撞)。在正常情况，转动成高倍镜后就会看到模糊的物像，只要略微调节细准焦螺旋就能见到清晰的物像。转换成高倍镜后，视野变小变暗，如需要可重新调节亮度，可升高聚光器或放大虹彩光圈。

6. 换片

观察完毕，如需换另一玻片标本时，将物镜转回低倍，取出玻片再换新片，然后首先在低倍镜下观察，此时，只需稍加调焦，即可观察。切记千万不可在高倍物镜下换片，以免损坏镜头。

7. 还原

显微镜使用结束后，升高镜筒，取下玻片标本，清洁显微镜，把物镜转离通光孔呈“八”字形，再下降镜筒至适当高度。最后将显微镜放回镜箱，在仪器使用登记本上签名。

（三）使用显微镜的注意事项

（1）显微镜是精密仪器，搬动时要轻拿轻放，使用显微镜要严格遵守规程。

（2）观察时应同时睁开两眼。右手书写者，以左眼从接目镜观察，以右手操纵粗、细准焦螺旋。用右眼和右手配合进行绘图或文字描述。

（3）显微镜必须经常保持清洁，不用时要及时收回镜箱。机械装置部分的清洁可用纱布或绸布；光学部分（反光镜除外）只能用擦镜纸轻轻拭擦，严禁用手或其他物品擦拭，以防污损。

（4）使用高倍镜观察时，必须先在低倍镜观察清楚的基础上再转换高倍镜，之后只能调解细准焦螺旋，一定注意不要让高倍镜头接触玻片，以免损坏镜头。

（5）换玻片时要将高倍镜转离通光孔，然后取下或装上玻片，严禁在高倍镜使用的情况下取下或装上玻片，以免损伤物镜。

（6）显微镜部件不得拆卸或互相调换，若有故障，应立即报告老师进行处理，不得自行修理。

（7）显微镜用毕，应将物镜转离载物台中央的通光孔，并上升载物台，放回原处，并做好签名登记。

（8）打扫实验室卫生前，必须将显微镜放入镜箱中，以免灰尘沾污。

二、植物绘图技术

在植物学研究中，记述表达植物形态结构的特征，绘图是最基本最常用的方法。植物学绘图也是植物学实验的基本内容。欲使所绘之图形态逼真、结构准确，并能如实反映特点，掌握正确的绘图方法和技术尤为必要。

（一）绘图用具

2H 或 3H 铅笔、绘图纸、削笔刀、橡皮、小尺等。

（二）绘图要素

1. 基本要求

（1）仔细观察标本，区分正常结构与偶然、人为的差异，选择典型、正常有代表性的部分认真观察。充分了解各部分的结构特点是绘图的前提，科学、认真、实事求是的态度是绘图的保证。

(2)实验报告纸要保持平整、清洁。

(3)图和字一律用铅笔绘写,不得使用钢笔、圆珠笔及其他种颜色的笔。

2. 基本方法

(1)合理布局。一次实验要绘的图,无论数量多少及大小,一般都只能在一张实验报告纸的正面绘制。每幅图包括图和图注。绘图前,应根据要绘图的数量、大小、主次,在报告纸上作合理安排,使每一幅图在报告纸上的位置和大小适中,避免版面偏差。

(2)生物绘图的方法有多种,最常见的是点点衬阴法,也就是绘图一律用线条和点表示。各部分外围轮廓用线条表示,线条要一笔绘出,确保细致、清晰、光滑、连续,不可有深浅、虚实之分。用铅笔点出圆点,以表示明暗和深浅,给予立体感。在暗处点要密,明处要疏,但要求点要均匀,点点要从明处点起,一行行交互着点。打点时,铅笔垂直,手腕均匀向下适当用力,致使所打之点细小、均匀、圆正,不拖尾。点点衬阴法要求不能用涂抹阴影的方法以代替点点。

(3)绘图时,先将要绘部分的全形轮廓用铅笔轻轻勾出,内部各部分亦然,求得准确后,再逐一绘实。

(4)绘细胞图时不一定把全部切面画出,只画其中一部分即可(1/2 或 1/4),但要清楚地表明各部分的细胞的形状、大小、排列方式以及可能看到的内部结构。轮廓图与细胞图一样,也要注意各部分结构的比例、大小,区别是不用画出每一个细胞,只需用一些轮廓线把各部分结构勾勒出来,但也要表示出各部分结构在整个切面图中的比例和相对位置。

(5)图画好后要与显微镜下的实物对照,检查是否有遗漏或错误。

(6)每幅图均应有图注,图注由注示线和注释文字组成。注示线一律用平行横线引至图右侧适当的位置,右端上下要对齐,间隔距离保持相等。图中较为集中的部分可先用直斜线向右引出,然后再接用平行横线引至右侧,横线与斜线间的夹角应大于 90°。注示线互不交叉,所指部位要清楚明确,一目了然。注释文字一律横向书写于注示线的右端,多字数名称紧缩字距,少字数名称均匀拉开字距,使每一注释的首尾字上下对齐。文字力求用正楷或仿宋字体,书写工整,排列整齐。

(7)每幅图的正下方须横向标出详细的图名和图示主题,并宜将该图的缩放比例准确标出。

3. 具体方法

(1)植物细胞图的绘法　细胞壁用双线条表示,线条间的距离表示壁的厚度，相邻细胞的一部分细胞壁应一并绘出，以示所绘细胞并非孤立。细胞器用单线条表示，细胞质、细胞核等结构因颜色较深，故用点的疏密表示。液泡一般不用线条绘出，留出较为透明的区域表示其存在的位置、大小和形状即可。绘图时，要不断观察显微镜，力求各部分结构的大小、形状以及与整个细胞的比例都要切合实际。

(2)植物器官结构图的绘法　植物各器官细胞数量较多，在绘详图时，薄壁细胞的细胞壁一般用单线条绘出，厚壁细胞用双线条表示细胞壁的厚度，细胞内的结构除特殊情况(如厚角组织细胞内的叶绿体)外，一般可以不表示。在绘纵、横切面简图时，可仅用单线条勾绘出各部分轮廓，而无须绘出细胞，色深部分适当用点的疏密表示。

三、显微数码摄影技术

显微数码摄影技术是数码照相技术与显微摄影技术的有机结合，是近年逐步发展起来的一种用于观察特别是记录显微材料的一项新技术。可广泛地应用于生命科学的各个领域当中。这项技术在真实记录、研究各种生物组织微细结构等方面起着至关重要的作用。

显微数码摄影一般使用数码相机通过摄影接口和显微镜组合在一起，然后将数码相机和计算机相连，可用 ACDSee、Powerpoint、photoshop 等常用软件对图像进行处理，也可使用专门软件处理。该项技术能够在计算机中完成多幅图像比较，图像调整、放大，添加标注，测量长度、面积，进行统计、计算等功能。显微数码摄影的优点是，拍摄的照片即时观看，减少废片，照片即时传入计算机，分析软件即可分析出结果，大大缩短了冲洗照片所耽误的时间，实现了实验的连续性。再者，显微数码摄影拍摄的图片转化为数字化文档，可用 Powerpoint 软件处理用于教学或出版工作。

简单介绍操作步骤如下：

1. 准备

数码相机与三目显微镜相连接，同时在与数码相机相连接的计算机内安装数码相机驱动程序及图像编辑等相关软件。对相机的拍摄模式进行设置。

2. 拍摄和保存

将需要观察的制片置于显微镜下，观察找到所需拍摄的组织细胞后，打开显微镜上的光通路转换开关，将图像导入数码相机。打开光通路转换开关后无法再通过显微镜的目镜观察，只能通过数码相机的显示器或计算机显示器观察组织细胞在镜头中的情况。从目镜观察到的图像已对准焦点，但显示器显示的图像却未对准焦点，可通过微调焦环调节，直至显示器上的图像对准焦点。还要适当调节屈光度、白平衡、曝光补偿、曝光时间等以使图像在显示器上显示适当大小和亮度等，可加入测微尺和日期，图像调节理想后拍照保存。

3. 图像裁剪拼接

可用图像编辑软件对图像进行裁剪、拼接等处理。在对图像进行处理时，要遵循真实的原则，不得对细胞及组织的色调、形状进行修改。

第二节　常用植物制片技术

植物制片技术是植物显微技术的一个重要组成部分。在使用显微镜观察植物体内部细微结构前，必须根据植物材料的特性，采用不同的方法，对植物材料进行处理并制成透明的玻片标本。根据植物材料的性质和制作方法的不同，常用的植物显微制片技术可分为切片法和非切片法两大类，前者常用的有徒手切片法、石蜡切片法、冷冻切片法、木材切片法等，后者包括压片法、涂片法等。

一、切片法

(一)徒手切片技术

1. 技术优点

徒手切片是植物形态解剖学实验教学中最简便的一种切片方法。其优点是工具简单，方法简单易学，所需时间短，即切即可观察；若需染色制成永久片，也花时间不长，还有一个独特优点是可看到自然状态下的形态与颜色。

因徒手切片具备上述优点，因此应用普遍。不仅适合于基层单位观察研究时用，也适用于生物学教学中。

2. 实验试剂与器具

(1)试剂　10%番红水溶液、0.5%固绿(用95%的酒精配制)、酒精(100%、95%、80%、70%、50%)、二甲苯、蒸馏水、甘油、中性树胶等。

(2)器具　显微镜、刀片、小培养皿、镊子、毛笔、吸水纸、纱布、载玻片、盖玻片等。

3. 材料要求

选用植物幼嫩部分，有的还需支持物(通常用萝卜或马铃薯)。

4. 方法与步骤

(1)将培养皿中盛上蒸馏水(或清水)。

(2)切片。视材料而定。

①如果所切的材料大小、硬度适中,像一般草本植物的根、茎、叶柄等,可直接用手拿着材料切。

②如果材料太小,太软或太薄,像叶片、小根,小茎之类,就要用支持物夹着材料去切。萝卜、胡萝卜的贮藏根,马铃薯的块茎或通草等均可用作支持物。切片时,先把支持物切成小块或小段,并从中间劈开一小段,再把材料切成适当的长度或大小,夹入支持物内(如要材料的横切面,则直夹入支持物内,要纵切面则横夹)进行切片。

③如果材料太硬,像木本植物的茎或木材,切片很困难,需先进行软化处理。即将材料切成小块,用水反复煮沸,然后放入50%甘油液中(用蒸馏水配制),经数星期后取出切片。浸润时间的长短,随材料的大小和硬度而定。

切片时,如切草本植物的幼茎,先将材料切成长约3 cm小段。用左手3个指头夹住材料,并使其高于其手指之上,拿正,以免刀口切伤手指。右手持刀片(刀锋要快),平放在左手的食指之上,刀口向内,且与材料断面平行,左手不动,然后右手用臂力(不要用腕力)自左前方向右后方拉刀滑行切片,即切又拉,充分利用刀锋,把材料切成正而平的薄片。如图3-2-1所示。

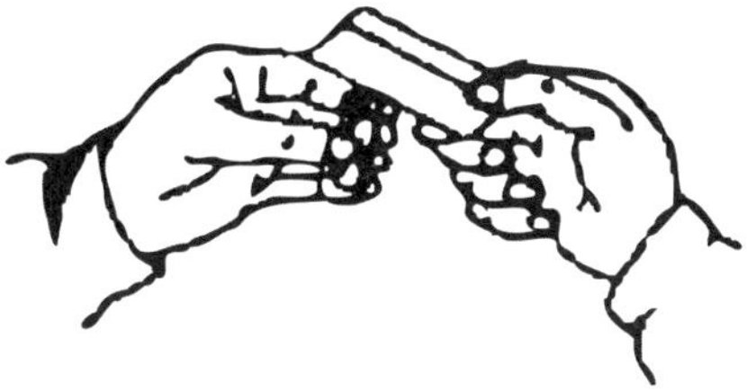

图3-2-1　徒手切片姿势

连续切下数片后,用湿毛笔将切片从刀片上轻轻地移入盛水的培养皿中。切到一定数量后,进行选片。

在切片过程中要注意刀片与材料始终要带水。这样一则增加刀片的润滑;二则可以保持材料湿润,不至于因失水而使细胞变形及产生气泡。刀片用后应立即擦干水分,在刀口上涂上凡士林或机油包好以免生锈。

(3)选片。用毛笔在培养皿中挑选出正与薄的切片,进行临时装片,放置显微镜下观察。如果是支持物夹着切的,选片时应先将支持物的切片选出后再进行选片。如果切片需要染色和保存下来,切片先要固定。关于固定液的选择、染色的方法,请参看后面的石蜡切片法。

本实验采用一种简便而常用的方法,供同学们熟悉一下切片制成永久制片的过程。其步骤如下:

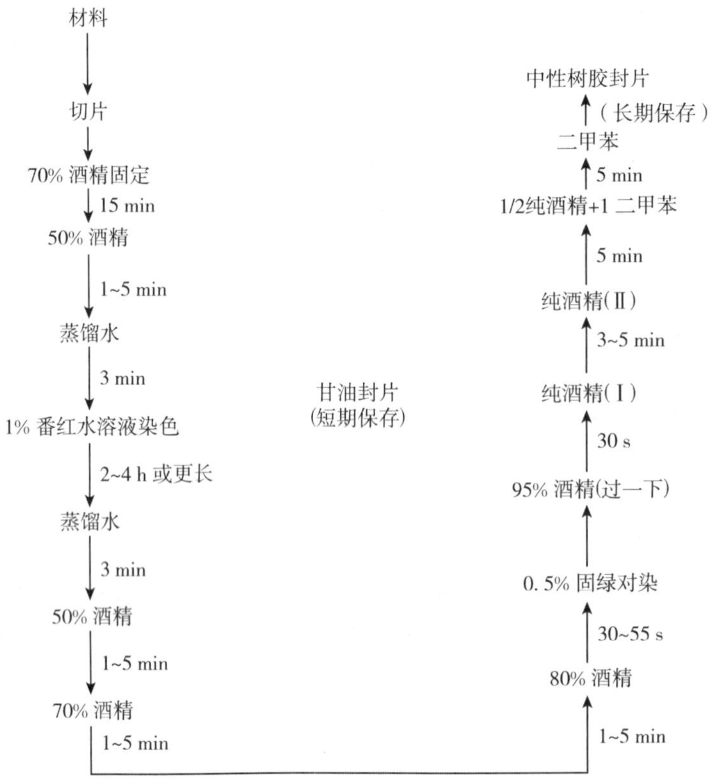

(4)切片的方向(图 3-2-2)

①横切面　是垂直于茎或根的长轴而切的切面。

②径向切面　是通过中心而切的纵切面。

③切向切面(弦切面)　是垂直于半径而切的纵切面。

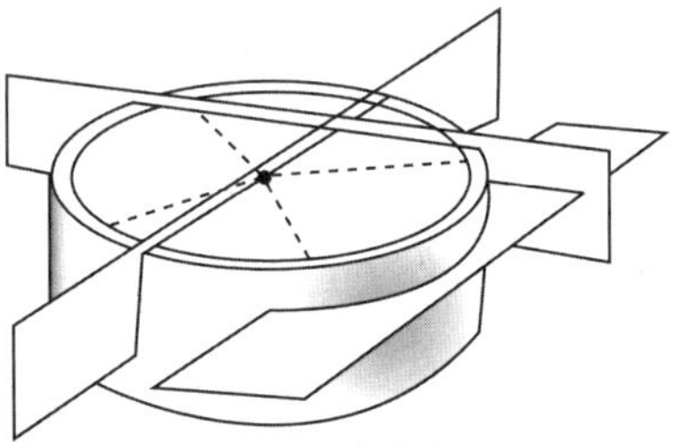
图 3-2-2　切片的方向

(二)石蜡切片技术

1. 技术优点

一般的材料都适用,能将材料切成厚薄均一的薄片,其内部结构更清楚。能切成连续蜡带,可观察细胞和组织的动态发生及层次变化过程,因此它是植物制片技术中应用最广的。石蜡制片还是电子显微镜薄切片和超薄切片的基础,离开了石蜡制片就很难确定电镜制片样品的位置。

2. 实验试剂与器具

(1)试剂　2%番红水溶液、0.5%固绿(用 95%的酒精配制)、酒精(100%、95%、80%、70%、50%)、二甲苯、蒸馏水、甘油、中性树胶等。

(2)器具　石蜡切片机、烘箱、显微镜、染色缸、小培养皿、镊子、毛笔、吸水纸、纱布、载玻片、盖玻片等。

3. 材料要求

只要不是太硬、太脆的材料，均适合做切片。

4. 方法与步骤

石蜡切片法是显微技术上最重要、最常用的一种方法。它是把材料封埋在石蜡里面，用旋转切片机切片，可以切出很薄的切片。凡是需要观察精细的细胞结构，大都用石蜡切片。全都过程如下：固定、洗涤、脱水与硬化、脱酒精、封埋、切片、粘片、脱蜡、染色、脱水、透明、胶封。

(1)固定　固定就是用药品把细胞杀死，使细胞的原生质凝固，死后不发生变化，尽可能保持原来的结构以供观察。良好的固定剂穿透力强，使细胞立刻致死，原生质全部凝固；不发生任何变形，增强折光率，并且不妨碍染色。固定液的种类很多，根据配制成分可划分为：

①简单固定液　以一种化学药品配制的固定液。常用的简单固定液有：

酒精，即乙醇，酒精用作固定液，常用纯酒精或 95%酒精。酒精穿透力强，固定时间常在 1 h 以内。高浓度酒精有使材料收缩的作用。70%的酒精可作保存液。配制低度酒精必须要用普通酒精即 95%的酒精，绝不可用纯酒精。酒精为还原剂，不能与铬酸、锇酸、重铬酸钾等氧化剂配合。酒精可使核酸、蛋白质及肝糖等发生沉淀，但能溶解脂肪及拟脂。

福尔马林，即甲醛，具强烈刺激性的气味，纯净的甲醛，为无色透明液体。固定用的浓度为 4%～10%。甲醛也是强还原剂，不能与铬酸、锇酸等氧化剂配合。经固定后，材料变硬，通常不引起皱缩，但随后经过他种药剂处理时，就每每出现皱缩。所以甲醛一般不单独作固定用，而与其他液体混合使用。

醋酸，为无色透明的液体，刺激性极强，冷则凝结成冰，故又叫冰醋酸。醋酸以与水和酒精配成各种比例的溶液，所用浓度为 0.2%～5%，也常与其他固定剂配合使用。醋酸穿透性很强，单独使用，有使原生质膨胀的作用，故常与酒精、甲醛等合用。醋酸为固定染色体的优良固定液，因此固定染色体的固定液中，几乎都含有醋酸。

②混合固定液　由几种药剂适量配制而成。常用的有下列几种：

F. A. A. 固定液(又称万能固定液)，这个固定液在植物研究上应用最多，为植物组织最常用的固定液。固定时间不受限制，短为 24 h，长可延至数月或数年，野外工作非常便利。并且固定的材料，不妨碍染色，但对染色体的固定不佳。材料固定后，用 50%酒精洗涤数次。配制 F. A. A. 固定液应注意，柔软材料用 50%酒精，坚硬材料用 70%酒精配制。

卡诺氏固定液，此液作组织细胞的固定，有极快的渗透力，固定根尖和花药只需 40～60 min。固定后用 95%酒精冲洗，在组织不能立即处理时，需转入 70%酒精中保存。

纳瓦兴固定液，此液在植物制片上应用甚广，是细胞学及组织学上一种优良的固定液。改良配方种类很多，适用于不同材料。为了使用方便，常分别配成甲、乙两种基液，用时临时等量配合。固定时间为 12～24 h，固定后用 70%酒精洗涤数次。

(2)洗涤　材料固定后，药剂继续留在组织中，易使组织破坏，必须用水或酒精洗去。用什么去洗，可根据 3 条原则：①凡用水溶液配制的固定液，特别是含有铬酸、重铬酸钾的固定液，一律用水洗。②凡用酒精配制的固定液，一律用同浓度的酒清洗。③如固定液中含有苦味酸，在 70%酒精中停留稍久时，可除去苦味酸染成的黄色。如用升汞固定的材料，在洗涤时，须加碘液，可除去汞的结晶。

(3)脱水与硬化　材料洗涤后，其中含水，水与石蜡不能混合，必须脱去。去水用酒精。材料由水入酒精中，不能操之过急，须由低度酒精渐至高度酒精。通常由 30%、50%、70%、80%、90%，每次需经 0.5 h，材料大的，时间需延长。若暂时不能埋蜡，材料可放在 70%酒精中保存，经久不坏。不能在高度酒精中放置过久，因酒精能使材料硬化，过久则材料由硬而脆，切时易于粉碎。

(4)脱酒精　材料脱水后，材料中含有酒精，酒精与蜡也不能混合，仍须除去。脱酒精通常用二甲苯。材料由酒精入二甲苯，最好也渐次进行，先经纯酒精二甲苯混合液，再入纯二甲苯中，纯二甲苯须换一、二次才行，时间每次约 0.5 h。二甲苯不仅能脱去酒精，并且还有透明的作用，所以又叫透明剂。

(5)埋蜡　埋蜡是把材料封埋在石蜡里面，便于切片。一方面，小而柔软的材料封在石蜡中，石蜡硬度适中，靠石蜡支持，才能切成薄片。另一方面，材料封埋后，不仅材料外面包着蜡，材料内面所有空隙也都充满着蜡。这样，材料的各部分都能保持原来的结构与位置，切片时不易发生破裂或变形。

所用石蜡，质地必须纯净，熔点通常在 48～56℃这个范围内，熔点为 52℃的石蜡用得更多。在材料不硬、天气不热时，宜用较低熔点的蜡。材料硬、天气热的情形下，宜用高熔点的蜡。

石蜡选定后，将石蜡切成小块，置瓷皿中加热熔蜡，待石蜡近于全部熔化时，置于温箱中。在进行封埋的全部过程中，石蜡的温度总以高于熔点 2 ℃为宜，过低石蜡凝固，过高伤害材料。

材料脱酒精后，要进行浸蜡，再进行埋蜡。浸蜡也宜于渐次进行，一般先用石蜡和二甲苯的混合液浸蜡，再用纯石蜡换一、二次，每次的时间视材料大小而定，通常每次 0.5 h，材料大，时间必须加长。在浸蜡的过程中，须注意温度，不能超过 2 ℃以上。浸蜡后，须将材料封埋在蜡块中，通常以光亮且厚的纸折成纸盒（图 3-2-3）。在盒内底上，用软铅笔反书材料及日期等，然后把蜡倒入盒内，将材料移入纸盒中，依将所要切的方向，妥善排列，再以两手平持纸盒，移至冷水中，用口在蜡面上吹气，促其凝结，待蜡面凝成薄层时，将纸盒全部沉入。水冷凝后，将纸撕去，即获蜡块，至此埋蜡完成。

折纸盒按下列顺序折叠：①折 AA′及 BB′；②折 CC′及 DD′；③折 CE′与 AE′，向外夹出 EE′，同样折出 FF′、GG′及 HH′；④使 CE′E 与 E′IE 两三角形相叠，并沿 E′C 和 EI 重叠的折痕向后转折。同样折其余三只角；⑤折 RIJF 向外，同样折出 GKLH，即折成所需的纸盒。

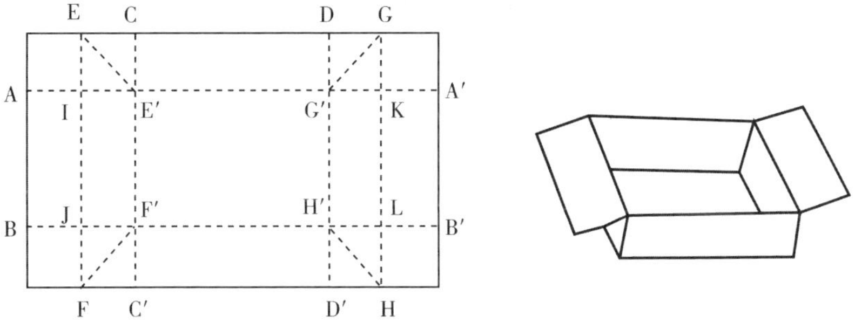

图 3-2-3　折纸盒的顺序

（6）切片　石蜡切片，用旋转切片机。一个旋转切片机，可分 3 个部分：一个是安装切片刀的部分，有调节刀片斜度和固着刀片的螺旋；一个是安装材料的部分，也有螺旋可以调节材料的位置；一个是操纵标本块向前推进的部分，控制着切片的厚薄，是比较重要而复杂的部分。

切片步骤：

①先将冷凝的蜡块切成小块，粘固在小木头上。

②安装切片刀。刀的斜度非常重要，最好先用切除的蜡块试刀，以确定刀的斜度，一旦调整适合后，就不要随便变动，以免每次切片时试刀。

③修整蜡块。刀片斜度调好后，将刀片移近蜡块，使小蜡块的下边与刀锋平

行，然后把它固定，再转下蜡块，呈矩形才行。只有平整的蜡块，才能切出平整的蜡带。

④最后根据需要，调整控制切片厚度的机制。调好后，把其固定下来。上述4步骤完成后，就可进行切片，将切出的蜡带，平展于盒内以供粘片。

(7)粘片　材料切成薄片后，须将切片粘在玻璃片上，加热展开，这叫粘片。所用载玻片必须清洁才能使用。粘片时，需把胶液(或称粘贴剂)置薄玻片上，再取切片，浮置胶液上，然后置烘片台上，使切片展开烫平，材料不现皱纹为度。最后将切片依次排好，用滤纸吸去多余水分，同时以记号笔在玻片上编号，放入温箱中烘干，温度30～40 ℃约1 h即干。常用的胶液有明胶液、梅氏蛋白质、Land氏液。

(8)脱蜡　玻片烘干后，须将蜡脱去才能染色。脱蜡用二甲苯，再经酒精入水中，而后染色，其顺序如下：二甲苯→1/2二甲苯＋1/2纯酒精→100％酒精→95％酒精→85％酒精→70％酒精→50％酒精→30％酒精→水→染色。以上各级需5～10 min。

(9)染色　染色的方法很多，视研究目的加以选择。现就研究植物组织和研究细胞分裂常用的两种染色方法介绍如下。

①番红与固绿染色法　番红用1％的水溶液，固绿用0.5％的酒精液(用95％的酒精配制)，染色步骤如下：

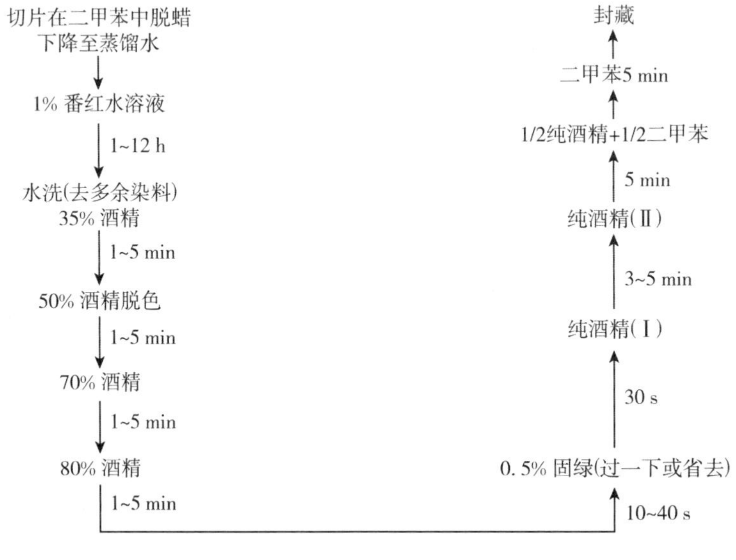

染色注意事项：

A. 用番红和固绿这个组合染成的切片，木化、栓化和角质的细胞壁被番红染成鲜红色，纤维素的细胞壁被固绿成绿色。就维管束来讲，木质部染红，韧皮部染绿，区别极清楚。

B. 番红染色后在50%酒精中脱色，需经实践。如脱色不够，绿色难得染好；脱色太过分，做出来的切片，红色太淡，甚至于全是绿色，失掉了二色染法的用意。

C. 染色时间不是绝对的，常因材料种类、切片的厚薄而不同。在没有把握时，最好选用少数材料试染，试染成功后，再依次大批染色。

②海氏铁矾-苏木精染色法　是在染苏木精以前用铁明矾做媒染剂，在染苏木精以后又用铁明矾液鉴定(脱色或分色)。

所用铁明矾液为2%～4%的水溶液，此液须在用前数日临时配制。配成后不能见光，须置暗处，或用有色玻瓶装。也不能保存太久，大约2个月内可用，用时需每次更换。

所用苏木精液为0.5%的水溶液。此液配成后，须经1～2个月，待它氧化成熟以后才能应用，故必须先配制。苏木精在水中溶解很慢，约需10 d才能完全溶解，若需用不急，可直接用蒸馏水配制。若想加速溶解，可先用酒精溶解，再加入蒸馏水。

染色步骤如下：

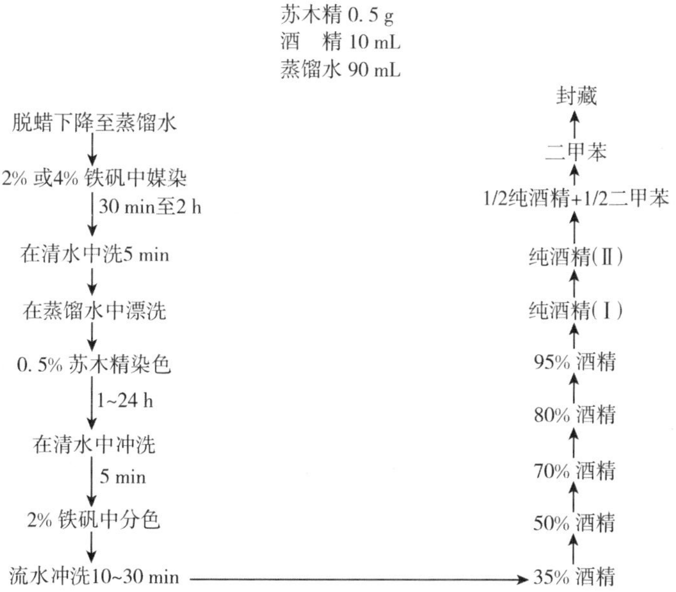

此染色法在细胞学及胚胎学制片上应用很广，是显示细胞一般结构及细胞分裂的优良染色液，染色结果可使染色体呈蓝黑-紫色，细胞质染成浅蓝色或浅灰色。在染色过程中所需注意的是：①分色后，用水洗净铁矾液，最好用流水，如无流水，须多更换水。若冲洗不净，将来继续退色。②在铁矾液中分色，须时常取出在显微镜下检查，到细胞质的染色很淡为止。

(10)脱水、透明、胶封　脱水时必须由低浓度酒精逐渐进入高浓度酒精，可按30%或35%→50%→70%→80%→95%依次进行，最后滴入纯酒精并更换一次。然后经1/2无水酒精+1/2二甲苯→二甲苯(两次)每次2～3 s使材料完全透明。若材料出现乳状混浊，则说明脱水不净，需再用纯酒精脱水，按原步骤直至透明。透明后保持二甲苯不挥发(若已挥发应再滴一小滴二甲苯)，盖好盖玻片后继续观察。也可在加盖盖玻片前滴一滴加拿大树胶(不可过多)于材料上，盖上盖玻片(注意避免气泡产生)，将封藏好的切片放入30～35 ℃的恒温箱中烘干，即可永久保存。

(三)冰冻切片技术

1. 技术优点

有的植物组织或器官含水量较高，有的很脆，用其他切片方法很难得到满意的效果。通过冰冻切片法能获得较好的效果，且可使材料的收缩很小。冰冻切片法只需要5～10 min就可得到切片，不会改变内部化学组成成分，在进行显微化学测定时，可用此法进行切片。

2. 实验试剂与器具

(1)试剂　视试验要观察的内容具体配制，如果只做一般性实验训练，用徒手切片试剂即可。

(2)器具　液体二氧化碳钢筒、冰冻附着器(包括标本台，即冰冻盘和输气管)、切片机(滑行切片或旋转切片机均可)、显微镜、培养皿、载玻片、盖玻片、解剖针、毛笔。

3. 材料要求

植物的幼嫩部分。

4. 方法与步骤

(1)将材料切割成5 mm长的小段，浸入蒸馏水中(视显微化学要测项目，有的还可固定于95%酒精或F. A. A. 固定液中24 h)。

(2)将材料放在标本台中央(固定后的材料需用水冲洗，彻底洗去固定液)，加蒸馏水一滴。

(3)将标本台后的开关紧闭，然后稍微打开液体二氧化碳钢筒上的开关，使筒内的液体二氧化碳慢慢进入输气管中。在打开液体二氧化碳筒上的开关时不能太猛，以免筒中气体大量逸入，造成浪费甚或出现输气管破裂或爆炸事故，这点需要特别注意。

(4)等输气管中已充满二氧化碳时，即将二氧化碳筒上的开关略加关闭，使只有少量的二氧化碳逸入输气管中。

(5)慢慢而陆续不断地开闭标本台后的开关，使输气管中的二氧化碳陆续进入标本台中央的中空部分，并向侧边的孔道喷出。这时可听到嘶嘶声，并有白色雾状或雪状结晶自孔道喷出；也可用半导体制冷台，放上材料后打开开关，控制好温度。

(6)继续开、闭开关，使冰冻盘上的水逐渐凝结成冰块，把材料完全包埋起来，如尚有部分材料露在冰块外面，可在材料上面再滴加蒸馏水，继续开、闭开关，直到材料完全被冰块包埋为止。

(7)关闭二氧化碳筒上的开关。

(8)尽快调节切片刀和冰块的位置以及切片的厚度(12～15 μm)。

(9)立即切片，切时动作要快，一般在 2～3 min 内应将材料切好。在切片过程中，冰块的硬度与切片效果有很大的关系。如过于坚硬，则易出现切片破裂。遇到这种情况可略停片刻或用手指按捏冰块表面，使冰块软化然后再切。如冰冻程度不够或冰块过软，则切片常呈粥状而破损。遇此情况，需再用二氧化碳继续冰冻，直到适于切片为止。

(10)用湿毛笔将切片从刀上轻轻刷下，移入蒸馏水中。这时切片内外的冰自然融化，切片也就展平了。用扩大镜逐一检查，将完整的切片留下。

(11)取下切片刀擦干，涂上凡士林后保存于刀盒中。

(12)欲作组织化学和细胞化学测定的切片，即可按所选择的方法进行测定；若要观察组织或器官的解剖构造，则可参照徒手切片法进行固定、染色和封藏。

冰冻切片法不能作成连续切片，如要作连续而系统的观察时，可将切下的切片用毛笔按次序放在载玻片上的水中，用针轻轻地调好位置。然后将载玻片放在烫板上，微微加热使水分蒸发，或倾斜载玻片使大部分水分流去后，静置于清洁干燥的地方，待切片干燥后即可在染色缸中进行染色和封藏。亦可暂时保存于切片盒中备用。

(四)木材切片技术

1. 技术优点

以滑行机进行切片和制片，可将组织坚硬木材进行切片，操作方法简单。

2. 实验试剂与器具

(1)试剂　甘油酒精(甘油与 50%酒精等量混合)、酒精(100%、95%、90%、

83%、70%、50%、30%)、1%番红水溶液、甲苯、加拿大树胶(溶于甲苯中)。

(2)器具　滑行切片机、显微镜、培养皿、载玻片、盖玻片、解剖针、毛笔。

3. 材料要求

(1)选择　作木材切片时可选用新鲜的木质枝条或茎,也可选干燥的木材,但必须注意以下各点:①年龄适中而具有代表性;②表面光滑,粗细均匀(枝条);③硬软一致,无腐坏现象;④选取边材而勿选心材,因心材中含多量的树脂、油类等,往往使制成的切片模糊不清;⑤必须分清横切、切线切和半径切的3个切面。

(2)材料的处理　木质材料还需经过分割、抽除空气、软化的预处理。

①分割　木质枝条可分割成3 cm长之小段,茎或干燥木材则应分割成长方体的小块,其大小应不超过切片机夹物部口径的大小(长约2 cm,宽、高各约1.5 cm)。

②抽除空气　将木质枝条或木块投入冷水中加热煮沸,20～30 min后取出,立即浸入冷水中,然后再煮沸,反复进行几次后,材料即沉入水底,此时即表示空气已全部除去。

③软化　将已除去空气的材料,浸入甘油酒精中2～3 d(不同的材料软化的时间不同,其具体程度要试切后才能确定)。

4. 方法与步骤

①切片　软化的材料如为木质枝条,则可裹以湿润的棉花,紧紧固定在切片机的夹物部上进行切片,若为茎或干燥木材的小方块,则应沿切面画一"井"字,用小刀切去四周的8小块,留中央的1小块,然后将整个木块夹在切片机的夹物部上。材料固定之后,即调节切片的厚度(约20 μm)并固定切片刀(刀刃与材料成一定角度——锐角),最后进行切片。

切片时,右手推动切片机的滑动块,使切片刀由后方移向前方,切片刀经过材料时,用力必须均匀,否则切片的厚度就不太一致。在每切一片后,还需用毛笔在材料上和刀刃上滴加蒸馏水,这样才能提高切片的效果。切好的薄片,可用毛笔移向水中(或移入70%酒精中)保存。切片完毕后,取下切片刀擦干,涂上凡士林后保存在刀盒中。

②染色、脱水、透明、封藏　可照徒手切片法进行(使用番红进行单染就行),透明要用甲苯,封藏时用溶于甲苯的加拿大树胶,否则切片会变脆、卷曲而不易封藏。

二、非切片法

(一)压片技术

1. 技术优点

压片法是将植物的幼嫩器官含分生细胞较多的如根尖、茎尖和幼叶等压碎在载玻片上的一种非切片制片法。方法比较简便，染色后可作临时的观察标本，也可以经过脱水、透明等手续制成永久的制片。在观察植物细胞的有丝分裂、植物细胞遗传学等方面的研究中普遍应用，特别在染色体数目的检查方面此法优势明显。

2. 实验试剂与器具

(1)试剂　0.05%～0.2%的秋水仙碱溶液、0.002～0.004 mol/L 8-羟基喹啉、卡诺固定液(3∶1的纯酒精∶冰醋酸)、70%酒精、1 mol/L 盐酸溶液、5 mol/L 盐酸溶液、1%～2%的果胶酶、1%～5%纤维素酶(或1%～2%的果胶酶与1%～5%纤维素酶的混合液)、席夫试剂、醋酸-洋红染液。

(2)器具　恒温培养箱、恒温水浴锅、显微镜、载玻片、盖玻片、解剖针。

3. 材料要求

(1)取材　于细胞分裂旺盛时期取样，一般植物在上午9～12时，下午2～5时，一般取根尖、茎尖。

(2)预处理(前处理)　目的是防止纺锤体的形成，使细胞分裂停止在中期阶段，从而获得较多的中期分裂相，同时预处理还可以使染色体收缩变短，便于观察统计。常用的预处理药剂有0.05%～0.2%的秋水仙碱溶液、0.002～0.004 mol/L 8-羟基喹啉。预处理的时间一般为2～12 h。

(3)固定　目的是把细胞迅速杀死，使蛋白质变性沉淀，尽量保持材料结构的原有状态。常用的固定液为卡诺氏固定液，固定时间一般为1～24 h。若不立即压片，可以用70%酒精保存，但不如立即压片效果好。

4. 方法与步骤

(1)解离　根尖、茎尖等体细胞组织，需经过某些处理，除去细胞之间的果胶层并使细胞软化，细胞分离和软化后的组织才便于压片。最常用的是酸水解和酶处理两种。

①酸水解　一般可用以下处理方法：一是将固定后的材料用蒸馏水清洗后，转入1 mol/L 盐酸溶液中于60 ℃恒温下处理5～20 min或更长时间。二是用5 mol/L 盐酸于室温下处理20～30 min。

②酶处理　可单独用1%～2%的果胶酶，也有与1%～5%纤维素酶混合使用。常规的染色体压片。一般无须使用混合处理方法，此法在去壁低渗法和染色体显带技术中常用。

(2)染色　常用孚尔根染色法或醋酸洋红等核染色剂进行染色。

(3)压片　将材料移至载玻片上，盖上盖玻片，在盖玻片上再加一块载玻片，用拇指轻轻按压，使细胞分散，使组织成为一薄层。

(4)镜检　将压片置于显微镜下观察,选择染色体分散、清晰的细胞进行统计记数,并可进行显微照相,以便进行核型分析。同时可用记号笔在载玻片和盖玻片上分别做记号,以便再次观察和照相。

(5)封固　好的压片,可在冷冻干燥后,用光学树胶封固保存。也可进行脱水、透明等步骤制成永久切片。若临时保存,可以用石蜡封边,放在培养皿中于冰箱冷冻室内短期保存。

(二)涂片技术

1. 技术优点

涂片法是将材料均匀涂布在载玻片上的一种制片方法。其制作过程:取洁净的载玻片,将涂抹的液滴滴于载玻片的中央或偏右约 1/4 处,左手持载玻片或放在平台上,右手持另一载玻片作推片。先慢慢向右移动,让短边接触溶液,两载玻片的夹角为 30°～45°,再向左迅速推载玻片,即可涂成一均匀的薄片。也可用解剖针、牙签、火柴杆等涂成薄片,盖上盖玻片即可。涂片法标本制作简单方便,染色好,利于观察。

涂片法可将材料均匀地涂布在载玻片上成单层细胞进行观察。涂片材料有单细胞生物、小型藻类、细菌培养液、植物的疏松组织、花药等。

2. 实验试剂与器具

(1)试剂　0.05%～0.2%的秋水仙碱溶液、0.002～0.004 mol/L 8-羟基喹啉水溶液、卡诺氏固定液(3∶1的纯酒精∶冰醋酸)、0.075 mol/L KCl、1%～2%的果胶酶、甲醇∶冰醋酸(3∶1)固定液、2.5%混合酶液(纤维素酶与果胶酶各占 2.5%)、40∶1的姬姆萨染液(Giemsa)、pH 7.2 的 1/15 mol/L 磷酸缓冲液。

(2)器具　恒温培养箱、恒温水浴锅、酒精灯、显微镜、载玻片、盖玻片、解剖针。

3. 材料要求

同压片法。

4. 方法与步骤

(1)前低渗　将处理后的材料放入 0.075 mol/L 氯化钾低渗液中,在 20～25 ℃条件下处理 30 min 左右。

(2)去壁　倒去氯化钾溶液,加入 2.5%混合酶液(纤维素酶与果胶酶各占 2.5%),在温度 25～30℃下处理 2～5 h,其间将材料轻轻摇动数次,促使酶反应充分。酶液与材料的比例适当,酶液不能过少。

(3)后低渗　倒去酶液,用蒸馏水冲洗 2～3 次,然后在蒸馏水中停留 5～10 min 后进行后低渗。

(4)固定　用甲醇∶冰醋酸(3∶1)固定液固定。

(5)涂片　将去壁固定的材料放在载玻片上，加一滴固定液，然后用镊子将材料夹碎，去掉大块残渣，然后从载玻片一侧向材料轻轻吹气，使组织分散成一薄层。

(6)火焰干燥　将载玻片于酒精灯上微微加热烤干。

(7)染色　用 40∶1 的姬姆萨染液(用 pH 7.2 的 1/15 mol/L 磷酸缓冲液稀释)染色 4～30 min 或更长，蒸馏水清洗，空气干燥后可用树胶封片。

(8)镜检　于显微镜下观察。

第三节　植物标本制作技术

一、采集制作工具

采集前应准备采集及制作植物标本必需的工具，主要有标本夹、标本纸、采集袋、枝剪、掘根器、海拔仪、指南针、望远镜、照相机、标签、野外记录本、地形图等。采集前还应先收集有关采集地的自然条件、生态环境及社会状况等方面的资料，周密安排采集工作。

标本夹：是采集制作腊叶标本的必备工具，用于压平标本，并防止标本失水皱缩。是由两块木板条制作成的夹板，配有绳索以便捆扎。野外多为配有背带的以轻质木条或竹片制成的轻型标本夹，室内多采用质地坚硬的木材制成的标本夹。标本夹的大小可按需要而定，通常为 45 cm×30 cm 的方格板。

标本纸：用于压制标本时吸收植物水分。通常采用疏松柔软、吸水性强的草纸或麻皱纹纸，预先裁成与标本夹同样大小备用。可重复利用。

采集袋：用于暂时存放采集的新鲜标本。可采用塑料袋、纸袋或布袋等。

枝剪：用于剪切植物枝条的必备工具，通常分为普通枝剪和高枝剪两种。剪切高大乔木的枝条时，用高枝剪，也称为长柄枝剪。普通枝剪可用剪刀代替。

掘根器：用于挖掘植物的地下部分。可以采用短柄小铲、小锄头或短刀等。

海拔仪：用于测量采集地的海拔高度。

指南针：用于观察方向和坡向。

照相机：用于拍摄植物形态、生境、群落、植被等图像资料。

GPS：用于测定采集地的经纬度。

标签：用于填写标本的采集号、采集地、海拔、采集日期、采集人等基本信息(图 3-3-1)。用硬纸制成，一端穿上白线，可系在标本上。

采 集 号	
采 集 地	
海 拔	
采集日期	
采 集 人	

图 3-3-1 植物标本标签样式

小纸袋:用于保存标本上易脱落的花、叶、果实、种子等。小纸袋上应填写与标本标签一致的采集号。

野外记录本:用于记录标本的采集号、采集数、采集人、采集日期、采集地点、海拔、土壤、生境、性状、形态、株高、胸径、器官特征、当地用途等详细信息。标本采集记录是植物的重要档案材料,是鉴定学名、重复采集、深入研究的重要依据。野外记录本可事先印好并装订成小本,样式见图 3-3-2。

采集人	采集号
采集数	采集日期　　年　月　日
采集地	海拔
GPS 点	土壤
坡向	坡度
生境	习性
高度	胸径
根	茎
树皮	
叶	
花	
果	
中文名	俗名
学名	
经济用途	
是否常见	
其他	

图 3-3-2 植物标本野外记录表样式

野外记录本上的采集号应与标本标签上的采集号一致；采集地点应记录省、市（地区、州）、县、乡镇、村及重要山川河流的名称，有条件的可采用 GPS 定位；生境应记录该植物生长的环境，如平地、丘陵、路旁、灌木丛、林下或山坡、山顶、山谷、阴生、阳生等；胸径是指乔木距地面 1.3 m 高处的直径；形态应记录植物的根、茎、叶、花、果及树皮等的特征，重点记录颜色、大小、气味、花的形状、树皮剥落裂纹等制成标本后容易失真的特征。

二、植物标本的采集

（一）采集植物标本的基本要求

(1)高等植物的根、茎、叶等营养器官，是识别植物的依据之一，但常因生长环境不同而有所差异，而花、果实具有较稳定的遗传性，最能反映植物的固有特性，是识别和鉴别植物的重要依据。采集标本时应尽量采到根、茎、叶、花和果实俱全的标本（裸子植物有球花、球果）。

(2)采集标本时应根据标本夹及标本瓶的大小，选择大小适中的标本，一般为 40 cm×25 cm 左右。

(3)采集标本时应根据制作目的选择具有典型特征、生长健壮、姿态良好、无病虫害的植株和枝条。具异形叶的植物应采齐异形叶；雌雄同株应分别采到雌花和雄花；雌雄异株应分别采到雌株和雄株，并编不同的采集号及注明关系。

(4)草本及具地下茎的植物应挖起地下部分；植株高的可以反复折叠或取代表性的上、中、下 3 段，并编相同的采集号；木本植物应采集有代表性的枝条，最好附有一小片树皮。

(5)带有花果的标本，若花开得太盛，花部容易脱落，离瓣花尤为突出，所以要选择刚开的花或将开的花蕾。未成熟的果实其果型、色泽还不典型，而太熟的果实在浸渍或压制时，容易造成果皮爆裂，种子散出，不易获得完整形态，采集时应注意选择刚刚成熟并未完全熟透的果实；种子标本应待种子完全成熟时采集。

(6)采集标本的份数根据实际需要和具体情况而定。通常一种植物至少采 2～3 份。制作浸渍标本也要多采几份，以比较不同的浸渍方法的效果。采集份数除了根据需要以外，还应注意爱护植物资源。

(7)采集标本还要注意到各种植物的花果期，以便及时采到需要的标本。如有的植物需要开花结果后再采，应记下所选单株坐标方位，留以标记，以备下次再采。

(8)制作植物标本都有一定整形问题，目的是使标本既美观，又真实地反映原来的形态，这个问题在原色浸渍标本制作中更为突出。因此要求采集时注意观察植物的生态、花果着生的位置等。

(9)大型植物标本的采集。有些植物的叶片极大,不可能采集整片叶子。这类标本可以采集部分叶片,若是单叶可沿中脉的一边剪下,或剪为 2～3 片;若是复叶可保留总轴一侧的小叶,另一侧仅保留小叶轴或小叶柄的基部,以反映小叶的着生情况。但无论怎样采集都必须留下叶片的顶端和基部,或顶端的小叶。花、果和叶片可分开处理,但要编相同的采集号。较大的花序只能采取其中一部分。大型标本的野外记录非常重要,必须详细记录株高、胸径,整片叶子的长、宽,裂片或小叶的数目、长短,全花序的大小等。

(10)特殊植物标本的采集

①寄生植物采集时应注意采到寄主植物。

②蕨类植物分类特征主要是其孢子囊群形态、根状茎及其鳞片和表皮毛等,因此在采集蕨类植物标本时,要注意采集带有孢子囊群的叶片和营养叶,还要挖出根状茎,并且小心保护鳞片叶,防止脱落。

③苔藓植物的孢子体成熟后常常会脱落,所以应在孢子体尚未成熟时采集苔藓植物标本,而且要及时放在纸袋或广口瓶中暂存,以免丢失孢子体上的蒴帽。

④地衣是一个独特的植物类群,生长在多种基质上,叶状和枝状地衣常生长在山林中,而壳状地衣常生长在岩石、树皮及建筑物上,采集时尽量连基质一起采下。若不能采取基质,应做好野外记录。

⑤菌类植物中的蘑菇由子实体及地下的菌丝体组成,子实体是重要的分类特征。采集长在地上的蘑菇,要仔细地挖起地下的菇根;采集树上的蘑菇,应用刀连同基质一起割下。用手拿标本时要注意不可在菌盖和菌柄的表皮留下指印,以免损失子实体表面固有的分类特征。标本采集后立即挂上标签,用柔软的纸轻轻包好,放在盒子里。

⑥浮水或沉水的水生植物,出水后叶片容易收缩变形。采集这类标本时可先用水网捞出,倒在水盆中,等枝叶完全展开后,再用折叠纸或窗纱置于标本下面,轻轻将标本托出水面,连同折叠纸或窗纱用干燥纸压平。制作海洋中的水生植物标本时,为避免标本出现盐渍,采集的海藻必须先放在淡水中浸泡 10 多分钟后,再放入清水中按上述方法处理。

(二)采集植物标本的其他注意事项

(1)按预定目标,选择符合要求的单株或剪取具代表性枝条后,对标本稍加修整,及时用铅笔填写标签内容及野外记录,并挂上标签。标签及野外记录中的采集号应注意保持一致。将标本暂放于塑料采集袋中,待到一定量时,再集中压于标本夹中。

(2)采集中应注意同株至少采两份。同一种植物同时同地采的几份标本称为副件标本，副件标本应编相同的采集号。同一种植物，不同的采集时间、采集地点均应重新编号。散落物（叶、种子、苞片等）装另备小纸袋中，并与所属枝条同号记载，影像记录与枝条所属单株同号记载。有些不便压在标本夹中的肉质叶、大型果、树皮等可另放，但注意均应挂签，编号与枝相同。

(3)注意有毒性、易过敏种类。大戟科、毛茛科等有毒植物较多，蝎子草、漆树等是易过敏的植物，采集这类标本时应慎重。此外，在野外也不能随便尝试没吃过的植物。

(4)采集标本时应注意爱护资源，尤其是珍稀植物资源。标本不宜采集过多、过大，不要把整株植物连根拔起（数量较多的草本植物除外），不要采集植物幼苗，采集小树标本时，采侧枝而不采主枝。

（三）植物标本的清理

标本采集后，在制作前还须经过适当清理，以去除杂质。首先是去除枯枝烂叶及凋萎的花果，如叶子太密集，还应适当修剪，但要留下一点叶柄，以表示叶片的着生情况。其次是用清水洗去泥沙杂质，冲洗时应注意不要损伤标本，有些植物体上的附属物也是重要的分类特征，如茎叶上的表皮毛、腺毛、鳞片、蜡质及鳞叶等，都应注意保护。完成标本清理后，应尽快进行制作，否则标本的花、叶容易变形，影响制作效果。

三、植物标本的制作与保存

（一）腊叶标本的制作与保存

腊叶标本，又称压制标本，是指将新鲜的植物材料，用吸水纸在标本夹中压制、干燥后，装订在白色纸板（台纸）上制成的标本。腊叶标本能够长期保存，主要用于植物分类学教学、研究使用。对于含水量较少、易于干燥，干燥后又不易变形的植物材料，也可采用真空干燥、冰冻干燥、微波干燥、硅胶干燥等物理方法进行脱水干燥。

1. 标本的压制

压制标本是将标本逐个平铺在几层吸水纸上，上下用标本夹压紧，使之尽快干燥、压平。压制的精细程度，是决定标本质量的重要因素。首先在标本夹的夹板上放几层吸水纸（规格应略小于标本夹，以 42 cm×28 cm 为宜），再将清理干净后的标本放到吸水纸上，摆放好姿态，然后盖上几层吸水纸，纸上再放置标本，使之相互间隔。达到一定的高度后（一般为 0.4 m 左右），最后再盖上另一片夹板，用绳子将标本夹勒紧或在标本夹上压一重物，放置在通风、光照好的地方。压制标本时应注意：

(1)标本摆放到吸水纸上后，应顺其自然，稍加整型，尽量使枝叶、花果平展，使标本各部尤其是叶的正面、背面均有展现。可以再度取舍修整，但要注意保持其特征。

(2)花的标本应有一部分侧压，以展示花柄、花萼、花瓣等部位的形状特征，还应解剖几朵花，依次将雄蕊、雌蕊、花盘、胎座等部位压在吸水纸内干燥，以便于观察该植物的花部识别特征。

(3)叶片易脱落的植物材料，先在少量食盐沸水中浸泡 0.5～1 min，再用 75%酒精浸泡片刻，待稍风干后再压。

(4)植物的块根、块茎、鳞茎等营养器不易压干，需用沸水烫 1～2 min 或用福尔马林液浸泡片刻，将细胞杀死后再进行压制。植物体有不宜压制的器官，可用其他物理方法干燥保存或用浸液保存。

(5)放置标本时，应注意首尾交错，受力均匀，保持整叠标本平衡。

(6)更换吸水纸。压制后的第 1～2 天，应每天换干纸 2～3 次，第 3 天后可视情况逐渐减少，一直换到标本干透为止。换纸越勤，标本干燥越快，原色保存越好。换下的潮湿纸应及时晾干或烘干，可重复利用。换纸过程中，从标本上脱落下来的部分，要及时收集装袋，并注明该标本号，与原标本放在一起。

(7)捆绑标本夹时，松紧要适度，过紧易变黑，过松不易干。3～4 d 后标本开始干燥，并逐渐变脆，这时捆扎不可太紧，以免损伤标本。

2. 标本的装订

装订是将标本固定在一张白色的台纸上。装订标本也称上台纸，通常分为消毒、装订、贴记录签 3 个步骤。

(1)消毒　标本压干后，须经过消毒，杀死虫、虫卵、真菌孢子等。常用的消毒剂为升汞酒精溶液，配方为：用升汞($HgCl_2$) 1 g，70%酒精 1 000 mL 配成。消毒方法为：把配好的消毒液放在大型平底的搪瓷盘里，将压干的标本放入浸泡 10～30 s，用钳子将标本夹入标本夹中重新压干。升汞为剧毒药品，消毒时要特别注意安全，需佩戴口罩和手套。此外，亦可用 DDV、二硫化碳、二氧化硫或其他药剂消毒，用紫外光灯消毒也较为完全有效。

(2)装订(上台纸)　台纸即白色纸板，以白板纸或卡片纸为好，一般规格为 40 cm×30 cm 左右。上台纸时应注意：

①标本安放在台纸上的适当位置，一般是直放或稍微偏斜，留出台纸的左上角和右下角，以便贴采集记录和标签。标本放置在台纸上要注意美观，也要能反映出植物的自然状态。此时也可进行最后一次整形，剪去过多的枝、叶、果，长的可折曲成“V”形或“N”形。

②装订标本一般用间接粘贴法，紧贴根、枝条和叶柄两侧用扁锥穿通台纸，穿

进坚韧的纸条，在台纸背面将纸条收紧后，两端用胶水紧牢在台纸背面。不用纸条固定的大型器官，可用白线固定。

③凡在压制中脱落下来而应保留的叶、花、果，可按自然着生情况装订在相应位置上，或用透明纸装贴于台纸的适当位置上。

(3)贴标签　标本装订后，定名标签贴于台纸右下角，采集记录贴于台纸的左上角。

3. 标本的保存

制作好的腊叶标本，应放入标本柜妥善保存，防止虫蛀或发霉造成损失，方能长期不坏。一般应根据标本类别按科属、器官等分类登记、编号后放入标本柜中。标本柜以樟木或苦楝为最好，柜中应保持干燥、干净，应放入干燥剂及樟脑丸等驱虫剂。标本入柜后，应定期(2～3 年)以“六六六”、灭害灵等进行喷射消毒或熏烟法消毒，也可用紫外灯消毒。此外还应经常抽查是否有发霉、虫害、损伤等，如有发现应及时处理。若标本发霉，可用毛笔轻轻扫去菌丝体，再蘸点石炭酸或福尔马林涂在标本上，也可以用氯仿或四氯化碳，但此药较毒，要注意安全。

(二)浸制标本的制作与保存

浸制标本是将新鲜的植物材料用固定液和保色剂浸泡制成的标本。这种标本能够保持植物原有的形状与色泽，常应用于制作和保存果实和蔬菜标本。可分为防腐浸制标本和原色浸制标本两类。

1. 防腐浸制标本

防腐浸渍标本，是植物体经防腐剂(固定液)浸泡后，保持原有形状的一种标本。这种标本组织松软而不腐烂，便于解剖，是植物教学中常用的实验材料，也是植物工作者重要的研究资料。缺陷是不能保持植物原有色泽。防腐浸渍标本制作简便，将标本洗净整形，用防腐剂浸泡于标本瓶中即可。如标本浮于液面不下沉，可用玻璃片压入防腐剂中。常用的浸制方法为：

(1)F. A. A. 固定液浸制法　用 F. A. A. 固定液直接浸泡。F. A. A. 固定液配方见附录二。

(2)酒精浸制法　用 60%～70%酒精直接浸泡。

(3)福尔马林浸制法　用 5%～10%福尔马林水溶液直接浸泡。其浓度高低视标本的含水量而定，含水量高的溶液浓度宜高。

2. 原色浸制标本

(1)绿色标本浸制法

①将醋酸铜结晶加入 5%冰醋酸溶液中，用玻棒搅拌，直到饱和为止，制成原液。使用时加蒸馏水稀释 4 倍，制成浸渍液。处理标本时，将标本浸入浸渍液中，

置大烧杯内加热，并用玻棒翻动，使标本均匀地接触药液。加热到 70～80℃，标本逐渐变为黑色，再继续微火加热，至标本颜色又逐渐转绿接近原色时，立即取出，用清水漂洗数次后，置于 5%福尔马林水溶液中保存。加热的温度和时间与标本质地有关。这种方法除不耐加热的浆果类、肉质的仙人掌类标本不能采用外，一般标本均可以采用，保色时间久，处理效果好，是保存绿色标本较好的方法。

②称取一定量的硫酸铜结晶，加蒸馏水溶解即成。使用时将标本浸入，每天观察颜色变化(变化情况同上法)。待颜色恢复后，取出用清水漂洗，置于 5%福尔马林水溶液中保存。硫酸铜溶液浓度视标本质地和大小而定，通常采用 5%、10%、饱和 3 种浓度的溶液，一般浸渍 3～10 d 即可。这种方法处理标本，色泽鲜艳，保色时间久，而且操作方便，大多数标本都适用。在处理果实时，还能增加浆果类果皮的硬度，有助于克服果皮爆裂现象。

③取硫酸铜饱和液 700 mL，福尔马林 50 mL，加水至 1 000 mL，制成浸渍液。将植物标本浸入浸渍液中 10 d 左右，取出用清水漂洗数次，置于 5%的福尔马林液中保存。在硫酸铜浸渍液中，加适量福尔马林、亚硫酸、酒精等防腐剂，能增加浸渍液的防腐作用，提高浸渍效果。此法适用于体积较大、表面具蜡质且蜡质较多的果蔬、茎、叶标本。

(2)红色标本浸制法

①福尔马林 4 mL、硼酸 3 g、水 400 mL 制成浸制液；0.15%～0.2%亚硫酸溶液中加入硼酸少许制成保存液。将标本放入浸制液浸泡 1～3 d，待果皮颜色变为深褐色后，取出移入保存液中。

②福尔马林 5 mL、亚硫酸 2 mL、硼酸 2 g，加水 1 000 mL 直接保存。

(3)黄色或淡绿色标本浸制法

①用 0.1%～0.15%亚硫酸水溶液直接保存。如果实为淡绿色，可在 1 000 mL 的浸制液中加入 50 mL 的 5%硫酸铜溶液。此法适用于桃、杏等果实。

②将亚硫酸 100 mL 与 800 mL 的水混合，再加入 95%的酒精 100 mL，将标本投入该液中直接保存。如果实为绿色，可在 1 000 mL 浸液中加入 50 mL 的 5%硫酸铜溶液。此法适用于梨、葡萄和苹果等果实。

③将亚硫酸 1.5 mL、氧化锌 2 g、蒸馏水 100 mL 配成浸液，或取亚硫酸 3 mL、甘油 1 mL、蒸馏水 100 mL 配成浸液直接保存。此法适用于柿、柑橘等果实。

④用 5%硫酸铜溶液固定 1～2 d，用清水漂洗后，用 0.2%～0.5%亚硫酸水溶液加适量甘油保存。适用于带绿色的花枝和果枝。

(4)黑色、紫色标本浸制法

①福尔马林 45 mL、酒精 280 mL、蒸馏水 2 000 mL 混合后直接保存。此法适

用于保存深褐色的梨、黑紫色的葡萄等果实。

②福尔马林 20～30 mL、亚硫酸 5～10 mL、蒸馏水 1 000 mL，或用福尔马林 10～20 mL、酒精少量、亚硫酸 5 mL、硼酸 2 g、蒸馏水 1 000 mL，配成浸液直接保存。此法可用于荸荠、芋头等。

(5)白色标本保存法

①氯化锌 22.5 g 溶于 63 mL 蒸馏水中，再加入 85％酒精 90 mL，取澄清液直接保存。此法适用于保存白色桃、浅黄色梨和苹果等果实。

②用 5％～10％硫酸铜固定绿色部分后，用 2％～5％亚硫酸漂白 0.5～1 d，再用 0.1％～0.5％亚硫酸保存。标本从硫酸铜浸渍液中取出时，花色往往呈黑褐色，但经亚硫酸漂白作用后，白色会逐渐复原。此法适用于带绿色的花枝，如梨、李、九里香以及茭白、花椰菜、莴笋等。

3. 浸制标本的整形与保存

(1)整形　为了使制好的浸制标本形态逼真、美观，更具有真实感，浸制标本在固定颜色过程中，往往需要将植物体不同颜色的各部位割断分别处理，待颜色固定后，再按原来将各部位连接起来，置于保存液中保存，这个过程称整形。整形时要按自然生长状态将各部位连接起来，可用白线捆扎在一起，也可用细竹篾分别插入断处，将两部分连接起来，最后再固定在玻璃条上。保存液配好后倒入标本瓶中，把整好形的标本放入其中浸泡。

(2)保存　标本制作好后，加盖后用熔化的石蜡将瓶口严密封闭，贴上标签(注明标本的采集号、科名，学名、中名、产地、采集时间、浸制时间和制作人)，放置阴凉处妥善保存。如同时还制有腊叶标本，其采集号应与腊叶标本相同。

四、特殊植物标本的制作

(一)风干标本的制作

风干标本是指将半新鲜的植物材料置于空气流通的地方，经风吹日晒自然干燥而成的标本。一般不易压制成腊叶标本的，都制成风干标本，如向日葵花盘、石蒜鳞茎、鳄梨以及种子等。风干标本也要求干燥越快越好，遇上连日阴雨，则应 45℃烘箱烘干，以防腐烂发黑。标本风干后一般都会干瘪收缩，失去原来形状，颜色也有所改变，因此风干前应做好详细记录。制成的风干标本要及时保存在瓶里，贴上标签，分类别有次序地陈列在橱柜里。大的植株可用塑料薄膜套住，密封保存。雨季因空气潮湿，要经常检查，以免霉烂。

种子标本具体做法是：采集成熟的果实，除去果皮和果肉，将种子置阳光下晒干，待充分干透后，分别装入种子瓶内保存，并贴上标签，分类排列丁玻璃柜里。制作时要注意保持不同植物种子的固有特征，如槭树、榆树、紫檀、黄檀等种子的翅，蒲公英、棉花、大丽菊、万寿菊等种子的种毛等。

(二)砂干标本的制作

砂干标本是指利用细砂使材料干燥而成的标本。它是使标本中的水分通过细砂间隙蒸发。立体砂干标本制作又称木乃伊标本，是将采集来的新鲜标本，固定在小板上，置于上下敞开的容器内，无底的玻璃瓶、空铁罐、纸盒等均可。再把晒干或烘干的微热的细砂从容器上口慢慢泻入，直到把标本全部埋没为止。然后将标本移至日光下曝晒，或置于45℃烘箱内使之快速干燥。待标本完全干透后(一般标本在45℃烘箱中要烘6 h左右)，从容器下口放出砂粒，再用毛笔轻轻拂去标本上的砂粒，即可装入标本瓶里，密封瓶口，贴上标签保存。制作这类标本最大的困难在于泻入细砂时容易把枝叶压弯而影响美观，因此要边泻细砂边用玻璃棒细心扶正枝叶。用硅胶细颗粒代替细砂，置于37～45℃恒温箱烘干，制作立体砂干标本的效果较好。

(三)叶脉标本的制作

叶脉标本可以用来观察叶片的输导组织，制作后又常用颜料染色作为书签，因此又称叶脉书签标本。它是在除去叶肉漂洗后再经漂白、染色、压干而成(也可不漂白)。制作叶脉标本应选择网脉比较明显的、较坚硬的革质叶片，如桉树叶、樟树叶等效果较好。

1. 除去叶肉

腐烂法：将新鲜叶片浸入水中，利用细菌作用使其腐烂，一般需半个月左右。叶片腐烂后可在水中用细毛牙刷轻轻刷去叶肉。浸渍时要注意换水。

腐蚀法：将叶片浸在腐蚀液中，加热5 min左右，使叶腐烂，再放入清水中洗刷干净。腐蚀剂的配制：取碳酸钠5 g、氢氧化钠7 g，加水200 mL混合即成。

2. 漂白

用漂白粉8 g溶于40 mL水中配成甲液；用碳酸钾5～8 g溶于30 mL热水中配成乙液。将两液混合搅匀，待冷却后，加水100 mL，滤去杂质，制成漂白液备用。漂白时将叶脉标本浸入漂白液片刻，再取出用清水漂洗干净。

3. 染色

将染料用水调和加热，然后将已漂白的叶脉标本放入煮3～4 min取出，再用清水漂洗后压干，就可获得鲜艳的叶脉标本。

附录一　被子植物分科检索表*

1. 子叶 2 个，极稀可为 1 个或较多；茎具中央髓部，在多年生的木本植物中且有年轮；叶片常具网状脉；花常为五或四基数。（次 1 项见 254 页）……………… **双子叶植物纲 Dicotyledoneac**
 2. 花无真正的花冠（花被片逐渐变化，呈覆瓦状排列成 2 至数层的，也可在此检查）；有或无花萼，有时且可类似花冠。（次 2 项见 227 页）
  3. 花单性，雌雄同株或异株，其中雄花，或雌花和雄花均可成葇荑花序或类似葇荑状的花序。
   4. 无花萼，或在雄花中存在。
    5. 雌花以花梗着生于椭圆形膜质苞片的中脉上；心皮 1 ……………………………………… **漆树科 Anacardiaceae（九子不离母属 *Dobinea*）**
    5. 雌花情形非如上述；心皮 2 或更多数。
     6. 多为木质藤本；叶为全缘单叶，具掌状脉；果实为浆果 ……… **胡椒科 Piperaceae**
     6. 乔木或灌木；叶可呈各种形式，但常为羽状脉；果实不为浆果。
      7. 旱生性植物，有具节的分枝，和极退化的叶片，后者在每节上且连合成为具齿的鞘状物 ………………………… **木麻黄科 Casuarinaceae（木麻黄属 *Casuarina*）**
      7. 植物体为其他情形者。
       8. 果实为具多数种子的蒴果；种子有丝状毛茸 ……………… **杨柳科 Salicaceae**
       8. 果实为仅具 1 种子的小坚果，核果或核果状的坚果。
        9. 叶为羽状复叶；雄花有花被 ………………………… **胡桃科 Juglandaceae**
        9. 叶为单叶（有时在杨梅科中可为羽状分裂）。
         10. 果实为肉质核果；雄花无花被 ……………………… **杨梅科 Myricaceae**
         10. 果实为小坚果；雄花有花被 ……………………… **桦木科 Betulaceae**
   4. 有花萼，或在雄花中不存在。
    11. 子房下位。
     12. 叶对生，叶柄其部互相连合 …………………………… **金粟兰科 Chloranthaceae**
     12. 叶互生。
      13. 叶为羽状复叶 ……………………………………… **胡桃科 Juglandaceae**

* 本检索表仿《中国高等植物科属检索表》一书（中国科学院植物研究所主编，1983 第 2 版）中第七节被子植物门分科检索表。对其中少数中文名作了补充。

13. 叶为单叶。
14. 果实为蒴果 …………………………………… 金缕梅科 **Hamamelidaceae**
14. 果实为坚果。
15. 坚果封藏于一变大呈叶状的总苞中 ………………… 桦木科 **Betulaceae**
15. 坚果有一壳斗下托,或封藏在一多刺的果壳中
………………………………………………… 壳斗科(山毛榉科)**Fagaceae**
11. 子房上位。
16. 植物体中具白色乳汁。
17. 子房1室,葚果 ………………………………………… 桑科 **Moraceae**
17. 子房2~3室,蒴果 …………………………………… 大戟科 **Euphorbiaceae**
16. 植物体中无乳汁,或在大戟科的重阳木属 *Bischofia* 中具红色汁液。
18. 子房为单心皮所成;雄蕊的花丝在花蕾中向内屈曲 ……… 荨麻科 **Urticaceae**
18. 子房为2枚以上的连合心皮所组成;雄蕊的花丝在花蕾中常直立(在大戟科的重阳木属 *Bischofia* 及巴豆属 *Croton* 中则向前屈曲)。
19. 果实为3个(稀可2~4个)离果所成的蒴果,雄蕊10至多数,有时少于10
………………………………………………………… 大戟科 **Euphorbiaceae**
19. 果实为其他情形;雄蕊少数至数个(大戟科的黄酮树属 *Endospermum* 为6~10),或和花萼裂片同数且对生。
20. 雌雄蕊同株的乔木或灌木。
21. 子房2室;蒴果 ……………………………… 金缕梅科 **Hamamelidaceae**
21. 子房1室;坚果或核果 ………………………………… 榆科 **Ulmaceae**
20. 雌雄异株的植物。
22. 草本或草质藤本;叶为掌状分裂或为掌状复叶 ……… 桑科 **Moraceae**
22. 乔木或灌木;叶全缘,或在重阳木属为3小叶所成的复叶
………………………………………………… 大戟科 **Euphorbiaceae**
3. 花两性或单性,但并不成为葇荑花序。
23. 子房或子房室内有数个至多数胚珠。(次23项见219页)
24. 寄生性草本,无绿色叶片 ………………………………… 大花草科 **Rafflesiaceae**
24. 非寄生性植物,有正常绿叶,或叶退化而以绿色茎代行叶的功用。
25. 子房下位或部分下位。
26. 雌雄同株或异株,如为两性花时,则成肉质穗状花序。
27. 草本。
28. 植物体含多量液汁;单叶常不对称 …… 秋海棠科 **Begoniaceae**(秋海棠属 ***Begonia***)
28. 植物体不含多量液汁;羽状复叶 …… 四数木科 **Datiscaceae**(野麻属 ***Datisca***)
27. 木本。
29. 花两性,成肉质穗状花序;叶全缘

……………………………… 金缕梅科 Hamamelidaceae(假马蹄荷属 *Chunia*)

29. 花单性,成穗状、总状或头状花序;叶缘有锯齿或具裂片。

30. 花成穗状或总状花序;子房1室

……………………………… 四数木科 Datisceceae(四数木属 *Tetramelles*)

30. 花成头状花序;子房2室

……………… 金缕梅科 Hamamelidaceae(枫香树亚科 Liquidambaroideae)

26. 花两性,但不成肉质穗状花序。

31. 子房1室。

32. 无花被;雄蕊着生在子房上 ……………………………… 三白草科 Saururaceae

32. 有花被;雄蕊着生在花被上。

33. 茎肥厚,绿色,常具棘针;叶常退化;花被片和雄蕊都多数;浆果

……………………………………………………………………… 仙人掌科 Cactaceae

33. 茎不成上述形状;叶正常;花被片和雄蕊皆为五或四基数,或雄蕊数为前者的2倍;蒴果 ………………………………………… 虎耳草科 Saxifragaceae

31. 子房4室或更多室。

34. 乔木;雄蕊为不定数 ……………………………………… 海桑科 Sonneratiaceae

34. 草本或灌木。

35. 雄蕊4 ………………………… 柳叶菜科 Onagraceae(丁香蓼属 *Ludwigia*)

35. 雄蕊6或12 …………………………………………… 马兜铃科 Aristolochiaceae

25. 子房上位。

36. 雌蕊或子房2个,或更多数。

37. 草本。

38. 复叶或多少有些分裂,稀可为单叶(如驴蹄草属 *Caltha*),全缘或具齿裂;心皮多数至少数 ………………………………………………………… 毛茛科 Ranunculaceae

38. 单叶,叶缘有锯齿;心皮和花萼裂片同数

…………………………………… 虎耳草科 Saxifragaceae(扯根菜属 *Penthorum*)

37. 木本。

39. 花的各部为整齐的三基数 ……………………………… 木通科 Lardizabalaceae

39. 花为其他情形。

40. 雄蕊数个至多数,连合成单体………… 梧桐科 Sterculiaceae(苹婆族 Sterculieae)

40. 雄蕊多数,离生。

41. 花两性;无花被 …… 昆栏树科 Trochodendraceae(昆栏树属 *Trochodendron*)

41. 花雌雄异株,具4个小型萼片

……………………… 连香树科 Cercidiphyllaceae(连香树属 *Cercidiphyllum*)

36. 雌蕊或子房单独1个。

42. 雄蕊周位,即着生于萼筒或杯状花托上。

43. 有不育雄蕊,且和 8～12 能育雄蕊互生
…………………………………… **大风子科 Flacourtiaceae(山羊角树属 *Casearia*)**

43. 无不育雄蕊。

44. 多汁草本植物,花萼裂片呈覆瓦状排列,成花瓣状,宿存;蒴果盖裂
………………………………………………… **番杏科 Aizoaceae(海马齿属 *Sesuvium*)**

44. 植物体为其他情形,花萼裂片不成花瓣状。

45. 叶为双数羽状复叶,互生;花萼裂片呈覆瓦状排列;果实为荚果;常绿乔木
……………………………… **豆科 Leguminosae(云实亚科 Caesalpinoideae)**

45. 叶为对生或轮生单叶;花萼裂片呈镊合状排列;非荚果。

46. 雄蕊为不定数;子房 10 室或更多室;果实浆果状 … **海桑科 Sonneratiaceae**

46. 雄蕊 4～12(不超过花萼裂片的 2 倍);子房 1 室至数室;果实蒴果状。

47. 花杂性或雌雄异株,微小,成穗状花序,再成总状或圆锥状排列
………………………… **隐翼科 Crypteroniaceae(隐翼属 *Crypleronia*)**

47. 花两性,中型,单生至排列成圆锥花序 ………… **千屈菜科 Lythraceae**

42. 雄蕊下位,即着生于扁平或凸起的花托上。

48. 木本,叶为单叶。

49. 乔本或灌木;雄蕊常多数,离生;胚珠生于侧膜胎座或隔膜上
………………………………………………………… **大风子科 Flacorutiaceae**

49. 木质藤本;雄蕊 4 或 5,基部连合成杯状或环状;胚珠基生(即位于子房室的基底)……………………………… **苋科 Amaranthaceae(浆果苋属 *Deeringia*)**

48. 草本或亚灌木。

50. 植物体沉没水中,常具背腹面呈原叶体状的构造,像苔藓
………………………………………………………… **河苔草科 Podostemaceae**

50. 植物体非如上述情形。

51. 子房 3～5 室。

52. 食虫植物;叶互生;雌雄异株
……………………………… **猪笼草科 Nepenthaceae(猪笼草属 *Nepenthes*)**

52. 非为食虫植物;叶对生或轮生;花两性
…………………………………… **番杏科 Aizoaceae(粟米草属 *Mollugo*)**

51. 子房 1～2 室。

53. 叶为复叶或多少有些分裂 ………………………… **毛茛科 Ranunculaceae**

53. 叶为单叶。

54. 侧膜胎座。

55. 花无花被 ……………………………………… **三白草科 Saururaceae**

55. 花具 4 离生萼片……………………………… **十字花科 Cruciferae**

54. 特立中央胎座。

56. 花序呈穗状,头状或圆锥状;萼片多少为干膜质 ……………………………………………………… **苋科 Amaranthaceae**

56. 花序呈聚伞状;萼片草质 ……………………… **石竹科 Caryophyllaceae**

23. 子房或其子房室内仅有 1 至数个胚珠。

57. 叶片中常有透明微点。

58. 叶为羽状复叶 ……………………………………………………… **芸香科 Rutaceae**

58. 叶为单叶,全缘或有锯齿。

59. 草本植物或有时在金粟兰科为木本植物;花无花被,常成简单或复合的穗状花序,但在胡椒科齐头绒属 *Zippelia* 则成疏松总状花序。

60. 子房下位,仅 1 室有 1 胚珠;叶对生,叶柄在基部连合 ……………………………………………………………… **金粟兰科 Chloranthaceae**

60. 子房上位;叶如为对生时,叶柄也不在基部连合。

61. 雌蕊由 3～6 近于离生心皮组成,每心皮各有 2～4 胚珠 ………………………………… **三白草科 Saururaceae(三白草属 *Saururus*)**

61. 雌蕊由 1～4 合生心皮组成,仅 1 室,有 1 胚珠 ……………… **胡椒科 Piperaceae(齐头绒属 *Zippelia*,豆瓣绿属 *Peperomia*)**

59. 乔木或灌木;花具一层花被,花序有各种类型,但不为穗状。

62. 花萼裂片常 3 片,呈镊合状排列;子房为 1 心皮所成,成熟时肉质,常以 2 瓣裂开;雌雄异株 ……………………………………………… **肉豆蔻科 Myristicaceae**

62. 花萼裂片 4～6 片,呈覆瓦状排列;子房为 2～4 合生心皮所成。

63. 花两性;果实仅 1 室,蒴果状,2～3 瓣裂开 ………………………………… **大风子科 Flacourtiaceae(山羊角树属 *Casearia*)**

63. 花单性,雌雄异株;果实 2～4 室,肉质或革质,很晚才裂开 ………………………………………… **大戟科 Euphorbiaceae(白树属 Gelonium)**

57. 叶片中无透明微点。

64. 雄蕊连为单体,至少在雄花中有这现象,花丝互相连合成筒状或成一中柱。

65. 肉质寄生草本植物,具退化呈鳞片状的叶片,无叶绿素 …… **蛇菰科 Balanophoraceae**

65. 植物体非为寄生性,有绿叶。

66. 雌雄同株,雄花成球形头状花序,雌花以 2 个同生于 1 个有 2 室而具钩状芒刺的果壳中 …………………………………………… **菊科 Compositae(苍耳属 *Xanthium*)**

66. 花两性,如为单性时,雄花及雌花也无上述情形。

67. 草本植物,花两性。

68. 叶互生 ……………………………………………………… **藜科 Chenopodiaceae**

68. 叶对生。

69. 花显著,有连合成花萼状的总苞 ……………………… **紫茉莉科 Nyctaginaceae**

69. 花微小,无上述情形的总苞 ……………………………… **苋科 Amaranthaceae**

67. 乔木或灌木,稀可为草本,花单性或杂性;叶互生。

70. 萼片呈覆瓦状排列,至少在雄花中如此…………………… **大戟科 Euphorbiaceae**

70. 萼片呈镊合状排列。

71. 雌雄异株;花萼常具3裂片;雌蕊为1心皮所成,成熟时肉质,且常以2瓣裂开 ………………………………………………………… **肉豆蔻科 Myristicaceae**

71. 花单性或雄花和两性花同株;花萼具4~5裂片或裂齿;雌蕊为3~6近于离生的心皮所成,各心皮于成熟时为革质或木质,呈蓇葖果状而不裂开 ………………………………… **梧桐科 Sterculiaceae(苹婆族 Sterculieae)**

64. 雄蕊各自分离,有时仅为1个,或花丝成为分枝的簇丛(如大戟科的蓖麻属 *Ricinus*)。

72. 每花有雌蕊2个至多数,近于或完全离生,或花的界限不明显时,则雌蕊多数,成1球形头状花序。

73. 花托下陷,呈杯状或坛状。

74. 灌木,叶对生,花被片在坛状花托的外侧排列成数层 ……………………………………………………………… **蜡梅科 Calycanthaceae**

74. 草本或灌木;叶互生;花被片在杯状或坛状花托的边缘排列成1轮 ……………………………………………………………………… **蔷薇科 Rosaceae**

73. 花托扁平或隆起,有时可延长。

75. 乔木,灌木或木质藤本。

76. 花有花被………………………………………………………… **木兰科 Magnoliaceae**

76. 花无花被。

77. 落叶灌木或小乔木;叶卵形,具羽状脉和锯齿缘;无托叶;花两性或杂性,在叶腋中丛生;翅果无毛,有柄 ……………………………… **昆栏树科 Trochodendraceae(领春木属 *Euptelea*)**

77. 落叶乔木;叶广阔,掌状分裂,叶缘有缺刻或大锯齿;有托叶围茎成鞘,易脱落;花单性,雌雄同株,分别聚成球形头状花序;小坚果,围以长柔毛而无柄 …… ……………………………… **悬铃木科 Platanaceae(悬铃木属 *Platanus*)**

75. 草本或稀为亚灌木,有时为攀缘性。

78. 胚珠倒生或直生。

79. 叶片多少有些分裂或为复叶;无托叶或极微小;有花被(花萼);胚珠倒生;花单生或成各种类型的花序 ……………………………… **毛茛科 Ranunculaceae**

79. 叶为全缘单叶;有托叶;无花被;胚珠直生;花成穗形总状花序 ……………………………………………………… **三白草科 Saururaceae**

78. 胚珠常弯生;叶为全缘单叶。

80. 直立草本;叶互生,非肉质 ……………………………… **商陆科 Phytolaccaceae**

80. 平卧草本;叶对生或近轮生,肉质 ………………………………………… **番杏科 Aizoaceae(针晶粟草属 *Gisekia*)**

72. 每花仅有 1 个复合或单雌蕊，心皮有时于成熟后各自分离。
81. 子房下位或半下位。
82. 草本。
83. 水生或小形沼泽植物。
84. 花柱 2 个或更多；叶片（尤其沉没水中的）常成羽状细裂或为复叶 …………………………………………………… **小二仙草科 Haloragidaceae**
84. 花柱 1 个，叶为线形全缘单叶 ………………………… **杉叶藻科 Hippuridaceae**
83. 陆生草本。
85. 寄生性肉质草本，无绿叶。
86. 花单性，雌花常无花被；无珠被及种皮 …………… **蛇菰科 Balanophoraceae**
86. 花杂性，有一层花被，两性花有 1 雄蕊；有珠被及种皮 ……………………………… **锁阳科 Cynomoriaceae（锁阳属 *Cynomorium*）**
85. 非寄生性植物，或于百蕊草属 *Thesium* 为半寄生性，但均有绿叶。
87. 叶对生，其形宽广而有锯齿缘 ……………………… **金粟兰科 Chloranthaceae**
87. 叶互生。
88. 平铺草本（限于我国植物），叶片宽，三角形，多少有些肉质 ……………………………………… **番杏科 Aizoaceae（番杏属 *Tetragonia*）**
88. 直立草本，叶片窄而细长 …………… **檀香科 Santalaceae（百蕊草属 *Thesium*）**
82. 灌木或乔木。
89. 子房 3～10 室。
90. 坚果 1～2 个，同生在一个木质且可裂为 4 瓣的壳斗里 …………………………………………………… **壳斗科 Fagaceae（水青冈属 *Fagus*）**
90. 核果，并不生在壳斗里。
91. 雌雄异株，成顶生的圆锥花序，后者并不为叶状苞片所托 ……………………………… **山茱萸科 Cornaceae（鞘柄木属 *Torricellia*）**
91. 花杂性，形成球形的头状花序，后者为 2～3 白色叶状苞片所托 ………………………………………… **珙桐科 Nyssaceae（珙桐属 *Davidia*）**
89. 子房 1 或 2 室，或在铁青树科的青皮木属 *Schoepfia* 中，子房的基部可为 3 室。
92. 花柱 2 个。
93. 蒴果，2 瓣裂开 ………………………………………… **金缕梅科 Hamamelidaceae**
93. 果实呈核果状，或为蒴果状的瘦果，不裂开 ………………… **鼠李科 Rhamnaceae**
92. 花柱 1 个或无花柱。
94. 叶片下面多少有些具皮屑状或鳞片状的附属物 ………… **胡颓子科 Elaeagnaceae**
94. 叶片下面无皮屑状或鳞片状的附属物。
95. 叶缘有锯齿或圆锯齿，稀可在荨麻科的紫麻属 *Oreocnide* 中有全缘者。
96. 叶对生，具羽状脉；雄花裸露，有雄蕊 1～3 个

…………………………………………………………… **金粟兰科 Chloranthaceae**

96. 叶互生，大都于叶基具三出脉；雄花具花被及雄蕊 4 个（稀可 3 或 5 个）

…………………………………………………………………… **荨麻科 Urticaceae**

95. 叶全缘，互生或对生。

97. 植物体寄生在乔木的树干或枝条上，果实呈浆果状

…………………………………………………………… **桑寄生科 Loranthaceae**

97. 植物体大都陆生，或有时可为寄生性，果实呈坚果状或核果状，胚珠 1～5 个。

98. 花多为单性；胚珠垂悬于基底胎座上 ………………… **檀香科 Santalaceae**

98. 花两性或单性，胚珠垂悬于子房室的顶端或中央胎座的顶端。

99. 雄蕊 10 个，为花萼裂片的 2 倍数

………………………… **使君子科 Combretaceae（诃子属 *Terminalia*）**

99. 雄蕊 4 或 5 个，和花萼裂片同数且对生…………… **铁青树科 Olacaceae**

81. 子房上位，如有花萼时，和它相分离，或在紫茉莉科及胡颓子科中，当果实成熟时，子房为宿存萼筒所包围。

100. 托叶鞘围抱茎的各节，草本，稀可为灌木 ………………………… **蓼科 Polygonaceae**

100. 无托叶鞘，在悬铃木科有托叶鞘但易脱落。

101. 草本，或有时在藜科及紫茉莉科中为亚灌木。（次 101 项见 224 页）

102. 无花被。

103. 花两性或单性；子房 1 室，内仅有 1 个基生胚珠。

104. 叶基生，由 3 小叶而成；穗状花序在一个细长基生无叶的花梗上

……………………………………… **小檗科 Berberidaceae（裸花草属 *Achlys*）**

104. 叶茎生，单叶，穗状花序顶生或腋生，但常和叶相对生

…………………………………………………… **胡椒科 Piperaceae（胡椒属 *piper*）**

103. 花单性，子房 3 或 2 室。

105. 水生或微小的沼泽植物，无乳汁，子房 2 室，每室内含 2 个胚珠

……………………………… **水马齿科 Callitrichaceae（水马齿属 *Callitriche*）**

105. 陆生植物，有乳汁，子房 3 室，每室内仅含 1 个胚珠 … **大戟科 Euphorbiaceae**

102. 有花被，当花为单性时，特别是雄花是如此。

106. 花萼呈花瓣状，且呈管状。

107. 花有总苞，有时这总苞类似花萼 ………………… **紫茉莉科 Nyctaginaceae**

107. 花无总苞。

108. 胚珠 1 个，在子房的近顶端处 ………………… **瑞香科 Thymelaeaceae**

108. 胚珠多数，生在特立中央胎座上

………………………………… **报春花科 Primulaceae（海乳草属 *Glaux*）**

106. 花萼非如上述情形。

109. 雄蕊周位,即位于花被上。

110. 叶互生,羽状复叶而有草质的托叶;花无膜质苞片,瘦果 ………………………………… **蔷薇科 Rosaceae(地榆族 Sanguisorbieae)**

110. 叶对生,或在蓼科的冰岛蓼属 *Koenigia* 为互生,单叶无草质托叶;花有膜质苞片。

111. 花被片和雄蕊各为 5 或 4 个,对生;胞果;托叶膜质 …………………………………………………… **石竹科 Caryophyllaceae**

111. 花被片和雄蕊各为 3 个,互生;坚果;无托叶 ……………………………… **蓼科 Polygonaceae(冰岛蓼属 *Koenigia*)**

109. 雄蕊下位,即位于子房下。

112. 花柱或其分枝为 2 或数个,内侧常为柱头面。

113. 子房常为数个至多数心皮连合而成 ………… **商陆科 Phytolaccaceae**

113. 子房常为 2 或 3(或 5)心皮连合而成。

114. 子房 3 室,稀可 2 或 4 室 …………………… **大戟科 Euphorbiaceae**

114. 子房 1 或 2 室。

115. 叶为掌状复叶或具掌状脉而有宿存托叶 ………………………… **桑科 Moraceae(大麻亚科 Cannaboideae)**

115. 叶具羽状脉,或稀可为掌状脉而无托叶,也可在藜科中叶退化成鳞片或为肉质而形如圆筒。

116. 花有草质而带绿色或灰绿色的花被及苞片 ………………………………………………… **藜科 Chenopodiaceae**

116. 花有干膜质而常有色泽的花被及苞片 … **苋科 Amaranthaceae**

112. 花柱 1 个,常顶端有柱头,也可无花柱。

117. 花两性。

118. 雄蕊为单心皮;花萼由 2 膜质且宿存的萼片而成;雄蕊 2 个 ……………………… **毛茛科 Ronunculaceae(星叶草属 *Circaeaster*)**

118. 雌蕊由 2 合生心皮而生。

119. 萼片 2 片;雄蕊多数 ……………………… **罂粟科 Papaveraceae(博落回属 *Macleaya*)**

119. 萼片 14 片;雄蕊 2 或 4 ……………………… **十字花科 Cruciferae(独行菜属 Lepidium)**

117. 花单性。

120. 沉没于淡水中的水生植物,叶细裂成丝状 …………… **金鱼藻科 Ceralophyllaceae(金鱼藻属 *Ceratophyllum*)**

120. 陆生植物,叶为其他情形。

121. 叶含多量水分,托叶连接叶柄的基部;雄花的花被 2 片;雄蕊多数

……………… 假牛繁缕科 Theligonaceae(假牛繁缕属 *Theligonum*)

121. 叶不含多量水分,如有托叶时,也不连接叶柄的基部;雄花的花被片和雄蕊均各为 4 或 5 个,二者相对生 ……… 荨麻科 Urticaceae

101. 木本植物或亚灌木。

122. 耐寒旱性的灌木,或在藜科的琐琐属 *Haloxylon* 为乔木;叶微小,细长或呈鳞片状,也可有时(如藜科)为肉质而成圆筒形或半圆筒形。

123. 雌雄异株或花杂性;花萼为三基数,萼片微呈花瓣状,和雄蕊同数且互生;花柱 1,极短,常有 6~9 放射状且有齿裂的柱头;核果;胚体劲直;常绿而基部偃卧的灌木;叶互生,无托叶 ………………… 岩高兰科 Empetraceae(岩高兰属 *Empetrum*)

123. 花两性或单性;花萼为五基数,稀可三或四基数,萼片或花萼裂片草质或革质,和雄蕊同数且对生,或在藜科中雄蕊由于退化而数较少,甚或 1 个;花柱或花柱分枝 2 或 3 个,内侧常为柱头面;胞果或坚果;胚体弯曲如环或弯曲成螺旋形。

124. 花无膜质苞片;雄蕊下位;叶互生或对生,无托叶;枝条常具关节 ……………………………………………………… 藜科 Chenopodiaceae

124. 花有膜质苞片;雄蕊周位;叶对生,基部常互相连合,有膜质托叶;枝条不具关节 …………………………………………………… 石竹科 Caryophyllaceae

122. 不是上述的植物,叶片矩圆形或披针形,或宽广至圆形。

125. 果实及子房均为 2 至数室,或在大风子科中为不完全的 2 至数室。

126. 花常为两性。

127. 萼片 4 或 5 片,稀可 3 片,呈覆瓦状排列。

128. 雄蕊 4 个;4 室的蒴果 …… 木兰科 Magnoliaceae(水青树属 *Telracentron*)

128. 雄蕊多数;浆果状的核果 ………………………… 大戟科 Euphorbiaceae

127. 萼片多 5 片,呈镊合状排列。

129. 雄蕊为不定数;具刺的蒴果 ……………………………… 杜英科 Elaeocarpaceae(猴欢喜属 *Sloanea*)

129. 雄蕊和萼片同数;核果或坚果。

130. 雄蕊和萼片对生,各为 3~6 ……………………… 铁青树科 Olacaceae

130. 雄蕊和萼片互生,各为 4 或 5 …………………… 鼠李科 Rhamnaceae

126. 花单性(雌蕊同株或异株)或杂性。

131. 果实各种;种子无胚乳或有少量胚乳。

132. 雄蕊常 8 个;果实坚果状或为有翅的蒴果;羽状复叶或单叶 …………………………………………………… 无患子科 Sapindaceae

132. 雄蕊 5 或 4 个,且和萼片互生;核果有 2~4 个小核;单叶 ……………………………… 鼠李科 Rhamnaceae(鼠李属 *Rhamnus*)

131. 果实多呈蒴果状,无翅;种子常有胚乳。

133. 果实为具 2 室的蒴果,有木质或革质的外种皮及角质的内果皮

…………………………………………………… **金缕梅科 Hamamelidaceae**

133. 果实纵为蒴果时，也不像上述情形。

134. 胚珠具腹脊；果实有各种类型，但多为胞间裂开的蒴果

…………………………………………………… **大戟科 Euphorbiaceae**

134. 胚珠具背脊；果实为胞背裂开的蒴果，或有时呈核果状

…………………………………………………… **黄杨科 Buxaceae**

125. 果实及子房均为 1 或 2 室，稀可在无患子科的荔枝属 *Litchi* 及韶子属 *Nephelium* 中为 3 室，或在卫矛科的十齿花属 *Dipentodon* 及铁青树科的铁青树属 *Olax* 中，子房的下部为 3 室，而上部为 1 室。

135. 花萼具显著的萼筒，且常呈花瓣状。

136. 叶无毛或下面有柔毛；萼筒整个脱落 ……………………… **瑞香科 Thymelaeaceae**

136. 叶下面具银白色或棕色的鳞片；萼筒或其下部永久宿存，当果实成熟时，变为肉质而紧密包着子房 ……………………………………… **胡颓子科 Elaeagnaceae**

135. 花萼不是像上述情形，或无花被。

137. 花药以 2 或 4 舌瓣裂开 ……………………………………………… **樟科 Lauraceae**

137. 花药不以舌瓣裂开。

138. 叶对生。

139. 果实为有双翅或呈圆形的翅果 ……………………………… **槭树科 Aceraceae**

139. 果实为有单翅而呈细长形兼矩圆形的翅果 ………………… **木樨科 Oleaceae**

138. 叶互生。

140. 叶为羽状复叶。

141. 叶为二回羽状复叶，或退化仅具叶状柄(特称为叶状叶柄)

…………………………………………… **豆科 Leguminosae(金合欢属 *Acacia*)**

141. 叶为一回羽状复叶。

142. 小叶边缘有锯齿；果实有翅

………………………… **马尾树科 Rhoipteleaceae(马尾树属 *Rhoiptelea*)**

142. 小叶全缘，果实无翅。

143. 花两性或杂性 ……………………………………… **无患子科 Sapindaceae**

143. 雌雄异株 ………………… **漆树科 Anacardiaceae(黄连木属 *Pistacia*)**

140. 叶为单叶。

144. 花均无花被。

145. 多为木质藤本；叶全缘；花两性或杂性，成紧密的穗状花序

…………………………………………………… **胡椒科 Piperaceae(胡椒属 *Piper*)**

145. 乔木；叶缘有锯齿或缺刻，花单性。

146. 叶宽广，具掌状脉及掌状分裂，叶缘具缺刻或大锯齿；有托叶，围茎成鞘，但易脱落；雌雄同株，雌花和雄花分别成球形的头状花序；雌蕊为单心皮而成；小坚果为

倒圆锥形而有棱角，无翅也无梗，但围以长柔毛 …………………………………… **悬铃木科 Platanaceae(悬铃木属 Platanus)**

146. 叶椭圆形至卵形，具羽状脉及锯齿缘；无托叶；雌雄异株，雄花聚成疏松有苞片的簇丛，雌花单生于苞片的腋内；雌蕊为 2 心皮而成；小坚果扁平，具翅且有柄，但无毛 …………………………………… **杜仲科 Eucommiaceae(杜仲属 *Eucommia*)**

144. 花常有花萼，尤其在雄花。

147. 植物体内有乳汁 …………………………………………………… **桑科 Moraceae**

147. 植物体内无乳汁。

148. 花柱或其分枝 2 或数个，但在大戟科的核实树属 *Drypetes* 中则柱头几无柄，呈盾状或肾脏形。

149. 雌雄异株或有时为同株；叶全缘或具波状齿。

150. 矮小灌木或亚灌木；果实干燥，包藏于具有长柔毛而互相连合成双角状的 2 苞片中；胚体弯曲如环 …………… **藜科 Chenopodiaceae(优若藜属 *Eurotia*)**

150. 乔木或灌木；果实呈核果状，常为 1 室含 1 种子，不包藏于苞片内；胚体颈直 ………………………………………………………… **大戟科 Euphorbiaceae**

149. 花两性或单性；叶缘多有锯齿或具齿裂，稀可全缘。

151. 雄蕊多数 ………………………………………………… **大风子科 Flacourtiaceae**

151. 雄蕊 10 个或较少。

152. 子房 2 室，每室有 1 个至数个胚珠；果实为木质蒴果 ………………………………………………………… **金缕梅科 Hamamelidaceae**

152. 子房 1 室，仅含 1 胚珠；果实不是木质蒴果 ……………… **榆科 Ulmaceae**

148. 花柱 1 个，也可有时(如荨麻属)不存，而柱头呈画笔状。

153. 叶缘有锯齿；子房为 1 心皮而成。

154. 花两性 ……………………………………………………… **山龙眼科 Proteaceae**

154. 雌雄异株或同株。

155. 花生于当年新枝上；雄蕊多数 …… **蔷薇科 Rosaceae(臭樱李属 *Maddenia*)**

155. 花生于老枝上；雄蕊和萼片同数。 ……………………… **荨麻科 Urticaceae**

153. 叶全缘或边缘有锯齿；子房为 2 个以上连合心皮所成。

156. 果实呈核果状或坚果状，内有 1 种子；无托叶。

157. 子房具 2 或 5 个胚珠；果实于成熟后由萼筒包围 …… **铁青树科 Olacaceae**

157. 子房仅具 1 个胚珠；果实和花萼相分离，或仅果实基部由花萼衬托之 ………………………………………………………… **山柚子科 Opiliaceae**

156. 果实呈蒴果状或浆果状，内含数个至 1 个种子。

158. 花下位，雌雄异株，稀可杂性；雄蕊多数；果实呈浆果状；无托叶 …………………………………… **大风子科 Flacourtiaceae(柞木属 *Xylosma*)**

158. 花周位，两性；雄蕊 5～12 个；果实呈蒴果状；有托叶，但易脱落。

159. 花为腋生的簇丛或头状花序；萼片 4～6 片
……………………………… **大风子科 Flacorutiaceae**（**山羊角树属** ***Casearia***）

159. 花为腋生的伞形花序；萼片 10～14 片
……………………………… **卫矛科 Celastraceac**（**十齿花属** ***Dipentodon***）

2. 花具花萼也具花冠，或有两层以上的花被片，有时花冠可为蜜腺叶所代替。

160. 花冠常为离生的花瓣所组成。（次 160 项见 245 页）

161. 成熟雄蕊（或单体雄蕊）的花药多在 10 个以上，通常多数，或其数超过花瓣的 2 倍。（次 161 项见 233 页）

162. 花萼和 1 个或更多的雌蕊多少有些互相愈合，即子房下位或半下位。（次 162 项见 228 页）

163. 水生草本植物；子房 1 至多室 ……………………………… **睡莲科 Nymphaeaceae**

163. 陆生植物；子房 1 至数室，也可心皮为 1 至数个，或在海桑科中为多室。

164. 植物体具肥厚的肉质茎，多有刺，常无真正叶片……… **仙人掌科 Cactaceae**

164. 植物体为普通形态，不呈仙人掌状，有真正的叶片。

165. 草本植物或稀可为亚灌木。

166. 花单性。

167. 雌雄同株；花鲜艳，多成腋生聚伞花序；子房 2～4 室
……………………………… **秋海棠科 Begoniaceae**（**秋海掌属** ***Begonia***）

167. 雌雄异株；花小而不显著，成腋生穗状或总状花序
…………………………………………………………… **四数木科 Datiscaceae**

166. 花常两性。

168. 叶基生或茎生，呈心形，或在阿柏麻属 *Apama* 为长形，不为肉质；花为三基数……………… **马兜铃科 Aristolochiaceae**（**细辛族 Asareae**）

168. 叶茎生，不呈心形，多少有些肉质，或为圆柱形；花不为三基数。

169. 花萼裂片常为 5，叶状；蒴果 5 室或更多室，在顶端呈放射状裂开
…………………………………………………………… **番杏科 Aizoaceae**

169. 花萼裂片 2；蒴果 1 室，盖裂
………………… **马齿苋科 Portulaceaceae**（**马齿苋属** ***Portulaca***）

165. 乔木或灌木（但在虎耳草科的银梅草属 *Deinanthe* 及草绣球属 *Cardiandra* 为亚灌木，黄山梅属 *Kirengeshoma* 为多年生高大草本），有时以气生小根而攀缘。

170. 叶通常对生（虎耳草科的草绣球属 *Cardiandra* 为例外），或在石榴科的石榴属 *Punica* 中有时可互生。

171. 叶缘常有锯齿或全缘；花序（除山梅花族 Philadelpheae 外）常有不孕的边缘花 ……………………………… **虎耳草科 Saxifragaceae**

171. 叶全缘，花序无不孕花。

172. 叶为脱落性;花萼呈朱红色 … **石榴科 Punicaceae(石榴属 *Punica*)**

172. 叶为常绿性;花萼不呈朱红色。

173. 叶片中有腺体微点;胚珠常多数 ……… **桃金娘科 Mlyrtaceae**

173. 叶片中无微点。

174. 胚珠在每子房室中为多数…………… **海桑科 Sonneratiaceae**

174. 胚珠在每子房室中仅 2 个,稀可较多 ………………………………………… **红树科 Rhizophoraceae**

170. 叶互生。

175. 花瓣细长形兼长方形,最后向外翻转 ………………………… **八角枫科 Alangiaceae(八角枫属 *Alangium*)**

175. 花瓣不成细长形,或纵为细长形时,也不向外翻转。

176. 叶无托叶。

177. 叶全缘;果实肉质或木质 ………………… **玉蕊科 Lecythidaceae(玉蕊属 *Barringtonia*)**

177. 叶缘多少有些锯齿或齿裂;果实呈核果状,其形歪斜 …………………… **山矾科 Symplocaceae(山矾属 *Symplocos*)**

176. 叶有托叶。

178. 花瓣呈旋转状排列;花药隔向上延伸;花萼裂片中 2 个或更多个在果实上变大而呈翅状………… **龙脑香科 Dipterocarpaceae**

178. 花瓣呈覆瓦状或旋转状排列(如蔷薇科的火棘属 *Pyracantha*);花药隔并不向上延伸;花萼裂片也无上述变大情形。

179. 子房 1 室,内具 2～6 侧膜胎座,各有 1 个至多数胚珠;果实为革质蒴果,自顶端以 2～6 片裂开 …………… **大风子科 Flacourtiaceae(天料木属 *Homalium*)**

179. 子房 2～5 室,内具中轴胎座,或其心皮在腹面互相分离而具边缘胎座。

180. 花成伞房、圆锥、伞形或总状等花序,稀可单生;子房 2～5 室,或心皮 2～5 个,下位,每室或每心皮有胚珠 1～2 个,稀可有时为 3～10 个或为多数,果实为肉质或木质假果;种子无翅 ………… **蔷薇科 Rosaceae(梨亚科 Pomoideae)**

180. 花成头状或肉穗花序;子房 2 室,半下位,每室有胚珠 2～6 个,果为木质蒴果;种子有或无翅 … **金缕梅科 Hamamelidaceae(马蹄荷亚科 Bucklandioideae)**

162. 花萼和 1 个或更多的雌蕊互相分离,即子房上位。

181. 花为周位花。

182. 萼片和花瓣相似,覆瓦状排列成数层,着生于坛状花托的外侧

……………………………… **蜡梅科 Calycanthaceae(洋蜡梅属 *Calycanthus*)**

182.萼片和花瓣有分化,在萼筒或花托的边缘排列成2层。

183.叶对生或轮生,有时上部者可互生,但均为全缘单叶;花瓣常于蕾中呈皱折状。

184.花瓣无爪,形小,或细长;浆果 ……………………… **海桑科 Sonneratiaceae**

184.花瓣有细爪,边缘具腐蚀状的波纹或具流苏;蒴果 …… **千屈菜科 Lythraceae**

183.叶互生,单叶或复叶;花瓣不呈皱折状。

185.花瓣宿存;雄蕊的下部连成一管 …… **亚麻科 Linaceae(粘木属 *Ixonanthes*)**

185.花瓣脱落性;雄蕊互相分离。

186.草本植物;具二基数的花朵;萼片2片,早落性;花瓣4个

……………………………… **罂粟科 Papaveraceae(花菱草属 *Eschscholzia*)**

186.木本或草本植物;具五或四基数的花朵。

187.花瓣镊合状排列;果实为荚果;叶多为二回羽状复叶,有时叶片退化,而叶柄发育为叶状柄;心皮1个

……………………………… **豆科 Leguminosae(含羞草亚科 Mimosoideae)**

187.花瓣覆瓦状排列;果实为核果、蓇葖果或瘦果;叶为单叶或复叶;心皮1个至多数 ……………………………………………… **蔷薇科 Rosaceae**

181.花为下位花,或至少在果实时花托扁平或隆起。

188.雌蕊少数至多数,互相分离或微有连合。

189.水生植物。

190.叶片呈盾状,全缘 ……………………………………… **睡莲科 Nymphaeaceae**

190.叶片不呈盾状,多少有些分裂或为复叶 ……………… **毛茛科 Ranunculaceae**

189.陆生植物。

191.茎为攀缘性。

192.草质藤本。

193.花显著,为两性花 ……………………………… **毛茛科 Ranunculaceae**

193.花小形,为单性,雌雄异株 ……………………… **防己科 Menispermaceae**

192.木质藤本或为蔓生灌木。

194.叶对生,复叶由3小叶所成,或顶端小叶形成卷须

……………………………… **毛茛科 Ranunculaceae(锡兰莲属 *Naravelia*)**

194.叶互生,单叶。

195.花单性。

196.心皮多数,结果时聚生成一球状的肉质体或散布于极延长的花托上

……………… **木兰科 Magnoliaceae(五味子亚科 Schisandroideae)**

196.心皮3~6,果为核果或核果状 ………… **防己科 Menispermaceae**

195.花两性或杂性;心皮数个,果为蓇葖果

……………………… **五桠果科 Dilleniaceae(锡叶藤属 *Tetracera*)**

191. 茎直立，不为攀缘性。

197. 雄蕊的花丝连成单体 …………………………………… 锦葵科 Malvaceae

197. 雄蕊的花丝互相分离。

198. 草本植物，稀可为亚灌木；叶片多少有些分裂或为复叶。

199. 叶无托叶；种子有胚乳 ………………………… 毛茛科 Ranunculaceae

199. 叶多有托叶；种子无胚乳 ……………………………… 蔷薇科 Rosaceae

198. 木本植物；叶片全缘或边缘有锯齿，也稀有分裂者。

200. 萼片及花瓣均为镊合状排列；胚乳具嚼痕 …… 番荔枝科 Annonaceae

200. 萼片及花瓣均为覆瓦状排列；胚乳无嚼痕。

201. 萼片及花瓣相同，三基数，排列成 3 层或多层，均可脱落

…………………………………………… 木兰科 Magnoliaceae

201. 萼片及花瓣甚有分化，多为五基数，排列成 2 层，萼片宿存。

202. 心皮 3 个至多数；花柱互相分离；胚珠为不定数

…………………………………………… 五桠果科 Dilleniaceae

202. 心皮 3～10 个；花柱完全合生；胚珠单生

…………………………… 金莲木科 Ochnaceae（金莲木属 *Ochna*）

188. 雌蕊 1 个，但花柱或柱头为 1 至多数。

203. 叶片中具透明微点。

204. 叶互生，羽状复叶或退化为仅有 1 顶生小叶 ………………… 芸香科 Rutaceae

204. 叶对生，单叶 ………………………………………………… 藤黄科 Guttiferae

203. 叶片中无透明微点。

205. 子房单纯，具 1 子房室。

206. 乔木或灌木；花瓣呈镊合状排列；果实为荚果

…………………………………… 豆科 Leguminosae（含羞草亚科 Mimosoideae）

206. 草本植物；花瓣呈覆瓦状排列；果实不是荚果。

207. 花为五基数；蓇葖果 ………………………………… 毛茛科 Ranunculaceae

207. 花为三基数；浆果 ………………………………… 小檗科 Berberidaceae

205. 子房为复合性。

208. 子房 1 室，或在马齿苋科的土人参属 *Talinum* 中子房基部为 3 室。

209. 特立中央胎座。

210. 草本；叶互生或对生；子房的基部 3 室，有多数胚珠

………………………………… 马齿苋科 Portulacaceae（土人参属 *Talinum*）

210. 灌木；叶对生；子房 1 室，内有成为 3 对的 6 个胚珠

………………………………… 红树科 Rhizoporaceae（秋茄树属 *Kondelia*）

209. 侧膜胎座。

211. 灌木或小乔木（在半日花科中常为亚灌木或草本植物），子房柄不存在或极

短;果实为蒴果或浆果。

212.叶对生;萼片不相等,外面 2 片较小,或有时退化,内面 3 片呈旋转状排列 ……………………… **半日花科 Cistaceae(半日花属 *Helianthemum*)**

212.叶常互生;萼片相等,呈覆瓦状或镊合状排列。

213.植物体内含有色泽的汁液;叶具掌状脉,全缘;萼片 5 片,互相分离,基部有腺体;种皮肉质,红色 ……………………………………… **红木科 Bixaceae(红木属 *Bixa*)**

213.植物体内不含有色泽的汁液;叶具羽状脉或掌状脉,叶缘有锯齿或全缘;萼片 3～8 片,离生或合生;种皮坚硬,干燥 ………………………………………………… **大风子科 Flacourtiaceae**

211.草本植物,如为木本植物时,则具有显著的子房柄;果实为浆果或核果。

214.植物体内含乳汁;萼片 2～3 ……………………… **罂粟科 Papaveraceae**

214.植物体内不含乳汁;萼片 4～8。

215.叶为单叶或掌状复叶;花瓣完整;长角果…… **白花菜科 Capparidaceae**

215.叶为单叶,或为羽状复叶或分裂;花瓣具缺刻或细裂;蒴果仅于顶端裂开 ……………………………………………………… **木樨草科 Resedaceae**

208.子房 2 室至多室,或为不完全的 2 至多室。

216.草本植物,具多少有些呈花瓣状的萼片。

217.水生植物;花瓣为多数雄蕊或鳞片状的蜜腺叶所代替 …………………………… **睡莲科 Nymphaeaceae(萍蓬草属 *Nuphar*)**

217.陆生植物;花瓣不为蜜腺叶所代替。

218.一年生草本植物;叶呈羽状细裂;花两性 …………………………… **毛茛科 Ranunculaceae(黑种草属 *Nigella*)**

218.多年生草本植物;叶全缘而呈掌状分裂;雌雄同株 ………………………… **大戟科 Euphorbiaceae(麻风树属 *Jotropha*)**

216.木本植物,或陆生草本植物,常不具呈花瓣状的萼片。

219.萼片于蕾内呈镊合状排列。

220.雄蕊互相分离或连成数束。

221.花药 1 室或数室;叶为掌状复叶或单叶,全缘,具羽状脉 ……………………………………………………… **木棉科 Bombacaceae**

221.花药 2 室;叶为单叶,叶缘有锯齿或全缘。

222.花药以顶端 2 孔裂开 ……………………… **杜英科 Elaeocarpaceae**

222.花药纵长裂开 ……………………………………… **椴树科 Tiliaceae**

220.雄蕊连为单体,至少内层者如此,并且多少有些连成管状。

223.花单性;萼片 2 或 3 片 …… **大戟科 Euphorbiaceae(油桐属 *Aleurites*)**

223.花常两性;萼片多 5 片,稀可较少。

224. 花药 2 室或更多室。

225. 无副萼；多有不育雄蕊；花药 2 室；叶为单叶或掌状分裂 …………………………………………… **梧桐科 Sterculiaceae**

225. 有副萼；无不育雄蕊；花药数室；叶为单叶，全缘且具羽状脉 ……………………………… **木棉科 Bombacaceae（榴莲属 *Durio*）**

224. 花药 1 室。

226. 花粉粒表面平滑；叶为掌状复叶 …………………… **木棉科 Bombacaceae（木棉属 *Gossampinus*）**

226. 花粉粒表面有刺；叶有各种情形 ……………… **锦葵科 Malvaceae**

219. 萼片于蕾内呈覆瓦状或旋转状排列，或有时（如大戟科的巴豆属 *Croton*）近于呈镊合状排列。

227. 雌雄同株或稀可异株；果实为蒴果，由 2～4 个各自裂为 2 片的离果所成 ………………………………………………… **大戟科 Euphorbiaceae**

227. 花常两性，或在猕猴桃科的猕猴桃属 *Actinidia* 中为杂性或雌雄异株；果实为其他情形。

228. 萼片在果实时增大且成翅状；雄蕊具伸长的花药隔 ……………………………………………… **龙脑香科 Dipterocarpaceae**

228. 萼片及雄蕊二者不为上述情形。

229. 雄蕊排列成 2 层，外层 10 个和花瓣对生，内层 5 个和萼片对生 …………………… **蒺藜科 Zygophyllaceae（骆驼蓬属 *Peganum*）**

229. 雄蕊的排列为其他情形。

230. 食虫的草本植物；叶基生，呈管状，其上再具有小叶片 ……………………………………… **瓶子草科 Sarraceniaceae**

230. 不是食虫植物；叶茎生或基生，但不呈管状。

231. 植物体呈耐寒旱状；叶为全缘单叶。

232. 叶对生或上部者互生；萼片 5 片，互不相等，外面 2 片较小或有时退化，内面 3 片较大，成旋转状排列，宿存；花瓣早落 ……………………………………… **半日花科 Cistaceae**

232. 叶互生；萼片 5 片，大小相等；花瓣宿存，在内侧基部各有 2 舌状物 ……… **柽柳科 Tamaricaceae（琵琶柴属 Reaumuria）**

231. 植物体不是耐寒旱状；叶常互生；萼片 2～5 片，彼此相等，呈覆瓦状或稀可呈镊合状排列。

233. 草本或木本植物；花为四基数，或其萼片多为 2 片且早落。

234. 植物体内含乳汁；无或有极短子房柄；种子有丰富胚乳 …………………………………… **罂粟科 Papaveraceae**

234. 植物体内不含乳汁；有细长的子房柄；种子无或有少量胚

乳 …………………………………… 白花菜科 **Capparidaceae**

233. 木本植物；花常为五基数，萼片宿存或脱落。

235. 果实为具 5 个棱角的蒴果，分成 5 个骨质各含 1 或 2 种子的心皮后，再各沿其缝线而 2 瓣裂开

………………… 蔷薇科 **Rosaceae**（白鹃梅属 ***Exochorda***）

235. 果实不为蒴果，如为蒴果时则为胞背裂开。

236. 蔓生或攀缘的灌木；雄蕊互相分离；子房 5 室或更多室；浆果，常可食 ………………………… 猕猴桃科 **Actinidiaceae**

236. 直立乔木或灌木；雄蕊至少在外层者连为单体，或连成 3～5 束而着生于花瓣的基部；子房 5～3 室。

237. 花药能转动，以顶端孔裂开；浆果；胚乳颇丰富

………… 猕猴桃科 **Actinidiaceae**（水冬哥属 ***Saurauia***）

237. 花药能或不能转动，常纵长裂开；果实有各种情形；胚乳通常量微小 ………………… 山茶科 **Rheaceae**

161. 成熟雄蕊 10 个或较少，如多于 10 个时，其数并不超过花瓣的 2 倍。

238. 成熟雄蕊和花瓣同数，且和它对生。（次 238 项见 234 页）

239. 雌蕊 3 个至多数，离生。

240. 直立草本或亚灌木；花两性，五基数

……………………………………… 蔷薇科 **Rosaceae**（地蔷薇属 ***Chamerhodos***）

240. 木质或草质藤本；花单性，常为三基数。

241. 叶常为单叶；花小型；核果；心皮 3～6 个，呈星状排列，各含 1 胚珠

……………………………………………………………… 防己科 **Menispermaceae**

241. 叶为掌状复叶或由 3 小叶组成；花中型；浆果；心皮 3 个至多数，轮状或螺旋状排列，各含 1 个或多数胚珠 ……………………… 木通科 **Lardizabalaceae**

239. 雌蕊 1 个。

242. 子房 2 至数室。

243. 花萼裂齿不明显或微小，以卷须缠绕他物的灌木或草本植物

………………………………………………………………… 葡萄科 **Vitaceae**

243. 花萼具 4～5 裂片；乔木、灌木或草本植物，有时虽也可为缠绕性，但无卷须。

244. 雄蕊连成单体。

245. 叶为单叶；每子房室内含胚珠 2～6 个（或在可可树亚族 Theobromineae 中为多数）………………………………………… 梧桐科 **Sterculiaceae**

245. 叶为掌状复叶；每子房室内含胚珠多数

…………………………………… 木棉科 **Bombacaceae**（吉贝属 ***Ceiba***）

244. 雄蕊互相分离，或稀可在其下部连成一管。

246. 叶无托叶；萼片各不相等，呈覆瓦状排列；花瓣不相等，在内层的 2 片常

很小 …………………………………………………………… **清风藤科 Sabiaceae**

246. 叶常有托叶；萼片同大，呈镊合状排列；花瓣均大小同形。

247. 叶为单叶 ………………………………………………… **鼠李科 Rhamnaceae**

247. 叶为1～3回羽状复叶 …………… **葡萄科 Vitaceae(火筒树属 *Leea*)**

242. 子房1室(在马齿苋科的土人参属 *Talinum* 及铁青树科的铁青树属 *Olax* 中则子房的下部多少有些成为3室)。

248. 子房下位或半下位。

249. 叶互生，边缘常有锯齿；蒴果

………………………… **大风子科 Fiacourtiacaceae(天料木属 *Homalium*)**

249. 叶多对生或轮生，全缘；浆果或核果 ……………… **桑寄生科 Loranthaceae**

248. 子房上位。

250. 花药以舌瓣裂开 ……………………………………… **小檗科 Berberidaceae**

250. 花药不以舌瓣裂开。

251. 缠绕草本；胚珠1个；叶肥厚，肉质

……………………………………… **落葵科 Basellaceae(落葵属 *Basella*)**

251. 直立草本，或有时为木本；胚珠1个至多数。

252. 雄蕊连成单体；胚珠2个

…………………………… **梧桐科 Sterculiaceae(蛇婆子属 *Waltheria*)**

252. 雄蕊互相分离；胚珠1个至多数。

253. 花瓣6～9片；雌蕊单纯 ……………………… **小檗科 Berberidaceae**

253. 花瓣4～8片；雌蕊复合。

254. 常为草本；花萼有2个分离萼片。

255. 花瓣4片，侧膜胎座

………………… **罂粟科 Papaveraceae(角茴香属 *Hypecoum*)**

255. 花瓣常5片，基底胎座 ……………… **马齿苋科 Portulacaceae**

254. 乔木或灌木，常蔓生；花萼呈倒圆锥形或杯状。

256. 通常雌雄同株；花萼裂片4～5；花瓣呈覆瓦状排列；无不育雄蕊；胚珠有2层珠被 …… **紫金牛科 Myrsinaceae(信筒子属 *Embelia*)**

256. 花两性；花萼于开花时微小，而具不明显的齿裂；花瓣多为镊合状排列；有不育雄蕊(有时代以蜜腺)；胚珠无珠被。

257. 花萼于果时增大；子房的下部为3室，上部为1室，内含3个胚珠 ………………… **铁青树科 Olacaceae(铁青树属 *Olax*)**

257. 花萼于果时不增大；子房1室，内仅含1个胚珠

……………………………………………… **山柚子科 Opiliaceae**

238. 成熟雄蕊和花瓣不同数，如同数时则雄蕊和它互生。

258. 雌雄异株；雄蕊8个，不相同，其中5个较长，有伸出花外的花丝，且和花瓣相互生，

另 3 个则较短而藏于花内；灌木或灌木状草本；互生或对生单叶；心皮单生；雌花无花被，无梗，贴生于宽圆形的叶状苞片上

…………………………………… **漆树科 Anacardiaceae(九子不离母属 *Dobinea*)**

258. 花两性或单性，纵为雌雄异株时，其雄花中也无上述情形的雄蕊。

259. 子房下位或半下位。(次 259 见 237 页)

260. 每子房室内含胚珠或种子 2 个至多数。

261. 花药以顶端孔裂开，草本或木本植物；叶对生或轮生，大都于叶片基部具 3～9 脉 ……………………………………………………………… **野牡丹科 Nelastomaceae**

261. 花药纵长裂开。

262. 草本或亚灌木，有时为攀缘性。

263. 具卷须的攀缘草本；花单性 ………………………… **葫芦科 Cucurbitaceae**

263. 无卷须的植物；花常两性。

264. 萼片或花萼裂片 2 片；植物体多少肉质而多水分

……………………………… **马齿苋科 Portulacaceae(马齿苋属 *Portulaca*)**

264. 萼片或花萼裂片 4～5 片；植物体常不为肉质。

265. 花萼裂片呈覆瓦状或镊合状排列；花柱 2 个或更多；种子具胚乳

…………………………………………………… **虎耳草科 Saxifragaceae**

265. 花萼裂片呈镊合状排列；花柱 1 个，具 2～4 裂，或为 1 呈头状的柱头；种子无胚乳 ……………………………… **柳叶菜科 Onagraceae**

262. 乔木或灌木，有时为攀缘性。

266. 叶互生。

267. 花数朵至多数成头状花序；常绿乔木；叶革质，全缘或具浅裂

…………………………………………………… **金缕梅科 Hamamelidaceae**

267. 花成总状或圆锥花序。

268. 灌木；叶为掌状分裂，基部具 3～5 脉；子房 1 室，有多数胚珠；浆果

………………………… **虎耳草科 Saxifragaceae(茶藨子属 *Ribes*)**

268. 乔木或灌木；叶缘有锯齿或细锯齿，有时全缘，具羽状脉；子房 3～5 室，每室内含 2 至数个胚珠，或在山茉莉属 *Huodendron* 为多数；干燥或木质核果，或蒴果，有时具棱角或有翅 ……… **野茉莉科 Styraeaceae**

266. 叶常对生(使君子科的榄李树属 *Lumnitzera* 例外，同科的风车子属 *Combretum* 也可有时为互生，或互生和对生共存于一枝上)。

269. 胚珠多数，除冠盖藤属 *Pleostegia* 自子房室顶端垂悬外，均位于侧膜或中轴胎座上；浆果或蒴果；叶缘有锯齿或为全缘，但均无托叶；种子含胚乳 ……………………………………………… **虎耳草科 Saxifragaccae**

269. 胚珠 2 个至数个，近于自子房室顶端垂悬；叶全缘或有圆锯齿；果实多不裂开，内有种子 1 至数个。

270. 乔木或灌木，常为蔓生，无托叶；不为形成海岸林的组成分子（榄李树属 *Lumnitzera* 例外）；种子无胚乳；落地后始萌芽 …………………………………………………… **使君子科 Combretaceae**

270. 常绿灌木或小乔木，具托叶；多为形成海岸林的主要组成分子；种子常有胚乳；在落地前即萌芽（胎生）………… **红树科 Rhizophoraceae**

260. 每子房室内仅含胚珠或种子 1 个。

271. 果实裂开为 2 个干燥的离果，并共同悬于一果梗上；花序常为伞形花序（在变豆菜属 *Sanicula* 及鸭儿芹属 *Cryptotaenia* 中为不规则的花序，在刺芫荽属 *Eryngium* 中则为头状花序）………………………………………………………… **伞形科 Umbelliferae**

271. 果实不裂开或裂开而不是上述情形的；花序可为各种形式。

272. 草本植物。

273. 花柱或柱头 2～4 个；种子具胚乳；果实为小坚果或核果，具棱角或有翅 ………………………………………………………… **小二仙草科 Haloragidaceae**

273. 花柱 1 个，具有 1 头状或呈 2 裂的柱头；种子无胚乳。

274. 陆生草本植物，具对生叶；花为二基数；果实为一具钩状刺毛的坚果 ……………………………………… **柳叶菜科 Onagraceae（露珠草属 *Circaea*）**

274. 水生草本植物，有聚生而漂浮水面的叶片；花为四基数；果实为具 2～4 刺的坚果（栽培种果实可无显著的刺） ……………… **菱科 Trapaceae（菱属 *Trapa*）**

272. 木本植物。

275. 果实干燥或为蒴果状。

276. 子房 2 室；花柱 2 个 ……………………………… **金缕梅科 Hamamelidaceae**

276. 子房 1 室；花柱 1 个。

277. 花序伞房状或圆锥状……………………………… **莲叶桐科 Hernandiaceae**

277. 花序头状 ……………………… **珙桐科 Nyssaceae（旱莲木属 *Camptotheca*）**

275. 果实核果状或浆果状。

278. 叶互生或对生；花瓣呈镊合状排列；花序有各种形式，但稀为伞形或头状，有时且可生于叶片上。

279. 花瓣 3～5 片，卵形至披针形；花药短 ………………… **山茱萸科 Cornaceae**

279. 花瓣 4～10 片，狭窄形并向外翻转；花药细长 ……………………………… **八角枫科 Alangiaceae（八角枫属 *Alangium*）**

278. 叶互生；花瓣呈覆瓦状或镊合状排列；花序常为伞形或呈头状。

280. 子房 1 室；花柱 1 个；花杂性兼雌雄异株，雌花单生或以少数朵至数朵聚生，雄花多数，腋生为有花梗的簇丛 ……… **珙桐科 Nyssaceae（兰果树属 *Nyssa*）**

280. 子房 2 室或更多室，花柱 2～5 个；如子房为 1 室而具 1 花柱时（例如马蹄参属 *Diplopanax*），则花两性，形成顶生类似穗状的花序 …………………………………………………… **五加科 Araliaceae**

259. 子房上位。
281. 叶片中有透明微点。
282. 花整齐，稀可两侧对称；果实不为荚果 …………………………… **芸香科 Rutaceae**
282. 花整齐或不整齐；果实为荚果 …………………………………… **豆科 Leguminosae**
281. 叶片中无透明微点。
283. 雌蕊 2 个或更多，互相分离或仅有局部的连合；也可子房分离而花柱连合成 1 个。
284. 多水分的草本，具肉质的茎及叶 ………………………… **景天科 Crassulaceae**
284. 植物体为其他情形。
285. 花为周位花。
286. 花的各部分呈螺旋状排列，萼片逐渐变为花瓣；雄蕊 5 或 6 个；雌蕊多数 ……………………………… **蜡梅科 Calycanthaceae（蜡梅属 *Chimonanthus*）**
286. 花的各部分呈轮状排列，萼片和花瓣甚有分化。
287. 雌蕊 2～4 个，各有多数胚珠；种子有胚乳；无托叶 …………………………………………………… **虎耳草科 Saxifragaceae**
287. 雌蕊 2 个至多数，各有 1 至数个胚珠；种子无胚乳；有或无托叶 ……………………………………………………………… **蔷薇科 Rosaceae**
285. 花为下位花，或在悬铃木科中微呈周位。
288. 草本或亚灌木。
289. 各子房的花柱互相分离。
290. 叶常互生或基生，多少有些分裂；花瓣脱落性，较萼片为大，或于天葵属 *Semiaquilegia* 稍小于成花瓣状的萼片 …… **毛茛科 Ranunculaceae**
290. 叶对生或轮生，为全缘单叶；花瓣宿存性，较萼片小 ………………………………… **马桑科 Coriariaceae（马桑属 *Coriaria*）**
289. 各子房合具 1 共同的花柱或柱头；叶为羽状复叶；花为五基数；花萼宿存；花中有和花瓣互生的腺体；雄蕊 10 个 ……………………………… …………………… **牻牛儿苗科 Geraniaceae（熏倒牛属 *Biebersteinia*）**
288. 乔木，灌木或木本的攀缘植物。
291. 叶为单位。
292. 叶对生或轮生 ………………… **马桑科 Coriariaceae（马桑属 *Coriaria*）**
292. 叶互生。
293. 叶为脱落性，具掌状脉；叶柄基部扩张成帽状以覆盖腋芽 ………………………… **悬铃木科 Platanaceae（悬铃木属 *Platanus*）**
293. 叶为常绿性或脱落性，具羽状脉。
294. 雌蕊 7 个至多数（稀可少至 5 个）；直立或缠绕性灌木；花两性或单性 ………………………………………… **木兰科 Magnoliaceae**
294. 雌蕊 4～6 个；乔木或灌木；花两性。

295. 子房5或6个，以1共同的花柱而连合，各子房均可成熟为核果 …………………… **金莲木科 Ochnaceae(赛金莲木属 *Ouratia*)**

295. 子房4～6个，各具1花柱，仅有1子房可成熟为核果 ……………… **漆树科 Anacardiaceae(山様仔属 *Buchanania*)**

291. 叶为复叶。

296. 叶对生 ………………………………………………… **省沽油科 Staphyleaceae**

296. 叶互生。

297. 木质藤本；叶为掌状复叶或三出复叶……… **木通科 Lardizabalaceae**

297. 乔木或灌木(有时在牛栓藤科中有缠绕性者)；叶为羽状复叶。

298. 果实为1含多数种子的浆果，状似猫屎 …………………… **木通科 Lardizabalaceae(猫儿屎属 *Decaisnea*)**

298. 果实为其他情形。

299. 果实为蓇葖果 ………………………… **牛栓藤科 Connaraceae**

299. 果实为离果，或在臭椿属 *Ailanthus* 中为翅果 ………………………………………… **苦木科 Simaroubaceae**

283. 雌蕊1个，或至少其子房为1个。

300. 雌蕊或子房确是单纯的，仅1室。

301. 果实为核果或浆果。

302. 花为三基数，稀可二基数；花药以舌瓣裂开 …………………… **樟科 Lauraceae**

302. 花为五基或四基数；花药纵长裂开。

303. 落叶具刺灌木；雄蕊10个，周位，均可发育 ………………………………………… **蔷薇科 Rosaceae(扁核木属 *Prinsepia*)**

303. 常绿乔木；雄蕊1～5个，下位，常仅其中1或2个可发育 …………………………………… **漆树科 Anacardiaceae(杧果属 *Mangifera*)**

301. 果实为蓇葖果或荚果。

304. 果实为蓇葖果。

305. 落叶灌木；叶为单叶；蓇葖果内含2至数个种子 …………………………………… **蔷薇科 Rosaceae(绣线菊亚科 Spiraeoideae)**

305. 常为木质藤本；叶多为单数复叶或具3小叶，有时因退化而只有1小叶；蓇葖果内仅含1个种子 ………………………………… **牛栓藤科 Connaraceae**

304. 果实为荚果 ………………………………………………………… **豆科 Leguminosae**

300. 雌蕊或子房并非单纯者，有1个以上的子房室或花柱、柱头、胎座等部分。

306. 子房1室或因有1假隔膜的发育而成2室，有时下部2～5室，上部1室。(次306项见241页)

307. 花下位，花瓣4片，稀可更多。

308. 萼片2片 ………………………………………………… **罂粟科 Papaveraceae**

308. 萼片 4～8 片。

309. 子房柄常细长，呈线状 ……………………………… **白花菜科 Capparidaceae**

309. 子房柄极短或不存在。

310. 子房为 2 个心皮连合组成，常具 2 子房室及 1 假隔膜 ……………………………………………………… **十字花科 Cruciferac**

310. 子房 3～6 个心皮连合组成，仅 1 子房室。

311. 叶对生，微小，为耐寒旱性；花为辐射对称；花瓣完整，具瓣爪，其内侧有舌状的鳞片附属物 ……………………… **瓣鳞花科 Frankeniaceae（瓣鳞花属 *Frankenia*）**

311. 叶互生，显著，非为耐寒旱性；花为两侧对称；花瓣常分裂，但其内侧并无鳞片状的附属物 ……………………………… **木樨草科 Resedaceae**

307. 花周位或下位，花瓣 3～5 片，稀可 2 片或更多。

312. 每子房室内仅有胚珠 1 个。

313. 乔木，或稀为灌木；叶常为羽状复叶。

314. 叶常为羽状复叶，具托叶及小托叶 …………………………… **省沽油科 Staphyleaceae（银鹊树属 *Tapiscia*）**

314. 叶为羽状复叶或单叶，无托叶及小托叶 ………… **漆树科 Anacardiaceae**

313. 木本或草本；叶为单叶。

315. 通常均为木本，稀可在樟科的无根藤属 *Cassytha* 则为缠绕性寄生草本；叶常互生，无膜质托叶。

316. 乔木或灌木；无托叶；花为三或二基数，萼片和花瓣同形，稀可花瓣较大；花药以舌瓣裂开；浆果或核果 …………………… **樟科 Lauraceae**

316. 蔓生性的灌木，茎为合轴型，具钩状的分枝；托叶小而早落；花为五基数，萼片和花瓣不同形，前者且于结实时增大成翅状；花药纵长裂开；坚果 ………… **构枝藤科 Ancistrocladaceae（钩枝藤属 *Ancisfrocladus*）**

315. 草本或亚灌木；叶互生或对生，具膜质托叶 ………… **蓼科 Polygonaceae**

312. 每子房室内有胚珠 2 个至多数。

317. 乔木、灌木或木质藤本。

318. 花瓣及雄蕊均着生于花萼上 ……………………… **千屈菜科 Lythraceae**

318. 花瓣及雄蕊均着生于花托上（或于西番莲科中雄蕊着生于子房柄上）。

319. 核果或翅果，仅有 1 种子。

320. 花萼具显著的 4 或 5 裂片或裂齿，微小而不能长大 ………………………………………………… **茶茱萸科 Icacinaceae**

320. 花萼呈截平头或具不明显的萼齿，微小，但能在果实上增大 ……………………………… **铁青树科 Olacaceae（铁青树属 *Olax*）**

319. 蒴果或浆果，内有 2 个至多数种子。

321. 花两侧对称。

322. 叶为 2～3 回羽状复叶；雄蕊 5 个 …………………………… **辣木科 Moringaceae（辣木属 *Moringa*）**

322. 叶为全缘的单叶；雄蕊 8 个 ……………… **远志科 Polygalaceae**

321. 花辐射对称；叶为单叶或掌状分裂。

323. 花瓣具有直立而常彼此衔接的瓣爪 …………… **海桐花科 Pittosporaceae（海桐花属 *Pittosporum*）**

323. 花瓣不具细长的瓣爪。

324. 植物体为耐寒旱性，有鳞片状或细长形的叶片；花无小苞片 ………………………………………………… **柽柳科 Tamaricaceae**

324. 植物体非为耐寒旱性，具有较宽大的叶片。

325. 花两性。

326. 花萼和花瓣不甚分化，且前者较大 …… **大风子科 Flacourtiaceae（红子木属 *Erythrospermum*）**

326. 花萼和花瓣很有分化，前者很小 …………………… **堇菜科 Violaceae（雷诺木属 *Rinorea*）**

325. 雌雄异株或花杂性。

327. 乔木；花的每一花瓣基部各具位于内方的一鳞片；无子房柄 …… **大风子科 Flacourtiaceae（大风子属 *Hydnocarpus*）**

327. 多为具卷须而攀缘的灌木；花常具一个由 5 鳞片所成的副冠，各鳞片和萼片相对生；有子房柄 ……………… **西番莲科 Passifloraceae（蒴莲属 *Adenia*）**

317. 草本或亚灌木。

328. 胎座位于子房室的中央或基底。

329. 花瓣着生于花萼的喉部 ………………………… **千屈菜科 Lythraceae**

329. 花瓣着生于花托上。

330. 萼片 2 片；叶互生，稀可对生 ……………… **马齿苋科 Portulacaceae**

330. 萼片 5 或 4 片；叶对生 …………………… **石竹科 Caryophyllaceae**

328. 胎座为侧膜胎座。

331. 食虫植物，具生有腺体刚毛的叶片 …………… **茅膏菜科 Droseraceae**

331. 非为食虫植物，也无生有腺体毛茸的叶片。

332. 花两侧对称。

333. 花有一位于前方的距状物；蒴果 3 瓣裂开 …… **堇菜科 Violaceae**

333. 花有一位于后方的大型花盘；蒴果仅于顶端裂开 ……………………………………………… **木樨草科 Resedaceae**

332. 花整齐或近于整齐。

334. 植物体为耐寒旱性；花瓣内侧各有1舌状的鳞片
…………………… **瓣鳞花科 Frankeniaceae(瓣鳞花属 *Frankenia*)**
334. 植物体非为耐寒旱性；花瓣内侧无鳞片的舌状附属物。
335. 花中有副冠及子房柄
……………… **西番莲科 Passifloraceae(西番莲属 *Passiflora*)**
335. 花中无副冠及子房柄 ………………… **虎耳草科 Saxifragaceae**
306. 子房2室或更多室。
336. 花瓣形状彼此极不相等。
337. 每子房室内有数个至多数胚珠。
338. 子房2室 ……………………………………………… **虎耳草科 Saxifragaceae**
338. 子房5室 ……………………………………………… **凤仙花科 Balsaminaceae**
337. 每子房室内仅有1个胚珠。
339. 子房3室；雄蕊离生；叶盾状，叶缘具棱角或波纹
………………………… **旱金莲科 Tropaeolaceae(旱金莲属 *Tropaeolum*)**
339. 子房2室(稀可1或3室)；雄蕊连合为一单体；叶不呈盾状，全缘
…………………………………………………………… **远志科 Polygalaceae**
336. 花瓣形状彼此相等或微有不等，且有时花也可为两侧对称。
340. 雄蕊数和花瓣数既不相等，也不是它的倍数。
341. 叶对生。
342. 雄蕊4～10个，常8个。
343. 蒴果 ………………………………………… **七叶树科 Hippocastanaceae**
343. 翅果 ………………………………………………… **槭树科 Aceraceae**
342. 雄蕊2或3个，也稀可4或5个。
344. 萼片及花瓣均为五基数；雄蕊多为3个 … **翅子藤科 Hippocrateaceae**
344. 萼片及花瓣常均为四基数；雄蕊2个，稀可3个 …… **木樨科 Oleaceae**
341. 叶互生。
345. 叶为单叶，多全缘，或在油桐属 *Aleurites* 中可具3～7裂片；花单性
…………………………………………………………… **大戟科 Euphorbiaceae**
345. 叶为单叶或复叶；花两性或杂性。
346. 萼片为镊合状排列；雄蕊连成单体 ……………… **梧桐科 Sterculiaceae**
346. 萼片为覆瓦状排列；雄蕊离生。
347. 子房4或5室，每子房室内有8～12胚珠；种子具翅
………………………………………… **楝科 Meliaceae(香椿属 *Toona*)**
347. 子房常3室，每子房室内有1至数个胚珠；种子无翅。
348. 花小型或中型，下位；萼片互相分离或微有连合
…………………………………………………… **无患子科 Sapindaceae**

348. 花大型,美丽,周位;萼片互相连合成一钟形的花萼 ……………………………… **伯乐树科(钟萼木科)Bretschneideraceae (伯乐树属或钟萼木属 *Brelschneidera*)**

340. 雄蕊数和花瓣数相等,或是它的倍数。

349. 每子房室内有胚珠或种子 3 个至多数。

350. 叶为复叶。

351. 雄蕊连合成为单体 ………………………………………… **酢浆草科 Oxalidaceae**

351. 雄蕊彼此相互分离。

352. 叶互生。

353. 叶为 2～3 回的三出叶,或为掌状叶 ……………………… **虎耳草科 Saxifragaceae(落新妇亚族 Astilbinae)**

353. 叶为 1 回羽状复叶 …………………… **楝科 Meliaceae(香椿属 *Toona*)**

352. 叶对生。

354. 叶为偶数羽状复叶 ……………………………… **蒺藜科 Zygophyllaceae**

354. 叶为奇数羽状复叶 ……………………………… **省沽油科 Staphyleaceae**

350. 叶为单叶。

355. 草本或亚灌木。

356. 花周位;花托多少有些中空。

357. 雄蕊着生于杯状花托的边缘 …………………… **虎耳草科 Saxifragaceae**

357. 雄蕊着生于杯状或管状花萼(或即花托)的内侧 ………………………………………………………… **千屈菜科 Lythraceae**

356. 花下位;花托常扁平。

358. 叶对生或轮生,常全缘。

359. 水生或沼泽草本,有时(例如田繁缕属 *Bergia*)为亚灌木;有托叶 ……………………………………………………… **沟繁缕科 Elatinaceae**

359. 陆生草本;无托叶 ………………………… **石竹科 Caryophyllaceae**

358. 叶互生或基生,稀可对生,边缘有锯齿,或叶退化为无绿色组织的鳞片。

360. 草本或亚灌木;有托叶;萼片呈镊合状排列,脱落性 ……… **椴树科 Tiliaceae(黄麻属 *Corchorus*,田麻属 *Corchoropsis*)**

360. 多年生常绿草本,或为死物寄生植物而无绿色组织;无托叶;萼片呈覆瓦状排列,宿存性 ………………………………… **鹿蹄草科 Pyrolaceae**

355. 木本植物。

361. 花瓣常有彼此衔接或其边缘互相依附的柄状瓣爪 ……………………… **海桐花科 Pittosporaceae(海桐花属 *Pittosporum*)**

361. 花瓣无瓣爪,或仅具互相分离的细长柄状瓣爪。

362. 花托空凹；萼片呈镊合状或覆瓦状排列。

363. 叶互生，边缘有锯齿，常绿性 …………………………………… **虎耳草科 Saxifragaceae（鼠刺属 *Itea*）**

363. 叶对生或互生，全缘，脱落性。

364. 子房 2～6 室，仅具 1 花柱；胚珠多数，着生于中轴胎座上 …………………………………………………… **千屈菜科 Lythraceae**

364. 子房 2 室，具 2 花柱；胚珠数个，垂悬于中轴胎座上 ………………… **金缕梅科 Hamamelidaceae（双花木属 *Disanthus*）**

362. 花托扁平或微凸起；萼片呈覆瓦状或于杜英科中呈镊合状排列。

365. 花为四基数；果实呈浆果状或核果状；花药纵长裂开或顶端舌瓣裂开。

366. 穗状花序腋生于当年新枝上；花瓣先端具齿裂 ………………………… **杜英科 Elaeocarpaceae（杜英属 *Elaeocarpus*）**

366. 穗状花序腋生于昔年老枝上；花瓣完整 ………………… **旌节花科 Stachyuraceae（旌节花属 *Stachlurus*）**

365. 花为五基数；果实呈蒴果状；花药顶端孔裂。

367. 花粉粒单纯；子房 3 室 …… **山柳科 Clethraceae（山柳属 *Clethra*）**

367. 花粉粒复合，成为四合体；子房 5 室 ………… **杜鹃花科 Ericaceae**

349. 每子房室内有胚珠或种子 1 或 2 个。

368. 草本植物，有时基部呈灌木状。

369. 花单性、杂性，或雌雄异株。

370. 具卷须的藤木；叶为二回三出复叶 ……………………… **无患子科 Sapindaceae（倒地铃属 *Cardiospermum*）**

370. 直立草本或亚灌木；叶为单叶 ……………………… **大戟科 Euphorbiaceae**

369. 花两性。

371. 萼片呈镊合状排列；果实有刺 ………………………………… **椴树科 Tiliaceae（刺蒴麻属 *Triumfetta*）**

371. 萼片呈覆瓦状排；果实无刺。

372. 雄蕊彼此分离；花柱互相连合 ……………… **牻牛儿苗科 Geraniaceae**

372. 雄蕊互相连合；花柱彼此分离 ……………………… **亚麻科 Linaceae**

368. 木本植物。

373. 叶肉质，通常仅为 1 对小叶所组成的复叶 ………… **蒺藜科 Zygophyllaceae**

373. 叶为其他情形。

374. 叶对生；果实为 1、2 或 3 个翅果所组成。

375. 花瓣细裂或具齿裂；每果实有 3 个翅果 …… **金虎尾科 Malpighiaceae**

375. 花瓣全缘；每果实具 2 个或连合为 1 个的翅果 …… **槭树科 Aceraceae**

374.叶互生,如为对生时,则果实不为翅果。

376.叶为复叶,或稀可为单叶而有具翅的果实。

377.雄蕊连为单体。

378.萼片及花瓣均为三基数;花药 6 个,花丝生于雄蕊管的口部 …………………………………………………… **橄榄科 Burseraceae**

378.萼片及花瓣均为四至六基数;花药 8～12 个,无花丝,直接着生于雄蕊管的喉部或裂齿之间 ……………………… **楝科 Meliaceae**

377.雄蕊各自分离。

379.叶为单叶;果实为一具 3 翅而其内仅有 1 个种子的小坚果 …………………… **卫矛科 Celastraceae(雷公藤属 *Tripterygium*)**

379.叶为复叶;果实无翅。

380.花柱 3～5 个;叶常互生,脱落性 ……… **漆树科 Anacardiaceae**

380.花柱 1 个;叶互生或对生。

381.叶为羽状复叶,互生,常绿性或脱落性;果实有各种类型 ………………………………………… **无患子科 Sapindaceae**

381.叶为掌状复叶,对生,脱落性;果实为蒴果 …………………………………… **七叶树科 Hippocastanaceae**

376.叶为单叶;果实无翅。

382.雄蕊连成单体,或如为 2 轮时,至少其内轮者如此,有时其花药无花丝(例如大戟科的三宝木属 *Trigonostemon*)。

383.花单性;萼片或花萼裂片 2～6 片,呈镊合状或覆瓦状排列 ……………………………………………… **大戟科 Euphorbiaceae**

383.花两性;萼片 5 片,呈覆瓦状排列。

384.果实呈蒴果状;子房 3～5 室,各室均可成熟 ……………………………………………………… **亚麻科 Linaceae**

384.果实呈核果状;子房 3 室,大都其中的 2 室为不孕性,仅另 1 室可成熟,而有 1 或 2 个胚珠 …………… **古柯科 Erythroxylaceae(古柯属 *Erylthroxylum*)**

382.雄蕊各种分离,有时在毒鼠子科中可和花瓣相连合而形成 1 管状物。

385.果呈蒴果状。

386.叶互生或稀可对生;花下位。

387.叶脱落性或常绿性;花单性或两性;子房 3 室,稀可 2 或 4 室,有时可多至 15 室(例如算盘子属 *Glochidion*) ………………………………………… **大戟科 Euphorbiaceae**

387.叶常绿性;花两性;子房 5 室

……… 五列木科 **Pentaphylacaceae**(五列木属 ***Pentaphyax***)

386. 叶对生或互生;花周位 …………………… 卫矛科 **Celastraceae**

385. 果呈核果状,有时木质化,或呈浆果状。

388. 种子无胚乳,胚体肥大而多肉质。

389. 雄蕊 10 个 ……………………………… 蒺藜科 **Zygophyllaceae**

389. 雄蕊 4 或 5 个。

390. 叶互生;花瓣 5 片,各 2 裂或分成 2 部分

………… 毒鼠子科 **Dichapetalaceae**(毒鼠子属 ***Dichapetalum***)

390. 叶对生;花瓣 4 片,均完整

……………… 刺茉莉科 **Salvadoraceae**(刺茉莉属 ***Azima***)

388. 种子有胚乳,胚体有时很小。

391. 植物体为耐寒旱性,花单性,三或二基数

……………… 岩高兰科 **Empetraceae**(岩高兰属 ***Empetrum***)

391. 植物体为普通形状;花两性或单性,五或四基数。

392. 花瓣呈镊合状排列。

393. 雄蕊和花瓣同数 ………………… 茶茱萸科 **Icacinaceae**

393. 雄蕊为花瓣的倍数。

394. 枝条无刺,而有对生的叶片

…… 红树科 **Rhizophoraceae**(红树属 ***Gynotrocheae***)

394. 枝条有刺,而有互生的叶片

…………… 铁青树科 **Olacaceae**(海檀木属 ***Ximenia***)

392. 花瓣呈覆瓦状排列,或在大戟科的小束花属 *Microdesmis* 中为扭转兼覆瓦状的排列。

395. 花单性,雌雄异株;花瓣较小于萼片

……… 大戟科 **Euphorbiaceae**(小盘木属 ***Microdesmis***)

395. 花两性或单性;花瓣常较大于萼片。

396. 落叶攀缘灌木;雄蕊 10 个;子房 5 室,每室内有胚珠 2 个

…… 猕猴桃科 **Actinidiaceae**(藤山柳属 ***Clematoclethra***)

396. 多为常绿乔木或灌木;雄蕊 4 或 5 个。

397. 花下位,雌雄异株或杂性;无花盘

……………… 冬青科 **Aquifoliaceae**(冬青属 ***Ilex***)

397. 花周位,两性或杂性;有花盘

…… 卫矛科 **Celastraceae**(异卫矛亚科 **Cassinioideae**)

160. 花冠为多少有些连合的花瓣所组成。

398. 成熟雄蕊或单体雄蕊的花药数多于花冠裂片。(次 398 项见 247 页)

399. 心皮 1 个至数个,互相分离或大致分离。

400. 叶为单叶或有时可为羽状分裂，对生，肉质 ………… **景天科 Crassulaceae**

400. 叶为二回羽状复叶，互生，不呈肉质

……………………………… **豆科 Leguminosae(含羞草亚科 Mimosoideae)**

399. 心皮 2 个或更多，连合成一复合性子房。

401. 雌雄同株或异株，有时为杂性。

402. 子房 1 室；无分枝而呈棕榈状的小乔木

……………………………… **番木瓜科 Caricaceae(番木瓜属 *Carica*)**

402. 子房 2 室至多室；具分枝的乔木或灌木。

403. 雄蕊连成单体，或至少内层者如此；蒴果

………………………… **大戟科 Euphorbiaceae(麻风树属 *Jatropha*)**

403. 雄蕊各自分离；浆果 ………………………………… **柿树科 Ebenaceae**

401. 花两性。

404. 花瓣连成一盖状物，或花萼裂片及花瓣均可合成为 1 或 2 层的盖状物。

405. 叶为单叶，具有透明微点 ………………………… **桃金娘科 Myrtaceae**

405. 叶为掌状复叶，无透明微点

…………………………… **五加科 Araliaceae(多蕊木属 *Tupidanthus*)**

404. 花瓣及花萼裂片均不连成盖状物。

406. 每子房室中有 3 个至多数胚珠。

407. 雄蕊 5～10 个或其数不超过花冠裂片的 2 倍，稀可在野茉莉科的银钟花属 *Halesia* 其数可达 16 个，而为花冠裂片的 4 倍。

408. 雄蕊连成单体或其花丝于基部互相连合；花药纵裂；花粉粒单生。

409. 叶为复叶；子房上位；花柱 5 个 ………… **酢浆草科 Oxalidaceae**

409. 叶为单叶；子房下位或半下位；花柱 1 个；乔木或灌木，常有星状毛 ……………………………………… **野茉莉科 Styracaceae**

408. 雄蕊各自分离；花药顶端孔裂；花粉粒为四合型

…………………………………………………… **杜鹃花科 Ericaceae**

407. 雄蕊为不定数。

410. 萼片和花瓣常各为多数，而无显著的区分；子房下位；植物体肉质，绿色常具棘针，而其叶退化……………… **仙人掌科 Cactaceae**

410. 萼片和花瓣各为 5 片，而有显著的区分；子房上位。

411. 萼片呈镊合状排列；雄蕊连成单体 ………… **锦葵科 Malvaceae**

411. 萼片呈显著的覆瓦状排列。

412. 雄蕊连成 5 束，且每束着生于 1 花瓣的基部；花药顶端孔裂开；浆果……… **猕猴桃科 Actinidiaceae(水冬哥属 *Saurauia*)**

412. 雄蕊的基部连成单体；花药纵长裂开；蒴果

……………………… **山茶科 Theaceae(紫茎木属 *Stewartia*)**

406. 每子房室中常仅有 1 或 2 个胚珠。
413. 花萼中的 2 片或更多片于结实时能长大成翅状 ………………………………………… **龙脑香科 Dipterocarpaceae**
413. 花萼裂片无上述变大的情形。
414. 植物体常有星状毛茸 ……………………… **野茉莉科 Styracaceae**
414. 植物体无星状毛茸。
415. 子房下位或半下位；果实歪斜 …………………… **山矾科 Symplocaceae(山矾属 *Symplocos*)**
415. 子房上位。
416. 雄蕊相互连合为单体；果实成熟时分裂为离果 ………………………………………… **锦葵科 Malvaceae**
416. 雄蕊各自分离；果实不是离果。
417. 子房 1 或 2 室；蒴果 ……………… **瑞香科 Thymelacaceae(沉香属 *Aquilaria*)**
417. 子房 6～8 室；浆果 ………………… **山榄科 Sapotaceae(紫荆木属 *Madhuca*)**
398. 成熟雄蕊并不多于花冠裂片或有时因花丝的分裂则可过之。
418. 雄蕊和花冠裂片为同数且对生。
419. 植物体内有乳汁 ………………………………………… **山榄科 Sapotaceae**
419. 植物体内不含乳汁。
420. 果实内有数个至多数种子。
421. 乔木或灌木；果实呈浆果状或核果状 …………… **紫金牛科 Myrsinaceae**
421. 草本；果实呈蒴果状 ……………………………… **报春花科 Primulaceae**
420. 果实内仅有 1 个种子。
422. 子房下位或半下位。
423. 乔木或攀缘性灌木；叶互生 ……………………… **铁青树科 Olacaceae**
423. 常为半寄生性灌木；叶对生…………………… **桑寄生科 Loranthaceae**
422. 子房上位。
424. 花两性。
425. 攀缘性草本；萼片 2；果为肉质宿存花萼所包围 ………………………………… **落葵科 Basellaceae(落葵属 *Basella*)**
425. 直立草本或亚灌木，有时为攀缘性；萼片或萼裂片 5；果为蒴果或瘦果，不为花萼所包围……………………… **蓝雪科 Plumbaginaceae**
424. 花单性，雌雄异株；攀缘性灌木。
426. 雄蕊连合成单体；雌蕊单纯性 ……………… **防己科 Menispermaceae(锡生藤亚族 Cissampelinae)**

426. 雄蕊各自分离;雌蕊复合性

…………………………… **茶茱萸科 Icacinaceae(微花藤属 *Iodes*)**

418. 雄蕊和花冠裂片为同数且互生,或雄蕊数较花冠裂片为少。

427. 子房下位。

428. 植物体常以卷须而攀缘或蔓生;胚珠及种子皆为水平生长于侧膜胎座上

…………………………………………………………… **葫芦科 Cucurbitaceae**

428. 植物体直立,如为攀缘时也无卷须;胚珠及种子并不为水平生长。

429. 雄蕊互相连合。

430. 花整齐或两侧对称,成头状花序,或在苍耳属 *Xanthium* 中雌花序为一仅含 2 花的果壳,其外生有钩状刺毛;子房 1 室,内仅有 1 个胚珠

…………………………………………………… **菊科 Compositae**

430. 花多两侧对称,单生或成总状或伞房花序;子房 2 或 3 室,内有多数胚珠。

431. 花冠裂片呈镊合状排列;雄蕊 5 个,具分离的花丝及连合的花药

………………… **桔梗科 Campanulaceae(半边莲亚科 Lobelioideae)**

431. 花冠裂片呈覆瓦状排列;雄蕊 2 个,具连合的花丝及分离的花药

…………………… **花柱草科 Stylidiaceae(花柱草属 *Stylidium*)**

429. 雄蕊各自分离。

432. 雄蕊和花冠相分离或近于分离。

433. 花药顶端孔裂开;花粉粒连合成四合体;灌木或亚灌木

…………………… **杜鹃花科 Ericaceae(乌饭树亚科 Vaccinioideae)**

433. 花药纵长裂开;花粉粒单纯;多为草本。

434. 花冠整齐;子房 2~5 室,内有多数胚珠

……………………………………………… **桔梗科 Campanulaceae**

434. 花冠不整齐;子房 1~2 室,每子房室内仅有 1 或 2 个胚珠

……………………………………………… **草海桐科 Goodeniaceae**

432. 雄蕊着生于花冠上。

435. 雄蕊 4 或 5 个,和花冠裂片同数。

436. 叶互生;每子房室内有多数胚珠 ………… **桔梗科 Campanulaceae**

436. 叶对生或轮生;每子房室内有 1 个至多数胚珠。

437. 叶轮生,如为对生时,则有托叶存在 ……… **茜草科 Rubiaceae**

437. 叶对生,无托叶或稀可有明显的托叶。

438. 花序多为聚伞花序 …………………… **忍冬科 Caprifoliaceae**

438. 花序为头状花序 ……………………… **川续断科 Dipsacaceae**

435. 雄蕊 1~4 个,其数较花冠裂片为少。

439. 子房 1 室。

440. 胚珠多数，生于侧膜胎座上 …………… **苦苣苔科 Gesneriaceae**

440. 胚珠 1 个，垂悬于子房的顶端 ………… **川续断科 Dipsacaceae**

439. 子房 2 室或更多室，具中轴胎座。

441. 子房 2～4 室，所有的子房室均可成熟；水生草本

………………………… **胡麻科 Pedaliaceae(茶菱属 *Trapella*)**

441. 子房 3 室或 4 室，仅其中 1 或 2 室可成熟。

442. 落叶或常绿的灌木；叶片常全缘或边缘有锯齿

…………………………………………… **忍冬科 Caprifoliaceae**

442. 陆生草本；叶片常有很多的分裂 …… **败酱科 Valerianaceae**

427. 子房上位。

443. 子房深裂为 2～4 部分；花柱或数花柱均自子房裂片之间伸出。

444. 花冠两侧对称或稀可整齐；叶对生 …………………… **唇形科 Labiatae**

444. 花冠整齐；叶互生。

445. 花柱 2 个；多年生匍匐性小草本；叶片呈圆肾形

………………………… **旋花科 Convolvulaceae(马蹄金属 *Dichondra*)**

445. 花柱 1 个 ………………………………………… **紫草科 Boraginaceae**

443. 子房完整或微有分割，或为 2 个分离的心皮所组成；花柱自子房的顶端伸出。

446. 雄蕊的花丝分裂。

447. 雄蕊 2 个，各分为 3 裂

……………………… **罂粟科 Papaveraceae(紫堇亚科 Fumarioideae)**

447. 雄蕊 5 个，各分为 2 裂 ……… **五福花科 Adoxaceae(五福花属 *Adoxa*)**

446. 雄蕊的花丝单纯。

448. 花冠不整齐，常多少有些呈二唇状。

449. 成熟雄蕊 5 个。

450. 雄蕊和花冠离生 ……………………………… **杜鹃花科 Ericaceae**

450. 雄蕊着生于花冠上 ………………………… **紫草科 Boraginaceae**

449. 成熟雄蕊 2 个或 4 个，退化雄蕊有时也可存在。

451. 每子房室内仅含 1 或 2 个胚珠（如为后一情形时，也可在次 451 项检索之）。

452. 叶对生或轮生；雄蕊 4 个，稀可 2 个；胚珠直立，稀可垂悬。

453. 子房 2～4 室，共有 2 个或更多的胚珠

…………………………………………… **马鞭草科 Verbenaceae**

453. 子房 1 室，仅含 1 个胚珠

……………… **透骨草科 Phrymaceae(透骨草属 *Phryma*)**

452. 叶互生或基生；雄蕊 2 个或 4 个；胚珠垂悬，子房 2 室，每子房

室内仅有 1 个胚珠

…………………………………… 玄参科 Scrophulariaceae

451. 每子房室内有 2 个至多数胚珠。

454. 子房 1 室,具侧膜胎座或中央胎座(有时可因侧膜胎座的深入而为 2 室)。

455. 草本或木本植物,不为寄生性,也非食虫性。

456. 多为乔木或木质藤本;叶为单叶或复叶,对生或轮生,稀可互生;种子有翅,但无胚乳 ………… 紫葳科 Bignoniaceae

456. 多为草本;叶为单叶,基生或对生;种子无翅,有或无胚乳

…………………………………… 苦苣苔科 Gesneriaceae

455. 草本植物,为寄生性或食虫性。

457. 植物体寄生于其他植物的根部,而无绿叶存在;雄蕊 4 个;侧膜胎座 ………………………… 列当科 Orobanchaceae

457. 植物体为食虫性,有绿叶存在;雄蕊 2 个;特立中央胎座;多为水生或沼泽植物,且有具距的花冠

…………………………………… 狸藻科 Lentibulariaceae

454. 子房 2～4 室,具中轴胎座,或于角胡麻科中为子房 1 室而具侧膜胎座。

458. 植物体常具分泌黏液的腺体毛茸;种子无胚乳或具一薄层胚乳。

459. 子房最后成为 4 室;蒴果的果皮质薄而不延伸为长喙;油料植物 ………… 胡麻科 Pedaliaceae(胡科属 *Sesanmum*)

459. 子房 1 室;蒴果的内皮坚硬而呈木质,延伸为钩状长喙;栽培花卉 …… 角胡麻科 Martyniaceae(角胡麻属 *Pooboscidea*)

458. 植物体不具上述的毛茸;子房 2 室。

460. 叶对生;种子无胚乳,位于胎座的钩状突起上

…………………………………… 爵床科 Acanthaceae

460. 叶互生或对生;种子有胚乳,位于中轴胎座上。

461. 花冠裂片具深缺刻;成熟雄蕊 2 个

……………… 茄科 Solanaceae(蝴蝶花属 *Schizanthus*)

461. 花冠裂片全缘或仅其先端具一凹陷;成熟雄蕊 2 或 4 个

…………………………………… 玄参科 Scrophulariaceae

448. 花冠整齐,或近于整齐。

462. 雄蕊数较花冠裂片为少。

463. 子房 2～4 室,每室内仅含 1 或 2 个胚珠。

464. 雄蕊 2 个 …………………………………… 木樨科 Oleaceae

464. 雄蕊 4 个。

465. 叶互生，有透明腺体微点存在 ……… **苦槛蓝科 Myoporaceae**

465. 叶对生，无透明微点 ………………… **马鞭草科 Verbenaceae**

463. 子房 1 或 2 室，每室内有数个至多数胚珠。

466. 雄蕊 2 个；每子房室内有 4～10 个胚珠垂悬于室的顶端 ………………………… **木樨科 Oleaceae（连翘属 *Forsythia*）**

466. 雄蕊 4 或 2 个；每子房室内有多数胚珠着生于中轴或侧膜胎座上。

467. 子房 1 室，内具分歧的侧膜胎座，或因胎座深入而使子房成 2 室 ……………………………………… **苦苣苔科 Gesneriaceae**

467. 子房为完全的 2 室，内具中轴胎座。

468. 花冠于蕾中常折叠；子房 2 心皮的位置偏斜 ………………………………………………… **茄科 Solanaceae**

468. 花冠于蕾中不折叠，而呈覆瓦状排列；子房的 2 心皮位于前后方……………………………………… **玄参科 Scrophulariaceae**

462. 雄蕊和花冠裂片同数。

469. 子房 2 个，或为 1 个而成熟后呈双角状。

470. 雄蕊各自分离；花粉粒也彼此分离 …… **夹竹桃科 Apocynaceae**

470. 雄蕊互相连合；花粉粒连成花粉块 …… **萝摩科 Aselepiadaceae**

469. 子房 1 个，不呈双角状。

471. 子房 1 室或因 2 侧膜胎座的深入而成 2 室。

472. 子房为 1 心皮所成。

473. 花显著，呈漏斗形而簇生；果实为 1 瘦果，有棱或有翅 …………… **紫茉莉科 Nyctaginaceae（紫茉莉属 *Mirabilis*）**

473. 花小型而形成球形的头状花序；果实为 1 荚果，成熟后则裂为仅含 1 种子的节荚

……………………… **豆科 Leguminosae（含羞草属 *Mimosa*）**

472. 子房为 2 个以上连合心皮所成。

474. 乔木或攀缘性灌木，稀可为一攀缘性草本，而体内具有乳汁（例如心翼果属 *Cardiopteris*）；果实呈核果状（但心翼果属则为干燥的翅果），内有 1 个种子

……………………………………… **茶茱萸科 Icacinaceae**

474. 草本或亚灌木，或于旋花科的麻辣仔藤属 *Erycibe* 中为攀缘灌木；果实呈蒴果状（或于麻辣仔藤属中呈浆果状），内有 2 个或更多的种子。

475. 花冠裂片呈覆瓦状排列。

476. 叶茎生，羽状分裂或为羽状复叶(限于我国植物)

…… **田基麻科 Hydrophyllaceae(水叶族 Hydrophylleae)**

476. 叶基生，单叶，边缘具齿裂

…… **苦苣苔科 Gesneriaceae(苦苣苔属 *Conandron*，黔苣苔属 *Tengia*)**

475. 花冠裂片常呈旋转状或内折的镊合状排列。

477. 攀缘性灌木；果实呈浆果状，内有少数中子

………… **旋花科 Convolvulaceae(麻辣仔藤属 *Erycibe*)**

477. 直立陆生或漂浮水面的草本；果实呈蒴果状，内有少数至多数种子 ………………… **龙胆科 Gentianaceae**

471. 子房 2～10 室。

478. 无绿叶而为缠绕性的寄生植物

………… **旋花科 Couvolvalaceae(菟丝子亚科 Cuscutoideae)**

478. 不是上述的无叶寄生植物。

479. 叶常对生，且多在两叶之间具有托叶所成的连接线或附属物 ……………………………………… **马钱科 Loqaniaceae**

479. 叶常互生，或有时基生，如为对生时，其两叶之间也无托叶所成的连系物，有时其叶也可轮生。

480. 雄蕊和花冠离生或近于离生。

481. 灌木或亚灌木；花药顶端孔裂；花粉粒为四合体；子房常 5 室 ……………………………… **杜鹃花科 Ericaceae**

481. 一年或多年生草本，常为缠绕性；花药纵长裂开；花粉粒单纯；子房常 3～5 室

……………………………… **桔梗科 Campanulaceae**

480. 雄蕊着生于花冠的筒部。

482. 雄蕊 4 个，稀可在冬青科为 5 个或更多。

483. 无主茎的草本，具由少数至多数花朵所形成的穗状花序生于一基生花葶上

……… **车前科 Plantaginaceae(车前属 *Plantago*)**

483. 乔木、灌木，或具有主茎的草本。

484. 叶互生，多常绿

…………… **冬青科 Aquifoliaceae(冬青属 *Ilex*)**

484. 叶对生或轮生。

485. 子房 2 室，每室内有多数胚珠

……………………… **玄参科 Scrophulariaceae**

485. 子房 2 室至多室，每室内有 1 或 2 个胚珠

……………………… 马鞭草科 Verbenaceae

482. 雄蕊常5个，稀可更多。

486. 每子房室内仅有1或2个胚珠。

487. 子房2或3室；胚珠自子房室近顶端垂悬；木本植物；叶全缘。

488. 每花瓣2裂或2分；花柱1个；子房无柄，2或3室，每室内各有2个胚珠；核果；有托叶

…………………… **毒鼠子科 Dichapetalaceae**

（毒鼠子属 *Dichapelalum*）

488. 每花瓣均完整；花柱2个；子房具柄，2室，每室内仅有1个胚珠；翅果；无托叶

………………………… **茶茱萸科 Icacinaceae**

487. 子房1～4室；胚珠在子房室基底或中轴的基部直立或上举；无托叶；花柱1个，稀可2个，有时在紫草科的破布木属 *Cordia* 中其先端可成两次的2分。

489. 果实为核果；花冠有明显的裂片，并在蕾中呈覆瓦状或旋转状排列；叶全缘或有锯齿；通常均为直立木本或草本，多粗壮或具刺毛 ……

……………………… **紫草科 Boraginaceae**

489. 果实为蒴果；花瓣完整或具裂片；叶全缘或具裂片，但无锯齿缘。

490. 通常为缠绕性稀可为直立草本，或为半木质的攀缘植物至大型木质藤本（例如盾苞藤属 *Neuropeltis*）；萼片多互相分离；花冠常完整而几无裂片，于蕾中呈旋转状排列，也可有时深裂而其裂片成内折的镊合状排列（例如盾苞藤属 *Neuropeltis*）

…………………… **旋花科 Convolvulaceae**

490. 通常均为直立草本；萼片连合成钟形或筒状；花冠有明显的裂片，唯于蕾中也呈旋转状排列 …………… **花荵科 Polemoniaceae**

486. 每子房室内有多数胚珠，或在花荵科中有时为1至数个；多无托叶。

491. 高山区生长的耐寒旱性低矮多年生草本或丛生亚灌木；叶多小型，常绿，紧密排列成覆瓦状或莲

座式；花无花盘；花单生至聚集成几为头状花序；花冠裂片成覆瓦状排列；子房 3 室；花柱 1 个；柱头 3 裂；蒴果室背开裂 … **岩梅科 Diapensiaceae**

491. 草本或木本，不为耐寒旱性；叶常为大型或中型，脱落性，疏松排列而各自展开；花多有位于子房下方的花盘。

492. 花冠不于蕾中折叠，其裂片呈旋转状排列，或在田基麻科中为覆瓦状排列。

493. 叶为单叶，或在花荵属 *Polemonium* 为羽状分裂或为羽状复叶；子房 3 室（稀可 2 室）；花柱 1 个；柱头 3 裂；蒴果多室背开裂 …… …………………… **花荵科 Polemoniaceae**

493. 叶为单叶，但在田基麻属 *Hydrolea* 为全缘；子房 2 室；花柱 2 个，柱头呈头状；蒴果室间开裂） ………… **田基麻科 Hydrophyllaceae（田基麻族 Hydroleeae）**

492. 花冠裂片呈镊合状或覆瓦状排列，或其花冠于蕾中折叠，且成旋转状排列；花萼常宿存；子房 2 室，或在茄科中为假 3 室至假 5 室；花柱 1 个；柱头完整或 2 裂。

494. 花冠多于蕾中折叠，其裂片呈覆瓦状排列；或在曼陀罗属 *Datura* 呈旋转状排列，稀可在枸杞属 *Lycium* 和颠茄属 *Atropa* 等属中并不于蕾中折叠，而呈覆瓦状排列；雄蕊的花丝无毛；浆果，或为纵裂或横裂的蒴果 … ………………………… **茄科 Solanaceae**

494. 花冠不于蕾中折叠，其裂片呈覆瓦状排列；雄蕊的花丝具毛茸（尤以后方的 3 个如此）。

495. 室间开裂的蒴果 …………………… **玄参科 Scrophulariaceae（毛蕊花属 *Verbascum*）**

495. 浆果，有刺灌木 ……… **茄科 Solanaceae（枸杞属 *Lycium*）**

1. 子叶 1 个；茎无中央髓部，也无呈年轮状的生长；叶多具平行叶脉；花为三基数，有时为四基数，但极少为五基数 ……………………………… **单子叶植物纲 Monocotyledoneae**

496. 木本植物，或其叶于芽中呈折叠状。

497. 灌木或乔木；叶细长或呈剑状，在芽中不呈折叠状 ……… **露兜树科 Pandanaceae**

497. 木本或草本；叶基宽，常为羽状或扇形的分裂，在芽中呈折叠状而有强韧的平行脉或射出脉。

498. 植物体多甚高大，呈棕榈状，具简单或分枝少的主干；花为圆锥或穗状花序，托以佛焰状苞片 ……………………………………………… **棕榈科 Palmae**

498. 植物体常为无主茎的多年生草本，具常深裂为 2 片的叶片；花为紧密的穗状花序………………………… **环花科 Cyclanthaceae（巴拿马草属 *Carludovica*）**

496. 草本植物或稀可为木质茎，但其叶于芽中从不呈折叠状。

499. 无花被或在眼子菜科中很小。（次 499 项见 256 页）

500. 花包藏于或附托以呈覆瓦状排列的壳状鳞片（特称为颖）中，由多花至 1 花形成小穗（自形态学观点而言，此小穗实即简单的穗状花序）。

501. 秆多少有些呈三棱形，实心；茎生叶呈三行排列；叶鞘封闭；花药以基底附着花丝；果实为瘦果或胞果 ………………………………… **莎草科 Cyperaceae**

501. 秆常呈圆筒形，中空；茎生叶呈二行排列；叶鞘常在一侧纵裂开；花药以其中部附着花丝；果实通常为颖果 ……………………………… **禾本科 Gramineae**

500. 花虽有时排列为具总苞的头状花序，但并不包藏于呈壳状的鳞片中。

502. 植物微小，无真正的叶片，仅具无茎而漂浮水面或沉没水中的叶状体

……………………………………………………………… **浮萍科 Lemnaceae**

502. 植物体常具茎，也具叶，其叶有时可呈鳞片状。

503. 水生植物，具沉没水中或漂浮水面的叶片。

504. 花单性，不排列成穗状花序。

505. 叶互生；花成球形的头状花序

…………………… **黑三棱科 Sparganiaceae（黑三棱属 *Sparganium*）**

505. 叶多对生或轮生；花单生，或在叶腋间形成聚伞花序。

506. 多年生草本；雌蕊为 1 个或更多而互相分离的心皮所成；胚珠自子房室顶端垂悬

…………… **眼子菜科 Potamogetonaceae（角果藻族 Zannichellieae）**

506. 一年生草本；雌蕊 1 个，具 2～4 柱头；胚珠直立于子房室的基底

……………………………… **茨藻科 Najadaceae（茨藻属 *Najas*）**

504. 花两性或单性，排列成简单或分歧的穗状花序。

507. 花排列于 1 扁平穗轴的一侧。

508. 海水植物；穗状花序不分歧，但具雌雄同株或异株的单性花；雄蕊 1 个，具无花丝而为 1 室的花药；雌蕊 1 个，具 2 柱头；胚珠 1 个，垂悬于子房室的顶端 ……… **眼子菜科 Potamogelonaceae（大叶藻属 *Zostera*）**

508. 淡水植物；穗状花序常分为二歧而具两性花；雄蕊 6 个或更多，具极细长的花丝和 2 室的花药；雌蕊为 3～6 个离生心皮所成；胚珠在每

室内 2 个或更多,基生

…………………… **水蕹科 Aponogetonaceae(水蕹属 *Aponogeton*)**

507. 花排列于穗轴的周围,多为两性花;胚珠常仅 1 个

………………………………………………… **眼子菜科 Potmogetonaceae**

503. 陆生或沼泽植物,常有位于空气中的叶片。

509. 叶有柄,全缘或有各种形状的分裂,具网状脉;花形成一肉穗花序,后者常有一大型而常具色彩的佛焰苞片 ………………… **天南星科 Araceae**

509. 叶无柄,细长形、剑形,或退化为鳞片状,其叶片常具平行脉。

510. 花形成紧密的穗状花序,或在帚灯草科为疏松的圆锥花序。

511. 陆生或沼泽植物;花序为由位于苞腋间的小穗所组成的疏散圆锥花序;雌雄异株;叶多退化呈鞘状

…………………… **帚灯草科 Restionaceae(薄果草属 *Leplocarpus*)**

511. 水生或沼泽植物;花序为紧密的穗状花序。

512. 穗状花序位于一呈二棱形的基生花葶的一侧,而另一侧则延伸为叶状的佛焰苞片;花两性

…………………………… **天南星科 Araceae(石菖蒲属 *Acorus*)**

512. 穗状花序位于一圆柱形花梗的顶端,形如蜡烛而无佛焰苞;雌雄同株 ……………………………………………… **香蒲科 Typhaceae**

510. 花序有各种形式。

513. 花单性,成头状花序。

514. 头状花序单生于基生无叶的花葶顶端;叶狭窄,呈禾草状,有时叶为膜质 ………… **谷精草科 Eriocaulaceae(谷精草属 *Eriocaulon*)**

514. 头状花序散生于具叶的主茎或枝条的上部,雄性者在上,雌性者在下;叶细长,呈扁三棱形,直立或漂浮水面,基部呈鞘状 ………

……………… **黑三棱科 Sparganiaceae(黑三棱属 *Sparganium*)**

513. 花常两性。

515. 花序呈穗状或头状,包藏于 2 个互生的叶状苞片中;无花被;叶小,细长形或呈丝状;雄蕊 1 或 2 个;子房上位,1~3 室,每子房室内仅有 1 个垂悬胚珠 ………………… **刺鳞草科 Centrolepidaceae**

515. 花序不包藏于叶状的苞片中;有花被。

516. 子房 3~6 个,至少在成熟时互相分离

……………… **水麦冬科 Juncaglnaceae(水麦冬属 *Triglochin*)**

516. 子房 1 个,由 3 心皮连合所组成 ………… **灯心草科 Juncaceae**

499. 有花被,常显著,且呈花瓣状。

517. 雌蕊 3 个至多数,互相分离。

518. 死物寄生性植物,具呈鳞片状而无绿色的叶片。

519. 花两性，具 2 层花被片；心皮 3 个，各有多数胚珠

…………………………………………… **百合科 Liliaceae(无叶莲属 *Petrosavia*)**

519. 花单性或稀可杂性，具 1 层花被片；心皮数个，各仅有 1 个胚珠

………………………………………… **霉草科 Triuridaceae(喜阴草属 *Sciaphila*)**

518. 不是死物寄生性植物，常为水生或沼泽植物，具有发育正常的绿叶。

520. 花被裂片彼此相同；叶细长，基部具鞘

……………………………… **水麦冬科 Juncaginaceae(芝菜属 *Scheuchzeria*)**

520. 花被裂片分化为萼片和花瓣 2 轮。

521. 叶呈细长形（限于我国植物），直立；花单生或成伞形花序；蓇葖果

…………………………………………… **花蔺科 Butomaceae(花蔺属 *Butomus*)**

521. 叶呈细长兼披针形至卵圆形，常为箭镞状而具长柄；花常轮生，成总状或圆锥花序；瘦果 …………………………………………………… **泽泻科 Alismataceae**

517. 雄蕊 1 个，复合性或于百合科的岩菖蒲属 *Tofieldia* 中其心皮近于分离。

522. 子房上位，或花被和子房相分离。

523. 花两侧对称；雄蕊 1 个，位于前方，即着生于远轴的 1 个花被片的基部

………………………………………… **田葱科 Phliydraceae(田葱属 *Philydrum*)**

523. 花瓣射对称，稀可两侧对称；雄蕊 3 个或更多。

524. 花被分化为花萼和花冠 2 轮，后者于百合科的重楼族中有时为细长形或线形的花瓣所组成，稀可缺如。

525. 花形成紧密而具鳞片的头状花序；雄蕊 3 个；子房 1 室

…………………………………… **黄眼草科 Xyridaceae(黄眼草属 *Xyris*)**

525. 花不形成头状花序；雄蕊数在 3 个以上。

526. 叶互生，基部具鞘，平行脉；花为腋生或顶生的聚伞花序；雄蕊 6 个，或因退化而数较少 ………………………………… **鸭跖草科 Commelinaceae**

526. 叶以 3 个或更多个生于茎的顶端而成一轮，网状脉而于基部具 3～5 脉；花单独顶生；雄蕊 6 个、8 个或 10 个 …… **百合科 Liliaceae(重楼族 Parideae)**

524. 花被裂片彼此相同或近于相同，或于百合科的白丝草属 *Chinographis* 中则极不相同，又在同科的油点草属 *Tricyrtis* 中其外层 3 个花被裂片的基部呈囊状。

527. 花小型，花被裂片绿色或棕色。

528. 花位于一穗形总状花序上；蒴果自一宿存的中轴上裂为 3～6 瓣，每果瓣内仅有 1 个种子 ……… **水麦冬科 Juncaginaceae(水麦冬属 *Triglochin*)**

528. 花位于各种形式的花序上；蒴果室背开裂为 3 瓣，内有多数至 3 个种子

…………………………………………………… **灯心草科 Juncaceae**

527. 花大型或中型，或有时为小型，花被裂片多少有些具鲜明的色彩。

529. 叶的顶端变为卷须（限于我国植物），并有闭合的叶鞘；胚珠在每室内仅

为 1 个;花排列为顶生的圆锥花序
………………………… 须叶藤科 Flagellariaceae(须叶藤属 *Flagellaria*)

529. 叶的顶端不变为卷须;胚珠在每子房室内为多数,稀可仅为 1 个或 2 个。

530. 直立或漂浮的水生植物;雄蕊 6 个,彼此不相同,或有时有不育者
…………………………………………………… 雨久花科 Pontederiaceae

530. 陆生植物;雄蕊 6 个,4 个或 2 个,彼此相同。

531. 花为四基数,叶对生或轮生(限于我国植物),具有显著纵脉及密生的横脉 ………………………… 百部科 Stemonaceae(百部属 *Stemona*)

531. 花为三或四基数;叶常基生或互生 ……………… 百合科 Liliaceae

522. 子房下位,或花被多少有些和子房相愈合。

532. 花两侧对称或为不对称形。

533. 花被片均呈花瓣状;雄蕊和花柱多少有些互相连合 ……… 兰科 Orchidaceae

533. 花被片并不是均呈花瓣状,其外层者形如萼片;雄蕊和花柱相分离。

534. 后方的 1 个雄蕊常为不育性,其余 5 个则均发育而具有花药。

535. 叶和苞片排列成螺旋状;花常因退化而为单性;浆果;花管呈管状,其一侧不久即裂开 ………………………… 芭蕉科 Musaceae(芭蕉属 *Musa*)

535. 叶和苞片排列成 2 行;花两性,蒴果。

536. 萼片互相分离或至多可和花冠相连合;居中的 1 花瓣并不成为唇瓣
……………………………… 芭蕉科 Musaceae(鹤望兰属 *Strelitzia*)

536. 萼片互相连合成管状;居中(位于远轴方向)的 1 花瓣为大形而成唇瓣
……………………………… 芭蕉科 Musaceae(兰花蕉属 *Orchidantha*)

534. 后方的 1 个雄蕊发育而具有花药,其余 5 个则退化,或变形为花瓣状。

537. 花药 2 室;萼片互相连合为一萼筒,有时呈佛焰苞状
…………………………………………………… 姜科 Zingiberaceae

537. 花药 1 室;萼片互相分离或至多彼此相衔接。

538. 子房 3 室,每子房室内有多数胚珠位于中轴胎座上;各不育雄蕊呈花瓣状,互相于基部简短连合 ……… 美人蕉属 Cannaceae(美人蕉属 *Canna*)

538. 子房 3 室或因退化而成 1 室,每子房室内仅含 1 个基生胚珠;各不育雄蕊也呈花瓣状,唯多少有些互相连合 ………… 竹芋科 Marantaceae

532. 花常辐射对称,也即花整齐或近于整齐。

539. 水生草本,植物体部分或全部沉没水中 …………… 水鳖科 Hydrocharitaceae

539. 陆生草本。

540. 植物体为攀缘性;叶片宽广,具网状脉(还有数主脉)和叶柄
…………………………………………………… 薯蓣科 D ioscoreaceae

540. 植物体不为攀缘性;叶具平行脉。

541. 雄蕊 3 个。

542. 叶 2 行排列，两侧扁平而无背腹面之分，由下向上重叠跨覆；雄蕊和花被的外层裂片相对生 …………………………………… **鸢尾科 Iridaceae**

542. 叶不为 2 行排列；茎生叶呈鳞片状；雄蕊和花被的内层裂片相对生 ………………………………………………… **水玉簪科 Burmanniaceae**

541. 雄蕊 6 个。

543. 果实为浆果或蒴果，而花被残留物多少和它相合生，或果实为一聚花果；花被的内层裂片各于其基部有 2 舌状物；叶呈长带形，边缘有刺齿或全缘 ……………………………………………… **凤梨科 Bromeliaceae**

543. 果实为蒴果或浆果，仅为 1 花所成；花被裂片无附属物。

544. 子房 1 室，内有多数胚珠位于侧膜胎座上；花序为伞形，具长丝状的总苞片

……………………………………………………… **蒟蒻薯科 Taccaceae**

544. 子房 3 室，内有多数至少数胚珠位于中轴胎座上。

545. 子房部分下位

……………………………………………………… **百合科 Liliaceae**

（肺筋草属 *Aletris*，沿阶草属 *Ophiopogon*，球子草属 *Peliosanthes*）

545. 子房完全下位 ………………………… **石蒜科 Amaryllidaceae**

附录二　植物学实验常用试剂与染料

一、固定液

1. F. A. A. 固定液(万能固定液)

配方:福尔马林(38%的甲醛)5 mL,冰醋酸 5 mL,70%酒精 90 mL。

幼嫩材料可用 50%酒精代替 70%酒精,可防止材料收缩,还可以加入 5 mL 甘油(丙三醇)以防蒸发和材料变质。

此液在植物形态解剖研究上应用极广,适用于一般根、茎、叶、花药及子房等组织切片。其最大优点是兼有保存剂作用,但对染色体观察效果较差。经此液固定后的材料可不必洗涤,直接用 70%酒精脱水。

2. F. P. A. 固定液

配方:福尔马林 5 mL,丙酸 5 mL,70%酒精 90 mL。

此液用于固定一般的植物材料,通常固定 24 h,效果比 F. A. A. 好,并可长期保存。

3. 卡诺氏固定液

配方一:无水酒精 3 份,冰醋酸 1 份。

配方二:无水酒精 6 份,冰醋酸 1 份,氯仿 3 份。

此液是研究植物细胞分裂和染色的优良固定液,常用于观察根尖、茎尖及花药压片中的染色体及石蜡切片中的组织结构等。有极快的渗透力,一般根尖材料固定 15~20 min 即可,花药则需 1 h 左右。此液固定最多不超过 24 h,固定后用 95%酒精冲洗至不含冰醋酸为止,如果材料不马上用,需转入 70%酒精中保存。

4. 铬酸-乙酸固定液

根据固定对象的不同,可分弱、中、强 3 种不同的配方。

弱液配方:10%铬酸 2.5 mL,10%乙酸 5.0 mL,蒸馏水 92.5 mL。

中液配方:10%铬酸 7 mL,10%乙酸 10 mL,蒸馏水 83 mL。

强液配方:10%铬酸 10 mL,10%乙酸 30 mL,蒸馏水 60 mL。

弱液用于固定较柔嫩的材料,例如藻类、真菌类、苔藓植物和蕨类的原叶体等,固定时间较短,一般为数小时,最长可固定 12~24 h,但藻类和蕨类的原叶体可缩短到几分钟到 1 h。

中液用作固定根尖、茎尖、小的子房和胚珠等，为了易于渗透，在此液中另加入 2%的麦芽糖或尿素，固定时间 12～24 h。

强液适用固定于木质的根茎和坚韧的叶子、成熟的子房等。为了易于渗透，可在此液中另加入 2%的麦芽糖或尿素，固定时间 12～24 h 或更长。

5. 纳瓦兴(Navaschjn's)固定液

此液在植物制片上应用甚广，是细胞学及组织学上一种优良的固定液。此液原来的配方已很少应用，改良液种类很多，如材料较柔嫩，含水量较多，可用配方Ⅰ、Ⅱ；材料较坚硬，含水量较少，可用Ⅳ、Ⅴ 配方；一般材料多用Ⅲ。其中配方Ⅱ对植物胚胎学制片特别适用。为了使用方便，常分别配成甲、乙两种基液，用时临时等量配合。固定时间为 12～24 h，固定后用 70%酒精洗涤数次。

常备液		纳瓦兴原液/mL	纳瓦兴固定液/mL				
			Ⅰ	Ⅱ	Ⅲ	Ⅳ	Ⅴ
甲液	1%铬酸		40	40	40		
	10%铬酸	15				8	10
	铬酸		15	20	20	60	70
	冰醋酸	10					
	蒸馏水	75	45	40	40	32	20
乙液	福尔马林	40	10	10	10	20	30
	蒸馏水	60	90	90	80	80	70

二、离析液

离析是借药物作用，将组织浸软，使组织的各个组成部分之间的某些结合物被溶解而分离的一种方法。常用的离析液有以下几种：

1. 铬酸-硝酸离析液

配方：10%铬酸液，10%硝酸液等量混合即可。

此液适用于木质化组织，如导管、管胞、纤维、石细胞等，亦可用于草质根、茎成熟组织的解离。检查材料是否解离，可取出材料少许，放在载玻片上，加盖玻片后，用解剖针末端轻轻敲打，若材料分离，表明离析时间已够。此时应移去离析液，用水冲洗干净，保存在 50%或 70%的酒精中备用。

2. 盐酸-草酸铵离析液

甲液:70%或 90%酒精 3 份,浓盐酸 1 份。

乙液:0.5%草酸铵水溶液。

此液适用于草本植物薄壁组织和叶肉组织等的解离。把材料切成约 1 cm×0.5 cm×0.2 cm 的小块,放入甲液中,若材料中有空气,应先抽气,然后更换一次离析液。24 h 后用水冲洗干净放入乙液中,每隔 1～2 d 检查材料是否解离。

3. 酒精-盐酸离析液

配方:浓盐酸与 95%酒精等量混合。

此液一般用于离析非常柔软的材料,如根尖、茎尖和幼叶等。在 50℃左右恒温下,离析 24 h。

三、染色液

1. 碘-碘化钾(I_2-KI)染液

配方:碘化钾 3 g,蒸馏水 100 mL,碘 1 g。

配制方法:先将碘化钾溶于蒸馏水中待全溶解后再加碘振荡溶解,将此液保存在棕色玻璃瓶备用。

用此液染色时能将淀粉染成蓝紫色,细胞核、蛋白质染成浅黄色。若用于淀粉的鉴定,还需稀释 3～5 倍。如果用于观察淀粉粒上的轮纹,需稀释 100 倍以上,观察结果更清晰。

2. 番红(Safranin)染色液

配方:

(1)番红水溶液:番红 1 g,蒸馏水 100 mL。

(2)番红酒精溶液:番红 1 g,50%酒精 100 mL。

(3)二苯胺番红染色液:番红 5 g,95%酒精 50 mL,蒸馏水 450 mL,苯胺 20 mL。配后摇匀,用前须过滤。

番红是一种碱性染料,使木化、角化、栓化细胞壁及染色体、核仁等呈红色。可使木质化、栓质化的细胞壁及细胞核染成红色。在植物永久制片中常与固绿、亮绿或苯胺蓝做二重染色,或再与结晶紫、橘红 G 做三重染色,可使木质化、角质化、栓质化的细胞壁及细胞核等呈现不同程度的红色。

3. 固绿(Fast green)染色液

配方:

(1)固绿酒精液:固绿 0.5～1 g,95%酒精 100 mL。

(2)苯胺固绿酒精液:固绿 0.5～1 g,95%酒精 40 mL,苯胺 10 mL。配好后充分摇匀，用前须过滤。

固绿是一种酸性染料，可将纤维素的细胞壁和细胞质染成蓝绿色，该染色液染色快，通常 10～30 s 即可，不易退色。在植物组织制片中常与番红配合进行对染，番红-固绿对染效果：根、茎、叶等组织的切片染色后，番红使细胞核、木质化细胞壁呈鲜红色，角质化细胞壁呈透明粉红色，木栓化壁呈红褐色；固绿使细胞质和具纤维素的细胞壁呈蓝绿色。

4. 苏丹Ⅲ或苏丹Ⅳ(Sudan Ⅲ或Ⅳ)

配方：苏丹Ⅲ或苏丹Ⅳ干粉 0.1 g，95%酒精 10 mL，过滤后再加入 10 mL 甘油。

此液是测定脂肪及细胞壁角化、栓化的试剂。染色时脂肪、角化、栓化的细胞壁被染成橘黄色或橘红色。

5. 间苯三酚(Phloroglucin)溶液

配方：间苯三酚 5 g，95%酒精 100 mL(注意此溶液呈黄褐色即失效)。

此液用于测定木质素，染色时先加一滴盐酸，再加一滴间三苯酚，木质化的细胞壁被染成红色。

6. 苏木精(Hematoxylin)染色液

苏木精是植物组织制片中应用最广的染料之一，易溶于酒精，微溶于水和甘油，能使细胞中不同的结构显示不同的颜色。它是很强的细胞核染料，染色时可以分化出不同颜色。它的配方很多，最常用的配方有以下几种。

(1)铁矾苏木精

甲液：硫酸铁铵(铁明矾)2～4 g，蒸馏水 100 mL，冰醋酸 1 mL，硫酸 0.12 mL。甲液是媒染剂，必须用时现配，保持新鲜。

乙液：苏木精 0.5 g，95%酒精 10 mL，蒸馏水 100 mL。

乙液配制程序如下：先将苏木精 0.5 g 溶于少量 95%酒精中，待溶解后，再加入蒸馏水 100 mL，瓶口用纱布包扎静置，使其充分氧化，约 1 个月后过滤备用。

使用时先将切片用甲液媒染，并充分水洗后才能以乙液染色，染色后经水稍洗再用另一瓶甲液分色至适度。要注意甲液与乙液在任何情况下绝不能混合。

(2)代氏苏木精

甲液：苏木精 1 g，95%酒精 10 mL。

乙液：铁明矾(硫酸铝铵)10 g，蒸馏水 100 mL。

丙液：甘油 25 mL，甲醇 25 mL。

配法：分别配制甲、乙液，充分溶解后，将甲液滴入乙液中，并不断摇动，放入广口瓶，瓶口用纱布扎住，置于光线充足的地方 1 周以上，再加丙液，混合均匀瓶口仍用纱布封住，继续充分氧化，直到颜色变成深紫黑色为止，过滤，再密封瓶口，2个月后即可使用，染色力强，可保存多年不变质。

7. 中性红(Neutral red)溶液

配方：中性红0.1 g，蒸馏水100 mL。

此液用于染细胞中的液泡，可鉴定细胞的死活，使用时再稀释10倍左右。染色后用偏酸性洗液(如蒸馏水)冲洗，则活细胞中细胞质红色，液泡处色浅而透明；而死细胞则全部呈不均匀红色。

8. 龙胆紫(Gentian violet)

配方：龙胆紫1 g，蒸馏水100 mL。

此液为酸性染料，适用于细菌涂抹制片。

9. 钌红(Ruthenium red)染液

配方：钌红5～10 mg，蒸馏水25～50 mL。

钌红是细胞间层专性染料，配后不易保存，应现用现配。

10. 1%醋酸洋红(Aceto carmine)染液

配方：洋红1 g，45%醋酸100 mL。

先将100 mL 45%醋酸放在烧杯中煮沸，然后慢慢分多次加入1 g洋红粉末(注意不能一次加入，以防溅沸)，待全部加完后，再煮1～2 min，并悬入一生锈的铁钉于染色液中，过1 min后取出，静置12 h后过滤于棕色瓶中备用。

也可将洋红粉末1 g倒入100 mL 45%醋酸溶液中，边煮边搅拌，煮沸(沸腾时间不超过30 s)，冷却后过滤，即可使用。也可再加入1%～2%铁明矾水溶液5～10滴，至此液变为暗红色而不发生沉淀为止。如制作永久标本染色时，可加入饱和氢氧化铁或醋酸铁(媒染剂)溶液数滴，至染色液呈浅蓝色为止。

此液适用于压片法制片的染色，能使染色体染成深红色，细胞质呈浅红色。

11. 改良苯酚品红染色液

先配成3种原液，再配成染色液，配制顺序如下：

原液A：取3 g碱性品红溶于100 mL 70%酒精中(可长期保存)。

原液B：取原液A 10 mL加入90 mL 5%苯酚(即石炭酸)水溶液中(2周内使用)。

原液C：取原液B 55 mL加入6 mL冰醋酸和6 mL 38%甲醛(可长期保存)。

染色液：取原液C 10～20 mL，加入80～90 mL 45%乙酸和1.5 g山梨醇，放置2周后使用效果显著(若立即用，则着色能力差)。

此液是观察植物染色体时较理想的染色剂。可普遍用于植物组织的压片法和涂片法，染色体着色深，保存性好，使用2～3年不变质。山梨醇为有助渗剂，兼有稳定染色液的作用，假如没有山梨醇也能染色，但效果较差。

12. 席夫试剂

取 0.5 g 碱性品红加入 100 mL 沸水中，继续煮 5 min，并随时搅拌，使之充分溶解。冷却到 50℃时过滤到具玻塞的棕色试剂瓶中。加 10 mL 1 mol/L 盐酸，冷却到 25℃时再加入 1 g 偏重亚硫酸钠或钾，充分振荡。塞紧瓶口，用黑纸包好，存于暗处，次日观察，若溶液显无色或淡黄色即可。若仍有少许红色加入 0.25 g 中性活性炭。剧烈振荡 1 min，过虑。此液使用时，染色缸外应包上黑纸，长期贮藏则应放入冰箱中或低温阴暗处。如溶液变成红色，即失去染色能力。

碱性品红是较强的核染色剂，在孚尔根氏反应中作为组织化学试剂，以检查 DNA。

13. 亚甲基蓝染液

配方：亚甲基蓝 0.1 g，蒸馏水 100 mL。

此液常用于细菌等的染色。

四、透明剂

用于材料的透明及包埋剂和封固剂的进入。常用的透明剂有以下两种。

1. 二甲苯(Xylol)

二甲苯是目前应用最广泛的透明剂。它作用迅速，既能与纯酒精混合，又能溶解石蜡和树胶，但易使组织收缩变硬变脆，必须完全脱水后方能使用。为了避免材料收缩，材料从纯酒精到二甲苯的步骤，必须逐步逐级置换。

2. 氯仿(Chloroform)

氯仿比二甲苯挥发快，渗透力较弱，对材料收缩力较小，既能与酒精混合又能溶解石蜡，故常用石蜡制片中浸蜡前透明。由于氯仿能破坏染色，因此染色后不宜用氯仿作透明剂。使用氯仿也应逐级增加浓度至纯氯仿，一般采用 5 级。

五、封固剂

1. 加拿大树胶

加拿大树胶是石蜡切片常用的封固剂。将树胶溶入二甲苯即可配成。配制浓度以在玻璃棒一端形成小滴滴下而不呈线状为宜，配制时切记不能混入水分和酒精，也不能加热。

2. 乳酸甘油

配方：酚 1 份，乳酸 1 份，甘油 1 份或 2 份，蒸馏水 1 份。

乳酸甘油适用整体封藏，如藻、花粉粒、表皮撕片等其他小材料的封藏。

六、粘贴剂

1. 明胶液

此液是粘片最常用的胶液，简便优良，配法是 100 mL 纯水中加明胶 4 mg，加热熔化，过滤即得。

2. 明胶粘贴剂

甲液：明胶 1 g，蒸馏水 100 mL，石炭酸（苯酚）2 g，甘油 15 mL。

先将蒸馏水加温至 30～40℃，慢慢加入明胶，待全部溶解后，再加入 2 g 苯酚和 15 mL 甘油，搅拌至全溶解为止，过滤后贮存于瓶中备用。

乙液：甲醛 4 mL，蒸馏水 100 mL。

使用时，在擦净的载玻片上滴上 1/4～1/3 滴甲液，将其涂抹均匀，再加大滴乙液，然后将蜡片光面向下放在液面上。

3. 梅氏蛋白质

鸡蛋清 50 mL，甘油 50 mL，水杨酸钠 1 g，将鸡蛋清与甘油混合搅拌，同时加入水杨酸钠，调匀过滤，应用时以滤液 15 滴放入纯水 50 mL 中即得。

4. Land 氏液

将 1 g 阿拉伯胶加入 100 mL 纯水中搅拌至溶解后，再加入 0.2 g 重铬酸钾，搅拌至全溶解为止，过滤后贮存于瓶中备用。

七、预处理液

预处理液用于根尖或茎尖压片的前处理，能使细胞分裂停留在有丝分裂的中期，并使染色体缩短变粗。

1. 对二氯苯饱和水溶液

将对二氯苯加入蒸馏水中搅拌至不再溶解为止，即成饱和水溶液。

2. 0.002 mol/L 8-羟基喹啉水溶液

称取 0.29 g 8-羟基喹啉溶于 1 000 mL 蒸馏水中。

八、常用清洁剂

将乙醚和乙醇按 7∶3 混合，装入滴瓶备用。用于擦拭显微镜镜头上油迹污垢等（注意瓶口必须塞紧，以免挥发）。

九、各级酒精配制

由于无水酒精价格较高，故常用 95％的酒精配制，配制方法很简便，用 95％的酒精加上一定量的蒸馏水即可，可按下列公式推算：

95％酒精的用量＝最终酒精浓度值×100

[原酒精浓度值(95％)－最终酒精浓度值]×100＝所需蒸馏水量

最终酒精浓度	95％酒精用量	蒸馏水量
30％	30 mL	65 mL
50％	50 mL	45 mL
70％	70 mL	25 mL
85％	85 mL	10 mL

附录三　植物学野外教学实习注意事项

野外实习是学生接触大自然、扩大知识面、开阔视野的好机会，同时也是运用课堂理论知识、锻炼实践动手能力的好场所，是植物学教学过程中不可缺少的重要组成部分。学生直接面对自然界的各种植物类群，可以激发和培养学生的观察能力、分析思考能力、野外独立工作的能力。同时野外实习是一项集体活动，又是在野外进行的一项教学实践活动，时间短、人员分散，组织管理难度大，因此要求参加实习的全体师生必须做到：

1. 学生在参加野外实习前应按指导教师的要求提前做好相应准备工作。

2. 学生应遵守纪律，服从统一安排，一切行动听指挥。要遵循作息时间，一切活动都要按规定时间进行，学会自我管理、自我约束和自我学习。

3. 学生在实习期间，要发扬团结互助的精神，团结协作、互相配合和互相帮助。同时还要注意处理好与实习场所周边群众的关系，谦虚谨慎，诚恳待人，时时处处体现当代大学生的精神面貌。

4. 要热爱大自然，保护风景名胜，在公园、公共场合、参观基地严禁乱涂乱画。不得攀枝摘果和采集过量的标本，对个体数量少的物种尤其要控制采集数量，保护生物多样性。

5. 学生在野外实习期间，要虚心向当地群众学习，做好助人为乐和科技扶农工作。不允许有侮辱、辱骂当地群众的言行。在实习期间，不得践踏农民的农田庄稼，未经允许，不能采摘当地群众的瓜果和蔬菜，也不能随便尝试没吃过的野果。在实习地要注意保持环境卫生，维护集体声誉。

6. 要提高警惕，注意人身和财物安全，钱和贵重物品要随身携带。实习期间不得离开实习地点到外地游逛，严格禁止擅自到非游泳区（江、河、湖、海）游泳。注意铁路、公路交通安全，遵守交通法规，遵守国家法律、社会公德。

7. 实习中要妥善保管和爱护实习用具，防止丢失，野外不得吸烟弄火。

8. 实习学生要充分有效地利用有限的野外实习时间，发扬艰苦朴素、吃苦耐劳的优良作风，勇于承担艰苦工作任务，主动磨炼自己的意志。要按照指导教师的要求，认真地进行观察、采集、制作及鉴定标本。

参考文献

[1] 周仪．植物形态解剖学实验[M]. 修订版．北京:北京师范大学出版社,1993.

[2] 高信曾,等．植物学实验指导[M]. 北京:高等教育出版社,1986.

[3] 王英典,刘宁．植物生物学实验指导[M]. 北京:高等教育出版社,2001.

[4] 章英才,王俊．植物学实验[M]. 银川:宁夏人民出版社,2008.

[5] 何凤仙．植物学实验[M]. 北京:高等教育出版社,1999.

[6] 贺学礼．植物学实验实习指导[M]. 北京:高等教育出版社,2004.

[7] 汪矛．植物生物学实验指导[M]. 北京:科学出版社,2003.

[8] 周云龙,等．植物学实验指导[M]. 北京:北京大学出版社,1992.

[9] 谢国文,等．植物学实验实习指导[M]. 北京:中国科学文化出版社,2003.

[10] 蒋道松．植物学实验指导[Z]. 长沙:湖南农业大学教务处,2003.

[11] 内蒙古大学生命科学学院生物系植物教研室．植物生物学实验指导[Z]. 呼和浩特:内蒙古大学,2003.

[12] 马晓娣．植物学实验指导[Z]. 邯郸:河北工程学院教务处,2005.

[13] 西北师范大学生命科学学院．植物生物学野外实习指导[Z]. 兰州:西北师范大学,2000.

[14] 西北师范大学生命科学学院．植物基础与综合性实验[Z]. 兰州:西北师范大学,2000.

[15] 强胜,郭凤根,姚家玲．植物学[M]. 北京:高等教育出版社,2006.

[16] 陆时万,徐祥生,沈敏健．植物学上册[M].2 版．北京:高等教育出版社,1991.

[17] 华东师范大学,东北师范大学．植物学下册[M]. 北京:高等教育出版社,1982.

[18] 李扬汉．植物学[M].2 版．上海:上海科学技术出版社,1984.

[19] 徐汉卿．植物学[M]. 北京:中国农业大学出版社,2000.

[20] 周云龙．植物生物学[M].2 版．北京:高等教育出版社,2004.

[21] 倪兰瑜,王祥生．植物标本制作[M]. 福州:福建科学技术出版社,1983.

[22] 段国禄,施江,等．植物制片、标本制作和植物鉴定[M]. 北京:气象出版

社,2008.
[23] 郑国锠. 细胞生物学[M]. 2版. 北京:高等教育出版社,1992.
[24] 中国科学院植物研究所. 中国高等植物图鉴[M]. 北京:科学出版社, 1987.
[25] 中国科学院中国植物志编辑委员会. 中国植物志[M]. 北京:科学出版社,1987.
[26] 北京林学院. 植物学[Z]. 北京:北京林学院,1986.
[27] 郑国锠. 生物显微技术[M]. 北京:人民教育出版社,1978.
[28] 淮虎银,金银根,孙国荣,等. 植物学综合性实验项目的设计与实践[J]. 实验室研究与探索, 2006 (5): 638-640.
[29] 梁文斌. 植物学实验开放自主式教学的探索与实践[J]. 中南林业科技大学学报(社会科学版),2010(4):131-133.
[30] 薛春丽,郝小燕,王卫疆. 关于植物学实验教学改革的探索与实践[J]. 南昌教育学院学报,2010(3):83.
[31] 唐立红,刘铁志,申玉华. 植物学综合性设计性实验项目的设计与实践[J]. 安徽农业科学,2010,38(25):14146-14147.
[32] 陈拥军,邹菊花,雷抒情. 植物学实验中开发学生创新能力初探[J]. 实验室研究与探索,2010,29(11):65-67.
[33] 哀建国,黄坚钦,黄有军,等. 植物学自主性实验体系构建与实践[J]. 教育教学论坛, 2011(6):111-112.
[34] 赵杏花,燕玲,蓝登明,等. 植物学实验教学改革探讨[J]. 内蒙古农业大学学报(社会科学版),2011(1):170-171.
[35] 晏春耕. 植物学实验教学改革的探索与实践[J]. 实验室研究与探索,2009,28(10):126-129.